U0708875

高等院校数字化建设精品教材

线性代数

主　编　陈暑波

副主编　李云翔　代安定

　　　　成红艳　唐红霞

主　审　李俊锋

北京大学出版社
PEKING UNIVERSITY PRESS

内 容 简 介

本书主要内容有行列式、矩阵、向量与线性方程组、特征值与特征向量、二次型、线性空间与线性变换简介等.书中精选部分典型例题,帮助读者理解抽象概念和内容.每章后配有难易程度不同的习题,适用于不同层次的学生.书末附有1套模拟试题以及近10年硕士研究生入学考试线性代数部分真题,并给出相关答案与提示.

本书既可以作为高等院校“线性代数”课程的教材,也可以作为科技人员的参考用书,还可以作为高等教育自学考试和考研参考用书.

图书在版编目(CIP)数据

线性代数/陈暑波主编.—北京:北京大学出版社,2022.8

ISBN 978-7-301-33209-2

Ⅰ.①线… Ⅱ.①陈… Ⅲ.①线性代数—高等学校—教材 Ⅳ.①O151.2

中国版本图书馆CIP数据核字(2022)第142863号

书　　名　线性代数
XIANXING DAISHU
著作责任者　陈暑波　主编
责 任 编 辑　尹照原
标 准 书 号　ISBN 978-7-301-33209-2
出 版 发 行　北京大学出版社
地　　址　北京市海淀区成府路205号　100871
网　　址　http://www.pup.cn
新 浪 微 博　@北京大学出版社
电 子 信 箱　zpup@pup.cn
电　　话　邮购部010-62752015　发行部010-62750672　编辑部010-62752021
印 刷 者　湖南省众鑫印务有限公司
经 销 者　新华书店
787毫米×1092毫米　16开本　12.25印张　312千字
2022年8月第1版　2022年8月第1次印刷
定　　价　39.00元

前　言

线性代数是高等院校理工类学科和经济管理类学科的专业基础课，其主要研究对象是行列式、矩阵、向量、线性空间与线性变换，主要目的是培养学生的逻辑推理能力和抽象思维能力. 学好线性代数是学习其他后续课程的基础，其理论结构已广泛地应用于自然科学和工程技术的各个领域.

本书的编者们吸取了自身多年的教学实践经验、教改研究成果以及国内外同类优秀教材的长处，在选材上力求具有典型性，突出重点，简明扼要，清晰易懂，便于更好地教学；在习题的配置上，既注重紧扣教材基本内容的训练，又兼顾适当地延伸和提高.

本书主要具有以下特点：

(1) 在书的每一章都选择了一批具有典型意义的例题，帮助读者逐步学会举一反三，触类旁通. 通过典型例题的学习，读者不仅可以更容易地理解抽象的数学概念和内容，疏通各知识点的关联性，做到知识链环环相扣，而且便于加深对课堂内容的消化与吸收，从而更好地掌握本课程的数学思想和数学方法.

(2) 在课后习题的配置上，通过精挑细选，每一章配备了较多层次的习题供学生课后练习. 基本训练题难度不大，主要是为了加深学生对线性代数中诸多抽象概念的理解，另外一部分较难的习题则可以作为学生学习的补充和提高训练.

(3) 根据课程内容配备了自测题(除第六章外)，方便任课教师和学生对自身的教学和学习情况做一个阶段性的小结和梳理，同时也可以对教师的教学质量和学生的学习效果做一个自查.

(4) 线性代数内容是理工类学科和经济管理类学科硕士研究生入学考试的科目，我们搜集了最近 10 年(2012—2021)硕士研究生入学考试线性代数课程内容的真题，并给出了解题参考答案与提示，可供教师和学生参考，有很好的实用与收藏价值.

本书由陈暑波主编，并负责统稿，李俊锋教授担任主审. 全书共分六章，第一章由陈暑波编写，主要介绍了行列式的基本概念和行列式的计算；第二章由成红艳编写，主要介绍了矩阵的代数运算、逆矩阵、分块矩阵、矩阵的秩的概念及有关性质；第三章由李云翔编写，主要介绍了向量及向量组的线性关系，并在此基础上讨论了线性方程组解的结构；第四章由代安定编写，主要介绍了方阵的特征值和特征向量以及相似矩阵的概念，并在此基础上讨论了方阵对角化的问题；第五章由陈暑波编写，主要介绍了二次型的概念和化二次型为标准形的方法，并讨论了正定二次型的有关性质；第六章由唐红霞编写，主要介绍了线性空间与线性变换的基本概念和性质.

本书的编写得到了理学院全体同人的关心和支持，在编写过程中我们还参阅了其他老师的相关书籍和教材，邹杰、滕京霖、龚维安、周承芳构思并设计了全书的数字资源，在此一并对他们表示感谢.

由于编者水平有限，本书在编写和内容的组织上必定存在一些不足之处，敬请各位同行及读者批评指正.

编　者

2021 年 12 月

目　　录

第一章 行 列 式

行列式作为基本的数学工具，无论是在线性代数、多项式理论，还是在微积分(如换元积分法)中，都有着重要的应用.

从几何上来看，行列式可以看作有向面积或体积的概念在一般的欧几里得(Euclid)空间中的推广. 或者说，在 n 维欧几里得空间中，行列式描述的是一个线性变换对“体积”所造成的影响.

本章主要讨论行列式的定义、性质、计算方法及行列式在解 n 元线性方程组中的应用.

§1.1 排　　列

在讨论行列式之前,我们先来介绍排列及逆序数.

1.1.1　排列及逆序数

定义 1.1　由 n 个不同的元素组成的一个**全排列**,称为一个 n **元排列**.

在一般情况下,我们考虑的是正整数 1,2,…,n 组成的 n 元排列.

例如,正整数 1,2,3 组成的 3 元排列有

$$123,\quad 132,\quad 213,\quad 231,\quad 312,\quad 321.$$

给定 n 个不同的正整数,它们组成的全排列有 $n!$ 个.因此,对于给定的 n 个不同的正整数,n 元排列的总数就是 $n!$ 个.

在 4 元排列 2431 中,2 与 3 形成的数对 23,小的数在前,大的数在后,此时称这一对数构成一个**顺序**;而 2 与 1 形成的数对 21,大的数在前,小的数在后,此时称这一对数构成一个**逆序**.在排列 2431 中,构成逆序的数对有 21,43,41,31,共 4 对,此时称排列 2431 的逆序数为 4.下面给出逆序数的一般定义.

定义 1.2　在一个 n 元排列 $j_1j_2\cdots j_n$ 中,从左至右任取一对数 $j_sj_t(1\leqslant s<t\leqslant n)$,如果 $j_s<j_t$,则称数 j_s 与 j_t 构成一个**顺序**;如果 $j_s>j_t$,则称数 j_s 与 j_t 构成一个**逆序**.一个 n 元排列 $j_1j_2\cdots j_n$ 中逆序的总数称为该排列的**逆序数**,记作 $\tau(j_1j_2\cdots j_n)$.

根据定义 1.2,我们给出计算一个排列的逆序数的方法:从左边第 1 个数开始,考察它与后面哪些数构成逆序,即计算出该排列中在这个数后面的比它小的数的个数(此为该数的逆序数),该排列中所有数的逆序数的总和即为所求排列的逆序数.

例 1.1　计算 5 元排列 41532 的逆序数.

解　从左边第 1 个数开始考察它与后面哪些数构成逆序.

因为 4 排在首位,与其构成逆序的数对是 41,43,42,所以其逆序数为 3.按照同样的方法计算得到 1 的逆序数为 0,5 的逆序数为 2,3 的逆序数为 1,2 的逆序数为 0,故排列 41532 的逆序数为

$$\tau(41532)=3+0+2+1+0=6.$$

定义 1.3　逆序数为奇数的排列称为**奇排列**,逆序数为偶数的排列称为**偶排列**.

例 1.2　计算 n 元排列 $n(n-1)\cdots21$ 的逆序数,并讨论其奇偶性.

解　左边第 1 个数是 n,与其后面的每一个数都构成逆序,所以其逆序数为 $n-1$.类似可得,排列中每个数的逆序数个数如表 1 - 1 所示.

表 1 - 1

n	$n-1$	…	2	1
$n-1$	$n-2$	…	1	0

于是，

$$\tau(n(n-1)\cdots 21)=(n-1)+(n-2)+\cdots+1+0=\frac{n(n-1)}{2}.$$

当 $n=4k$ 时，

$$\frac{n(n-1)}{2}=\frac{4k(4k-1)}{2}=2k(4k-1);$$

当 $n=4k+1$ 时，

$$\frac{n(n-1)}{2}=\frac{(4k+1)4k}{2}=2k(4k+1);$$

当 $n=4k+2$ 时，

$$\frac{n(n-1)}{2}=\frac{(4k+2)(4k+1)}{2}=(2k+1)(4k+1);$$

当 $n=4k+3$ 时，

$$\frac{n(n-1)}{2}=\frac{(4k+3)(4k+2)}{2}=(4k+3)(2k+1).$$

因此，当 $n=4k(k>0)$ 或 $n=4k+1(k\geqslant 0)$ 时，该排列是偶排列；当 $n=4k+2$ $(k\geqslant 0)$ 或 $n=4k+3(k\geqslant 0)$ 时，该排列是奇排列.

1.1.2 对换

为了更好地引入行列式的定义及进一步研究行列式的性质，先来讨论对换的概念及其与排列奇偶性的关系.

定义 1.4 在排列中，将任意两个元素对调，其余元素不动，得到一个新的排列，称这样的一次变换为**对换**. 将相邻两个元素对换，称为**相邻对换**.

将一个排列做一次对换，它的奇偶性会发生怎样的变化呢？例如，将排列 41532 中的 4 与 3 对换得到 31542，原排列与新排列的逆序数分别如下：

$$\tau(41532)=3+0+2+1+0=6,$$
$$\tau(31542)=2+0+2+1+0=5.$$

由此可见，偶排列经过一次对换后变成了奇排列.

一般地，我们有下面的定理.

定理 1.1 **任意一个排列经过一次对换后，排列的奇偶性发生改变.**

证 先证相邻对换的情形.

设排列为 $a_1a_2\cdots a_sabb_1b_2\cdots b_t$，对换相邻元素 a 与 b 后，该排列变为 $a_1a_2\cdots a_sbab_1b_2\cdots b_t$，显然 $a_1,a_2,\cdots,a_s,b_1,b_2,\cdots,b_t$ 这些元素的逆序数经过相邻对换后并不改变，而只有 a,b 两个元素的逆序数改变. 当 $a<b$ 时，经过相邻对换后，b 的逆序数增加 1 而 a 的逆序数不变；当 $a>b$ 时，经过相邻对换后，b 的逆序数不变而 a 的逆序数减少 1，所以这两个排列的逆序数相差 1，即奇偶性发生改变.

再证一般对换的情形.

设排列为 $a_1a_2\cdots a_sab_1b_2\cdots b_tbc_1c_2\cdots c_n$，对原排列做 t 次相邻对换，变成新排列

$$a_1a_2\cdots a_sabb_1b_2\cdots b_tc_1c_2\cdots c_n,$$

再对新排列做 $t+1$ 次相邻对换，变成排列

$$a_1a_2\cdots a_sbb_1b_2\cdots b_tac_1c_2\cdots c_n.$$

总之，经 $2t+1$ 次相邻对换，排列 $a_1a_2\cdots a_sab_1b_2\cdots b_tbc_1c_2\cdots c_n$ 变成 $a_1a_2\cdots a_sbb_1b_2\cdots b_tac_1c_2\cdots c_n$，因此这两个排列的奇偶性相反.

有时需要把一个 n 元排列经过若干次对换变成自然排列 $12\cdots n$. 这是否能实现？先看一个 5 元排列的例子：

$$41532\xrightarrow{1\text{ 与 }4\text{ 对换}}14532\xrightarrow{2\text{ 与 }4\text{ 对换}}12534\xrightarrow{3\text{ 与 }5\text{ 对换}}12354\xrightarrow{4\text{ 与 }5\text{ 对换}}12345.$$

上述过程的第 1 步是做一次对换，把 1 换到第 1 个位置；第 2 步把 2 换到第 2 个位置；第 3 步把 3 换到第 3 个位置；第 4 步把 4 换到第 4 个位置. 显然这一方法对于任何一个 n 元排列也适用. 进一步，我们看到把排列 41532 变成 12345 共做了 4 次对换，而 $\tau(41532)=6$，这表明在这个排列中，所做对换的次数与原排列有相同的奇偶性. 这个结论对于任意 n 元排列也适用.

设 n 元排列 $j_1j_2\cdots j_n$ 经过 k 次对换变成 $12\cdots n$. 显然 $12\cdots n$ 是偶排列. 因此，如果 $j_1j_2\cdots j_n$ 是奇排列，则 k 必为奇数，才能把奇排列变成偶排列；如果 $j_1j_2\cdots j_n$ 是偶排列，则 k 必为偶数，才能保持排列的奇偶性不变.

推论 1 奇排列变成自然排列的对换次数为奇数，偶排列变成自然排列的对换次数为偶数.

推论 2 $n(n>1)$ 个正整数共有 $n!$ 个 n 元排列，其中奇偶排列各占一半，即奇偶排列各有 $\frac{n!}{2}$ 个.

证 n 元排列的总数为

$$n\cdot(n-1)\cdot(n-2)\cdot\cdots\cdot2\cdot1=n!.$$

设在全部 n 元排列中有 k 个奇排列，l 个偶排列，则 $k+l=n!$. 将 k 个奇排列中的前两个数对换，得到 k 个不同的偶排列，故 $k\leqslant l$. 同理可证 $l\leqslant k$，于是有 $k=l$，即

$$k=l=\frac{n!}{2}.$$

§1.2 n 阶行列式

1.2.1 二阶行列式

用消元法解二元线性方程组

$$\begin{cases}a_{11}x_1+a_{12}x_2=b_1,\\a_{21}x_1+a_{22}x_2=b_2,\end{cases}$$

当 $a_{11}a_{22}-a_{12}a_{21}\neq0$ 时，该方程组有唯一解

$$x_1=\frac{b_1a_{22}-a_{12}b_2}{a_{11}a_{22}-a_{12}a_{21}},\quad x_2=\frac{a_{11}b_2-b_1a_{21}}{a_{11}a_{22}-a_{12}a_{21}}.$$

这是二元线性方程组的公式解，为了便于记忆这个公式，引入二阶行列式的概念.

定义 1.5 记号 $\begin{vmatrix} a_{11} & a_{12} \\ a_{21} & a_{22} \end{vmatrix}$ 表示代数和 $a_{11}a_{22}-a_{12}a_{21}$，称为**二阶行列式**，即

$$\begin{vmatrix} a_{11} & a_{12} \\ a_{21} & a_{22} \end{vmatrix} = a_{11}a_{22}-a_{12}a_{21},$$

其中数 $a_{ij}\ (i,j=1,2)$ 称为行列式的**元素**，横排称为**行**，竖排称为**列**. 元素 a_{ij} 的第一个下标 i 称为**行标**，表明该元素位于第 i 行，第二个下标 j 称为**列标**，表明该元素位于第 j 列.

由定义 1.5 可知，二阶行列式是 4 个数按一定的规律运算所得的代数和，这个规律我们称为**对角线法则**. 如图 1-1 所示，把 a_{11} 到 a_{22} 的实连线称为**主对角线**，把 a_{12} 到 a_{21} 的虚连线称为**副对角线**，于是二阶行列式便等于主对角线上两元素之积减去副对角线上两元素之积.

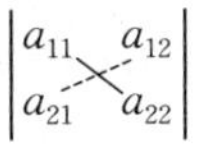

图 1-1

二阶行列式是 2 项的代数和，其中每一项都是位于不同行、不同列的两个元素的乘积. 把这两个元素按照行标成自然排列排好，其列标所成排列是偶排列时，该项带正号，其列标所成排列是奇排列时，该项带负号. 于是，二阶行列式可记作

$$\begin{vmatrix} a_{11} & a_{12} \\ a_{21} & a_{22} \end{vmatrix} = \sum_{j_1j_2}(-1)^{\tau(j_1j_2)}a_{1j_1}a_{2j_2}.$$

1.2.2 n 阶行列式的定义

由二阶行列式的定义推广，得到 n 阶行列式的定义.

定义 1.6 由 $n\times n$ 个数组成的记号

$$\begin{vmatrix} a_{11} & a_{12} & \cdots & a_{1n} \\ a_{21} & a_{22} & \cdots & a_{2n} \\ \vdots & \vdots & & \vdots \\ a_{n1} & a_{n2} & \cdots & a_{nn} \end{vmatrix}$$

称为 **n 阶行列式**，它表示所有取自不同行、不同列的 n 个元素的乘积的代数和，即

$$\begin{vmatrix} a_{11} & a_{12} & \cdots & a_{1n} \\ a_{21} & a_{22} & \cdots & a_{2n} \\ \vdots & \vdots & & \vdots \\ a_{n1} & a_{n2} & \cdots & a_{nn} \end{vmatrix} = \sum_{j_1j_2\cdots j_n}(-1)^{\tau(j_1j_2\cdots j_n)}a_{1j_1}a_{2j_2}\cdots a_{nj_n}. \tag{1.1}$$

(1.1) 式也称为 n 阶行列式的展开式，其中 $j_1j_2\cdots j_n$ 是 $1,2,\cdots,n$ 的一个排列. n 阶行列式简单记为 $D=|a_{ij}|$.

由定义 1.6 可知，n 阶行列式有以下三个特点：

(1) $\sum\limits_{j_1j_2\cdots j_n}$ 是对所有 n 元排列 $j_1j_2\cdots j_n$ 求和，即展开式中有 $n!$ 项.

(2) 展开式的每一项 $a_{1j_1}a_{2j_2}\cdots a_{nj_n}$ 是取自不同行、不同列的 n 个元素的乘积.

(3) 展开式的每一项 $a_{1j_1}a_{2j_2}\cdots a_{nj_n}$ 的行标排成一个自然排列，列标排列 $j_1j_2\cdots j_n$ 的奇偶性决定了乘积 $a_{1j_1}a_{2j_2}\cdots a_{nj_n}$ 前的正负号.

进一步，由定义 1.6 得到：

(1) 当 $n=1$ 时，一阶行列式 $|a|=a$. 例如，一阶行列式 $|3|=3$，$|-3|=-3$.

注 不要将行列式的记号与绝对值的记号相混淆.

(2) 由于 3 元排列 123,231,312 是偶排列，321,213,132 是奇排列，因此三阶行列式

$$\begin{vmatrix} a_{11} & a_{12} & a_{13} \\ a_{21} & a_{22} & a_{23} \\ a_{31} & a_{32} & a_{33} \end{vmatrix} = a_{11}a_{22}a_{33}+a_{12}a_{23}a_{31}+a_{13}a_{21}a_{32}-a_{13}a_{22}a_{31}-a_{12}a_{21}a_{33}-a_{11}a_{23}a_{32}.$$

由上可知，三阶行列式是由 9 个数按一定的规律运算所得的代数和，一共有 6 项，每一项均为不同行、不同列的 3 个元素之积再冠以正负号，其运算规律可用对角线法则(见图 1-2) 来表述. 图 1-2 中的 3 条实线看作平行于主对角线的连线，3 条虚线看作平行于副对角线的连线，实线上 3 元素的乘积冠以正号，虚线上 3 元素的乘积冠以负号.

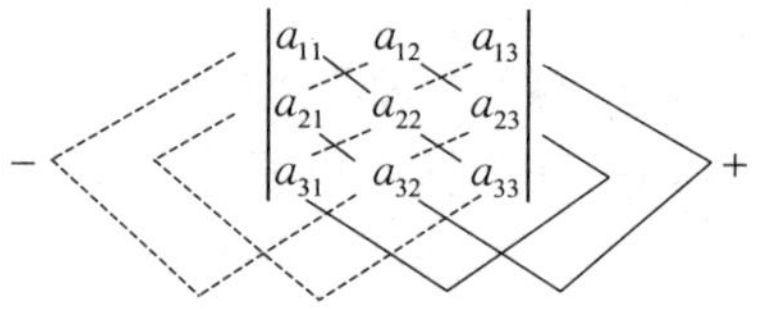

图 1-2

注 四阶及更高阶的行列式的计算不再适用对角线法则.

由于数的乘法是可交换的，因此行列式各项中的元素的顺序也可任意交换. 例如，三阶行列式中，乘积 $a_{11}a_{22}a_{33}$ 也可以写成 $a_{22}a_{11}a_{33}$.

一般地，n 阶行列式中，乘积 $a_{1j_1}a_{2j_2}\cdots a_{nj_n}$ 可以写成 $a_{p_1q_1}a_{p_2q_2}\cdots a_{p_nq_n}$，其中 $p_1p_2\cdots p_n$ 是行标排成的 n 元排列，$q_1q_2\cdots q_n$ 是列标排成的 n 元排列，由此可得如下定理.

定理 1.2 **n 阶行列式的一般项可写成**

$$(-1)^{\tau(p_1p_2\cdots p_n)+\tau(q_1q_2\cdots q_n)}a_{p_1q_1}a_{p_2q_2}\cdots a_{p_nq_n},$$

其中 $\tau(p_1p_2\cdots p_n)$ 与 $\tau(q_1q_2\cdots q_n)$ 分别是 n 元排列 $p_1p_2\cdots p_n$ 与 $q_1q_2\cdots q_n$ 的逆序数.

证 在一般项中当两元素互换时，行标与列标同时对换，由定理 1.1 可知 n 元排列 $p_1p_2\cdots p_n$ 与 $q_1q_2\cdots q_n$ 同时改变奇偶性，于是 $\tau(p_1p_2\cdots p_n)+\tau(q_1q_2\cdots q_n)$ 的奇偶性不变. 如果将排列 $p_1p_2\cdots p_n$ 对换为自然排列 $12\cdots n$(逆序数为 0)，排列 $q_1q_2\cdots q_n$ 也应对换为 $j_1j_2\cdots j_n$(逆序数为 j)，则有

$$(-1)^{\tau(p_1p_2\cdots p_n)+\tau(q_1q_2\cdots q_n)}a_{p_1q_1}a_{p_2q_2}\cdots a_{p_nq_n}=(-1)^j a_{1j_1}a_{2j_2}\cdots a_{nj_n}.$$

由定理 1.2 可知，n 阶行列式也可定义为

$$D=\begin{vmatrix} a_{11} & a_{12} & \cdots & a_{1n} \\ a_{21} & a_{22} & \cdots & a_{2n} \\ \vdots & \vdots & & \vdots \\ a_{n1} & a_{n2} & \cdots & a_{nn} \end{vmatrix} = \sum(-1)^{\tau(p_1p_2\cdots p_n)+\tau(q_1q_2\cdots q_n)}a_{p_1q_1}a_{p_2q_2}\cdots a_{p_nq_n}. \tag{1.2}$$

注 n 阶行列式的每一项都必须有 n 个位于不同行与不同列的元素相乘，每一项的正负号由 $(-1)^{\tau(p_1p_2\cdots p_n)+\tau(q_1q_2\cdots q_n)}$ 确定.

如果将行列式中各项的列标按自然顺序排列，相应的行标排列为 $i_1 i_2 \cdots i_n$，于是 n 阶行列式又可定义为

$$D=\begin{vmatrix} a_{11} & a_{12} & \cdots & a_{1n} \\ a_{21} & a_{22} & \cdots & a_{2n} \\ \vdots & \vdots & & \vdots \\ a_{n1} & a_{n2} & \cdots & a_{nn} \end{vmatrix}=\sum_{i_1 i_2 \cdots i_n}(-1)^{\tau(i_1 i_2 \cdots i_n)} a_{i_1 1} a_{i_2 2} \cdots a_{i_n n}. \tag{1.3}$$

我们可以利用(1.1)式、(1.2)式和(1.3)式计算行列式，但是这种方法比较烦琐，一般来说，只有在一些特殊的行列式计算及行列式的证明中会考虑使用.

例 1.3 计算三阶行列式

$$\begin{vmatrix} 1 & 2 & 3 \\ -1 & 0 & 1 \\ 3 & 2 & -2 \end{vmatrix}.$$

解 由对角线法则，有

$$\begin{vmatrix} 1 & 2 & 3 \\ -1 & 0 & 1 \\ 3 & 2 & -2 \end{vmatrix}=1\times 0\times(-2)+2\times 1\times 3+3\times(-1)\times 2$$
$$-3\times 0\times 3-2\times(-1)\times(-2)-1\times 1\times 2=-6.$$

例 1.4 试判断 $-a_{12}a_{23}a_{34}a_{41}$ 和 $a_{23}a_{32}a_{14}a_{41}$ 是否都是四阶行列式中的项.

解 容易判断这两项均为来自不同行、不同列元素的乘积，因此只需考虑这两项的正负号. 由于

$$\tau(1234)+\tau(2341)=0+3=3,$$

因此 $a_{12}a_{23}a_{34}a_{41}$ 所带的符号应该为“$-$”号，$-a_{12}a_{23}a_{34}a_{41}$ 是四阶行列式中的项.

由于

$$\tau(2314)+\tau(3241)=2+4=6,$$

因此 $a_{23}a_{32}a_{14}a_{41}$ 所带的符号应该为“$+$”号，$a_{23}a_{32}a_{14}a_{41}$ 是四阶行列式中的项.

例 1.5 计算下列行列式：

$$(1)\ D=\begin{vmatrix} 0 & 0 & 0 & 4 \\ 0 & 0 & 3 & 0 \\ 0 & 2 & 0 & 0 \\ 1 & 0 & 0 & 0 \end{vmatrix}; \qquad (2)\ D=\begin{vmatrix} 1 & 2 & 3 & 0 \\ 0 & 0 & 0 & 2 \\ 3 & 0 & 4 & 5 \\ 0 & 0 & 1 & 0 \end{vmatrix}.$$

解 (1) 和(2) 都只考虑其一般项

$$(-1)^{\tau(p_1 p_2 \cdots p_n)+\tau(q_1 q_2 \cdots q_n)} a_{p_1 q_1} a_{p_2 q_2} \cdots a_{p_n q_n}.$$

(1) D 的展开式应有 $4!=24$ 项，由于第 1 行中除 a_{14} 外其余元素全为 0，因此 $p_1=1$，$q_1=4$. 同理只需考虑 $p_2=2, q_2=3$；$p_3=3, q_3=2$；$p_4=4, q_4=1$，即行列式中不为 0 的项只有 $a_{14}a_{23}a_{32}a_{41}$，而 $\tau(4321)=6$，这一项前面的符号应取“$+$”号，因此

$$D=4\times 3\times 2\times 1=24.$$

(2) 由于第 2 行和第 4 行都只有一个非零元素，故先从这两行的元素考虑，且只需考虑 $p_2=2, q_2=4$；$p_4=4, q_4=3$.

又易得 $p_1=1,q_1=2;p_3=3,q_3=1$,也就是行列式中不为 0 的项只有 $a_{12}a_{24}a_{31}a_{43}$,而 $\tau(2413)=3$,这一项前面的符号应取"—"号,因此

$$D=-2\times2\times3\times1=-12.$$

1.2.3 几类特殊的行列式

1. 三角行列式

(1) 上三角行列式

$$\begin{vmatrix} a_{11} & a_{12} & \cdots & a_{1n} \\ 0 & a_{22} & \cdots & a_{2n} \\ \vdots & \vdots & & \vdots \\ 0 & 0 & \cdots & a_{nn} \end{vmatrix},$$

它的特点是主对角线以下的元素全为 0,即当 $i>j$ 时,元素 $a_{ij}=0$.

例 1.6 证明上三角行列式

$$D=\begin{vmatrix} a_{11} & a_{12} & \cdots & a_{1n} \\ 0 & a_{22} & \cdots & a_{2n} \\ \vdots & \vdots & & \vdots \\ 0 & 0 & \cdots & a_{nn} \end{vmatrix}=a_{11}a_{22}\cdots a_{nn}.$$

证 行列式 D 展开式中的一般项为

$$(-1)^{\tau(j_1j_2\cdots j_n)}a_{1j_1}a_{2j_2}\cdots a_{nj_n}.$$

在第 n 行元素中,除 a_{nn} 外其余元素全为 0,故取 $j_n=n$. 在第 $n-1$ 行元素中,除 $a_{n-1,n-1}$,$a_{n-1,n}$ 外其余元素全为 0,但由于已取 $j_n=n$,因此只能取 $j_{n-1}=n-1$. 同理可得,只需考虑 $j_{n-2}=n-2,j_{n-3}=n-3,\cdots,j_2=2,j_1=1$. 于是,在 D 的展开式中除乘积 $a_{11}a_{22}\cdots a_{nn}$ 外,其余各项均为 0. 又由于 $\tau(12\cdots n)=0$,因此该项的符号取"+"号,故有

$$D=a_{11}a_{22}\cdots a_{nn},$$

即

$$\begin{vmatrix} a_{11} & a_{12} & \cdots & a_{1n} \\ 0 & a_{22} & \cdots & a_{2n} \\ \vdots & \vdots & & \vdots \\ 0 & 0 & \cdots & a_{nn} \end{vmatrix}=a_{11}a_{22}\cdots a_{nn}.$$

(2) 下三角行列式

$$\begin{vmatrix} a_{11} & 0 & \cdots & 0 \\ a_{21} & a_{22} & \cdots & 0 \\ \vdots & \vdots & & \vdots \\ a_{n1} & a_{n2} & \cdots & a_{nn} \end{vmatrix},$$

它的特点是主对角线以上的元素全为 0,即当 $i<j$ 时,元素 $a_{ij}=0$.

同理可以证明,下三角行列式

$$\begin{vmatrix} a_{11} & 0 & \cdots & 0 \\ a_{21} & a_{22} & \cdots & 0 \\ \vdots & \vdots & & \vdots \\ a_{n1} & a_{n2} & \cdots & a_{nn} \end{vmatrix} = a_{11}a_{22}\cdots a_{nn}.$$

2. 对角行列式

对角行列式

$$\begin{vmatrix} a_{11} & 0 & \cdots & 0 \\ 0 & a_{22} & \cdots & 0 \\ \vdots & \vdots & & \vdots \\ 0 & 0 & \cdots & a_{nn} \end{vmatrix},$$

它的特点是主对角线以外的元素全为0,即当 $i \neq j$ 时,元素 $a_{ij} = 0$.

显然,对角行列式既是上三角行列式,又是下三角行列式,因此有

$$\begin{vmatrix} a_{11} & 0 & \cdots & 0 \\ 0 & a_{22} & \cdots & 0 \\ \vdots & \vdots & & \vdots \\ 0 & 0 & \cdots & a_{nn} \end{vmatrix} = a_{11}a_{22}\cdots a_{nn}.$$

3. 反对角行列式

反对角行列式

$$\begin{vmatrix} & & & a_{1n} \\ & & \iddots & \\ & a_{n-1,2} & & \\ a_{n1} & & & \end{vmatrix},$$

它的特点是副对角线以外的元素全为0.

显然,反对角行列式既不是上三角行列式,也不是下三角行列式.类似于对角行列式,有

$$\begin{vmatrix} & & & a_{1n} \\ & & \iddots & \\ & a_{n-1,2} & & \\ a_{n1} & & & \end{vmatrix} = (-1)^{\frac{n(n-1)}{2}} a_{1n}\cdots a_{n-1,2}a_{n1}.$$

例 1.7 证明:

$$\begin{vmatrix} a_{11} & a_{12} & \cdots & a_{1n} \\ \vdots & \vdots & \iddots & \\ a_{n-1,1} & a_{n-1,2} & & \\ a_{n1} & & & \end{vmatrix} = (-1)^{\frac{n(n-1)}{2}} a_{1n}\cdots a_{n-1,2}a_{n1}.$$

证 由于行列式展开为

$$\sum_{j_1 j_2 \cdots j_n} (-1)^{\tau(j_1 j_2 \cdots j_n)} a_{1j_1} a_{2j_2} \cdots a_{nj_n},$$

因此只需对可能不为0的乘积 $(-1)^{\tau(j_1 j_2 \cdots j_n)} a_{1j_1} a_{2j_2} \cdots a_{nj_n}$ 求和.考虑第 n 行的元素 a_{nj_n},可得

$j_n=1$，再考虑第 $n-1$ 行的元素 $a_{n-1,j_{n-1}}$，可得 $j_{n-1}=1$ 或 $j_{n-1}=2$，由 $j_n=1$ 可知 $j_{n-1}=2,\cdots$，依此类推，$j_2=n-1,j_1=n$. 排列 $j_1j_2\cdots j_n$ 只能是 $n(n-1)\cdots21$，而它的逆序数为

$$(n-1)+(n-2)+\cdots+2+1=\frac{n(n-1)}{2},$$

所以

$$\begin{vmatrix} a_{11} & a_{12} & \cdots & a_{1n} \\ \vdots & \vdots & \iddots & \\ a_{n-1,1} & a_{n-1,2} & & \\ a_{n1} & & & \end{vmatrix}=(-1)^{\frac{n(n-1)}{2}}a_{1n}\cdots a_{n-1,2}a_{n1}.$$

注 反对角行列式也可用类似的方法求证.

§1.3 行列式的性质

在 §1.2 中，我们介绍了 n 阶行列式的概念，并且利用定义计算了几个特殊的 n 阶行列式. 可以看到，n 阶行列式的计算是比较麻烦的，但是上(下)三角行列式的计算却非常简单. 在这一节，我们将介绍行列式的性质，并利用行列式的性质将一般的行列式化为上(下)三角行列式来计算.

下面介绍 n 阶行列式的一些基本性质.

1.3.1 转置行列式

定义 1.7 设行列式

$$D=\begin{vmatrix} a_{11} & a_{12} & \cdots & a_{1n} \\ a_{21} & a_{22} & \cdots & a_{2n} \\ \vdots & \vdots & & \vdots \\ a_{n1} & a_{n2} & \cdots & a_{nn} \end{vmatrix},$$

将行列式 D 的各行元素依次改成相同序号的列元素，得到一个新的行列式

$$D^{\mathrm{T}}=\begin{vmatrix} a_{11} & a_{21} & \cdots & a_{n1} \\ a_{12} & a_{22} & \cdots & a_{n2} \\ \vdots & \vdots & & \vdots \\ a_{1n} & a_{2n} & \cdots & a_{nn} \end{vmatrix},$$

称 D^{T} 为行列式 D 的**转置行列式**.

例 1.8 写出行列式

$$D=\begin{vmatrix} 1 & 2 & 1 \\ 2 & 4 & 6 \\ 6 & 9 & 12 \end{vmatrix}$$

的转置行列式 D^{T}.

解 根据转置行列式的定义可得

$$D^{\mathrm{T}}=\begin{vmatrix}1&2&6\\2&4&9\\1&6&12\end{vmatrix}.$$

1.3.2 行列式的性质

性质 1.1 行列式与它的转置行列式相等，即 $D=D^{\mathrm{T}}$.

证 设

$$D=\begin{vmatrix}a_{11}&a_{12}&\cdots&a_{1n}\\a_{21}&a_{22}&\cdots&a_{2n}\\\vdots&\vdots&&\vdots\\a_{n1}&a_{n2}&\cdots&a_{nn}\end{vmatrix},\quad D^{\mathrm{T}}=\begin{vmatrix}b_{11}&b_{12}&\cdots&b_{1n}\\b_{21}&b_{22}&\cdots&b_{2n}\\\vdots&\vdots&&\vdots\\b_{n1}&b_{n2}&\cdots&b_{nn}\end{vmatrix},$$

其中 $b_{ij}=a_{ji}(i,j=1,2,\cdots,n)$. 按行列式的定义，有

$$\begin{aligned}D^{\mathrm{T}}&=\sum_{j_1j_2\cdots j_n}(-1)^{\tau(j_1j_2\cdots j_n)}b_{1j_1}b_{2j_2}\cdots b_{nj_n}\\&=\sum_{j_1j_2\cdots j_n}(-1)^{\tau(j_1j_2\cdots j_n)}a_{j_11}a_{j_22}\cdots a_{j_nn}=D.\end{aligned}$$

注 性质 1.1 说明行列式中行与列的地位是同等的，即凡是对行成立的性质对列也成立，对列成立的性质对行也成立.

性质 1.2 互换行列式的两行（或列），得到的新行列式与原行列式互为相反数，即

$$\begin{vmatrix}a_{11}&a_{12}&\cdots&a_{1n}\\\vdots&\vdots&&\vdots\\a_{i1}&a_{i2}&\cdots&a_{in}\\\vdots&\vdots&&\vdots\\a_{j1}&a_{j2}&\cdots&a_{jn}\\\vdots&\vdots&&\vdots\\a_{n1}&a_{n2}&\cdots&a_{nn}\end{vmatrix}=-\begin{vmatrix}a_{11}&a_{12}&\cdots&a_{1n}\\\vdots&\vdots&&\vdots\\a_{j1}&a_{j2}&\cdots&a_{jn}\\\vdots&\vdots&&\vdots\\a_{i1}&a_{i2}&\cdots&a_{in}\\\vdots&\vdots&&\vdots\\a_{n1}&a_{n2}&\cdots&a_{nn}\end{vmatrix}\begin{matrix}\\\\\text{第 } i \text{ 行}\\\\\text{第 } j \text{ 行}\\\\\\\end{matrix}. \tag{1.4}$$

证 设

$$D=\begin{vmatrix}a_{11}&a_{12}&\cdots&a_{1n}\\a_{21}&a_{22}&\cdots&a_{2n}\\\vdots&\vdots&&\vdots\\a_{n1}&a_{n2}&\cdots&a_{nn}\end{vmatrix},$$

交换第 i 行与第 j 行得到行列式

$$D_1=\begin{vmatrix}b_{11}&b_{12}&\cdots&b_{1n}\\b_{21}&b_{22}&\cdots&b_{2n}\\\vdots&\vdots&&\vdots\\b_{n1}&a_{n2}&\cdots&b_{nn}\end{vmatrix},$$

其中 $b_{kp}=a_{kp}(k\neq i,j),b_{ip}=a_{jp},b_{jp}=a_{ip}(p=1,2,\cdots,n)$.

由行列式的定义可得

$$D=\sum_{p_1p_2\cdots p_i\cdots p_j\cdots p_n}(-1)^{\tau(p_1p_2\cdots p_i\cdots p_j\cdots p_n)}a_{1p_1}a_{2p_2}\cdots a_{ip_i}\cdots a_{jp_j}\cdots a_{np_n},$$

$$\begin{aligned}D_1&=\sum_{p_1p_2\cdots p_i\cdots p_j\cdots p_n}(-1)^{\tau(p_1p_2\cdots p_i\cdots p_j\cdots p_n)}b_{1p_1}b_{2p_2}\cdots b_{ip_i}\cdots b_{jp_j}\cdots b_{np_n}\\&=\sum_{p_1p_2\cdots p_i\cdots p_j\cdots p_n}(-1)^{\tau(p_1p_2\cdots p_i\cdots p_j\cdots p_n)}a_{1p_1}a_{2p_2}\cdots a_{jp_i}\cdots a_{ip_j}\cdots a_{np_n}\\&=\sum_{p_1p_2\cdots p_i\cdots p_j\cdots p_n}(-1)^{\tau(p_1p_2\cdots p_i\cdots p_j\cdots p_n)}a_{1p_1}a_{2p_2}\cdots a_{ip_j}\cdots a_{jp_i}\cdots a_{np_n}\\&=\sum_{p_1p_2\cdots p_j\cdots p_i\cdots p_n}(-1)^{\tau(p_1p_2\cdots p_j\cdots p_i\cdots p_n)\pm1}a_{1p_1}a_{2p_2}\cdots a_{ip_j}\cdots a_{jp_i}\cdots a_{np_n}\\&=-\sum_{p_1p_2\cdots p_j\cdots p_i\cdots p_n}(-1)^{\tau(p_1p_2\cdots p_j\cdots p_i\cdots p_n)}a_{1p_1}a_{2p_2}\cdots a_{ip_j}\cdots a_{jp_i}\cdots a_{np_n},\end{aligned}$$

故 $D_1=-D$.

在行列式中,以 r_i 表示行列式的第 i 行,以 c_i 表示行列式的第 i 列.如果将行列式的第 i 行与第 j 行互换,记作 $r_i\leftrightarrow r_j$,第 i 列与第 j 列互换,记作 $c_i\leftrightarrow c_j$.

由性质 1.2,易得下面的推论.

推论 1 如果行列式中有两行(或列)对应元素相等,则该行列式的值为 0.

性质 1.3 行列式的某一行(或列)中所有元素都乘以同一数 k,等于用数 k 乘以该行列式.

例如,将行列式的第 i 行都乘以同一数 k,有

$$\begin{vmatrix}a_{11}&a_{12}&\cdots&a_{1n}\\a_{21}&a_{22}&\cdots&a_{2n}\\\vdots&\vdots&&\vdots\\ka_{i1}&ka_{i2}&\cdots&ka_{in}\\\vdots&\vdots&&\vdots\\a_{n1}&a_{n2}&\cdots&a_{nn}\end{vmatrix}=k\begin{vmatrix}a_{11}&a_{12}&\cdots&a_{1n}\\a_{21}&a_{22}&\cdots&a_{2n}\\\vdots&\vdots&&\vdots\\a_{i1}&a_{i2}&\cdots&a_{in}\\\vdots&\vdots&&\vdots\\a_{n1}&a_{n2}&\cdots&a_{nn}\end{vmatrix}.$$

在行列式中,第 i 行(或列)乘以数 k,记作 $r_i\times k$(或 $c_i\times k$).

推论 2 行列式中某一行(或列)的所有元素的公因子可以提到行列式符号的外面.

推论 3 如果行列式中某一行(或列)的元素全为 0,则该行列式的值为 0.

在行列式中,第 i 行(或列)提出公因子 k,记作 $r_i\div k$(或 $c_i\div k$).

性质 1.4 如果行列式中有两行(或列)的元素对应成比例,则该行列式的值为 0.

性质 1.5 如果行列式中某一行(或列)的元素都可以分解为两个元素之和,则该行列式也可以分解为相应的两个行列式的和.

例如,

$$D=\begin{vmatrix}a_{11}&a_{12}&\cdots&a_{1n}\\a_{21}&a_{22}&\cdots&a_{2n}\\\vdots&\vdots&&\vdots\\a_{i1}+b_{i1}&a_{i2}+b_{i2}&\cdots&a_{in}+b_{in}\\\vdots&\vdots&&\vdots\\a_{n1}&a_{n2}&\cdots&a_{nn}\end{vmatrix}$$

$$
= \begin{vmatrix} a_{11} & a_{12} & \cdots & a_{1n} \\ a_{21} & a_{22} & \cdots & a_{2n} \\ \vdots & \vdots & & \vdots \\ a_{i1} & a_{i2} & \cdots & a_{in} \\ \vdots & \vdots & & \vdots \\ a_{n1} & a_{n2} & \cdots & a_{nn} \end{vmatrix} + \begin{vmatrix} a_{11} & a_{12} & \cdots & a_{1n} \\ a_{21} & a_{22} & \cdots & a_{2n} \\ \vdots & \vdots & & \vdots \\ b_{i1} & b_{i2} & \cdots & b_{in} \\ \vdots & \vdots & & \vdots \\ a_{n1} & a_{n2} & \cdots & a_{nn} \end{vmatrix}.
$$

显然，性质 1.5 也可以推广到某一行(或列)为多个元素之和的情形，例如，

$$
D = \begin{vmatrix} a_{11} & a_{12} & \cdots & a_{1n} \\ a_{21} & a_{22} & \cdots & a_{2n} \\ \vdots & \vdots & & \vdots \\ a_{i1}+b_{i1}+\cdots+c_{i1} & a_{i2}+b_{i2}+\cdots+c_{i2} & \cdots & a_{in}+b_{in}+\cdots+c_{in} \\ \vdots & \vdots & & \vdots \\ a_{n1} & a_{n2} & \cdots & a_{m} \end{vmatrix}
$$

$$
= \begin{vmatrix} a_{11} & a_{12} & \cdots & a_{1n} \\ a_{21} & a_{22} & \cdots & a_{2n} \\ \vdots & \vdots & & \vdots \\ a_{i1} & a_{i2} & \cdots & a_{in} \\ \vdots & \vdots & & \vdots \\ a_{n1} & a_{n2} & \cdots & a_{nn} \end{vmatrix} + \begin{vmatrix} a_{11} & a_{12} & \cdots & a_{1n} \\ a_{21} & a_{22} & \cdots & a_{2n} \\ \vdots & \vdots & & \vdots \\ b_{i1} & b_{i2} & \cdots & b_{in} \\ \vdots & \vdots & & \vdots \\ a_{n1} & a_{n2} & \cdots & a_{nn} \end{vmatrix} + \cdots + \begin{vmatrix} a_{11} & a_{12} & \cdots & a_{1n} \\ a_{21} & a_{22} & \cdots & a_{2n} \\ \vdots & \vdots & & \vdots \\ c_{i1} & c_{i2} & \cdots & c_{in} \\ \vdots & \vdots & & \vdots \\ a_{n1} & a_{n2} & \cdots & a_{nn} \end{vmatrix}.
$$

注 当行列式某一行(或列)为多个元素之和时，可直接利用性质 1.5. 当行列式某两行(列)或两行(列)以上为多个元素之和时，不能直接利用性质 1.5.

性质 1.6 把行列式的某一行(或列)的元素乘以同一数 k，然后加到另一行(或列)相应的元素上去，行列式的值不变.

例如，将行列式的第 j 行的元素都乘以同一数 k，再加到第 i 行相应的元素上，有

$$
D = \begin{vmatrix} a_{11} & a_{12} & \cdots & a_{1n} \\ a_{21} & a_{22} & \cdots & a_{2n} \\ \vdots & \vdots & & \vdots \\ a_{i1} & a_{i2} & \cdots & a_{in} \\ \vdots & \vdots & & \vdots \\ a_{j1} & a_{j2} & \cdots & a_{jn} \\ \vdots & \vdots & & \vdots \\ a_{n1} & a_{n2} & \cdots & a_{nn} \end{vmatrix} = \begin{vmatrix} a_{11} & a_{12} & \cdots & a_{1n} \\ a_{21} & a_{22} & \cdots & a_{2n} \\ \vdots & \vdots & & \vdots \\ a_{i1}+ka_{j1} & a_{i2}+ka_{j2} & \cdots & a_{in}+ka_{jn} \\ \vdots & \vdots & & \vdots \\ a_{j1} & a_{j2} & \cdots & a_{jn} \\ \vdots & \vdots & & \vdots \\ a_{n1} & a_{n2} & \cdots & a_{nn} \end{vmatrix} \quad (i \neq j).
$$

在行列式中，第 j 行(或列)的元素乘以同一数 k，然后加到第 i 行(或列)相应的元素上，记作 $r_i + kr_j$(或 $c_i + kc_j$).

性质 1.3 ～ 性质 1.6 的证明，请读者自证.

利用行列式的性质计算行列式，可以使计算简化，下面举例说明.

例 1.9 利用行列式的性质计算行列式

$$D=\begin{vmatrix}3&1&-1&2\\-5&1&3&-4\\2&0&1&-1\\1&-5&3&-3\end{vmatrix}.$$

解 方法一 $D\xlongequal{r_1\leftrightarrow r_4}-\begin{vmatrix}1&-5&3&-3\\-5&1&3&-4\\2&0&1&-1\\3&1&-1&2\end{vmatrix}\xlongequal[r_4-3r_1]{r_2+5r_1,\ r_3-2r_1}-\begin{vmatrix}1&-5&3&-3\\0&-24&18&-19\\0&10&-5&5\\0&16&-10&11\end{vmatrix}$

$$\xlongequal[r_2\leftrightarrow r_3]{r_3\div 5}5\begin{vmatrix}1&-5&3&-3\\0&2&-1&1\\0&-24&18&-19\\0&16&-10&11\end{vmatrix}\xlongequal[r_4-8r_2]{r_3+12r_2}5\begin{vmatrix}1&-5&3&-3\\0&2&-1&1\\0&0&6&-7\\0&0&-2&3\end{vmatrix}$$

$$\xlongequal{r_3\leftrightarrow r_4}-5\begin{vmatrix}1&-5&3&-3\\0&2&-1&1\\0&0&-2&3\\0&0&6&-7\end{vmatrix}\xlongequal{r_4+3r_3}-5\begin{vmatrix}1&-5&3&-3\\0&2&-1&1\\0&0&-2&3\\0&0&0&2\end{vmatrix}$$

$$=-5\times1\times2\times(-2)\times2$$

$$=40.$$

方法二 $D\xlongequal{c_1\leftrightarrow c_2}-\begin{vmatrix}1&3&-1&2\\1&-5&3&-4\\0&2&1&-1\\-5&1&3&-3\end{vmatrix}\xlongequal[r_4+5r_1]{r_2-r_1}-\begin{vmatrix}1&3&-1&2\\0&-8&4&-6\\0&2&1&-1\\0&16&-2&7\end{vmatrix}$

$$\xlongequal{r_2\leftrightarrow r_3}\begin{vmatrix}1&3&-1&2\\0&2&1&-1\\0&-8&4&-6\\0&16&-2&7\end{vmatrix}\xlongequal[r_4-8r_2]{r_3+4r_2}\begin{vmatrix}1&3&-1&2\\0&2&1&-1\\0&0&8&-10\\0&0&-10&15\end{vmatrix}$$

$$\xlongequal{r_4+\frac{5}{4}r_3}\begin{vmatrix}1&3&-1&2\\0&2&1&-1\\0&0&8&-10\\0&0&0&\frac{5}{2}\end{vmatrix}=1\times2\times8\times\frac{5}{2}=40.$$

注 在例 1.9 中,我们通过行列式的性质将一个行列式化为上三角(或下三角)行列式来计算,我们称这种计算行列式的方法为**化三角形法**.

例 1.10 计算行列式

$$D=\begin{vmatrix}a&b&c&d\\a&a+b&a+b+c&a+b+c+d\\a&2a+b&3a+2b+c&4a+3b+2c+d\\a&3a+b&6a+3b+c&10a+6b+3c+d\end{vmatrix}.$$

解 $D \xlongequal[r_2-r_1]{\substack{r_4-r_3\\ r_3-r_2}} \begin{vmatrix} a & b & c & d \\ 0 & a & a+b & a+b+c \\ 0 & a & 2a+b & 3a+2b+c \\ 0 & a & 3a+b & 6a+3b+c \end{vmatrix} \xlongequal[r_3-r_2]{r_4-r_3} \begin{vmatrix} a & b & c & d \\ 0 & a & a+b & a+b+c \\ 0 & 0 & a & 2a+b \\ 0 & 0 & a & 3a+b \end{vmatrix}$

$$\xlongequal{r_4-r_3} \begin{vmatrix} a & b & c & d \\ 0 & a & a+b & a+b+c \\ 0 & 0 & a & 2a+b \\ 0 & 0 & 0 & a \end{vmatrix} = a^4.$$

例 1.11 计算行列式

$$D = \begin{vmatrix} 1 & -1 & -3 \\ 97 & 101 & 104 \\ -3 & 1 & 4 \end{vmatrix}.$$

解 $D = \begin{vmatrix} 1 & -1 & -3 \\ 100-3 & 100+1 & 100+4 \\ -3 & 1 & 4 \end{vmatrix} = \begin{vmatrix} 1 & -1 & -3 \\ 100 & 100 & 100 \\ -3 & 1 & 4 \end{vmatrix} + \begin{vmatrix} 1 & -1 & -3 \\ -3 & 1 & 4 \\ -3 & 1 & 4 \end{vmatrix}$

$$= 100 \begin{vmatrix} 1 & -1 & -3 \\ 1 & 1 & 1 \\ -3 & 1 & 4 \end{vmatrix} + 0 \xlongequal{r_1 \leftrightarrow r_2} -100 \begin{vmatrix} 1 & 1 & 1 \\ 1 & -1 & -3 \\ -3 & 1 & 4 \end{vmatrix}$$

$$\xlongequal[r_3+3r_1]{r_2-r_1} -100 \begin{vmatrix} 1 & 1 & 1 \\ 0 & -2 & -4 \\ 0 & 4 & 7 \end{vmatrix} \xlongequal{r_3+2r_2} -100 \begin{vmatrix} 1 & 1 & 1 \\ 0 & -2 & -4 \\ 0 & 0 & -1 \end{vmatrix}$$

$$= -100 \times 1 \times (-2) \times (-1) = -200.$$

例 1.12 计算 n 阶行列式

$$D = \begin{vmatrix} x & y & y & \cdots & y \\ y & x & y & \cdots & y \\ y & y & x & \cdots & y \\ \vdots & \vdots & \vdots & & \vdots \\ y & y & y & \cdots & x \end{vmatrix}.$$

解 **方法一** 由于行列式 D 的主对角线上元素全为 x，其余元素全为 y，行列式的每一行或每一列的元素之和都是相同的，因此将第 $2,3,\cdots,n$ 行都加到第 1 行，然后利用性质 1.3，提取公因子，最后再用化三角形法即可.

$$D \xlongequal[(i=2,3,\cdots,n)]{r_1+r_i} \begin{vmatrix} x+(n-1)y & x+(n-1)y & x+(n-1)y & \cdots & x+(n-1)y \\ y & x & y & \cdots & y \\ y & y & x & \cdots & y \\ \vdots & \vdots & \vdots & & \vdots \\ y & y & y & \cdots & x \end{vmatrix}$$

$$=[x+(n-1)y]\begin{vmatrix} 1 & 1 & 1 & \cdots & 1 \\ y & x & y & \cdots & y \\ y & y & x & \cdots & y \\ \vdots & \vdots & \vdots & & \vdots \\ y & y & y & \cdots & x \end{vmatrix}$$

$$\xlongequal[(i=2,3,\cdots,n)]{r_i-yr_1}[x+(n-1)y]\begin{vmatrix} 1 & 1 & 1 & \cdots & 1 \\ 0 & x-y & 0 & \cdots & 0 \\ 0 & 0 & x-y & \cdots & 0 \\ \vdots & \vdots & \vdots & & \vdots \\ 0 & 0 & 0 & \cdots & x-y \end{vmatrix}$$

$$=[x+(n-1)y](x-y)^{n-1}.$$

方法二 直接利用化三角形法.

$$D\xlongequal[(i=2,3,\cdots,n)]{r_i-r_1}\begin{vmatrix} x & y & y & \cdots & y \\ y-x & x-y & 0 & \cdots & 0 \\ y-x & 0 & x-y & \cdots & 0 \\ \vdots & \vdots & \vdots & & \vdots \\ y-x & 0 & 0 & \cdots & x-y \end{vmatrix}$$

$$\xlongequal[(i=2,3,\cdots,n)]{c_1+c_i}\begin{vmatrix} x+(n-1)y & y & y & \cdots & y \\ 0 & x-y & 0 & \cdots & 0 \\ 0 & 0 & x-y & \cdots & 0 \\ \vdots & \vdots & \vdots & & \vdots \\ 0 & 0 & 0 & \cdots & x-y \end{vmatrix}$$

$$=[x+(n-1)y](x-y)^{n-1}.$$

§ 1.4 行列式按行(列)展开

将三阶行列式

$$\begin{vmatrix} a_{11} & a_{12} & a_{13} \\ a_{21} & a_{22} & a_{23} \\ a_{31} & a_{32} & a_{33} \end{vmatrix}=a_{11}a_{22}a_{33}+a_{12}a_{23}a_{31}+a_{13}a_{21}a_{32}-a_{13}a_{22}a_{31}-a_{12}a_{21}a_{33}-a_{11}a_{23}a_{32}$$

的结果进行变换,得到

$$\begin{vmatrix} a_{11} & a_{12} & a_{13} \\ a_{21} & a_{22} & a_{23} \\ a_{31} & a_{32} & a_{33} \end{vmatrix}=a_{11}(a_{22}a_{33}-a_{23}a_{32})-a_{12}(a_{21}a_{33}-a_{23}a_{31})+a_{13}(a_{21}a_{32}-a_{22}a_{31})$$

$$=a_{11}\begin{vmatrix} a_{22} & a_{23} \\ a_{32} & a_{33} \end{vmatrix}-a_{12}\begin{vmatrix} a_{21} & a_{23} \\ a_{31} & a_{33} \end{vmatrix}+a_{13}\begin{vmatrix} a_{21} & a_{22} \\ a_{31} & a_{32} \end{vmatrix}, \tag{1.5}$$

这样就把三阶行列式的计算转化为二阶行列式的代数和的形式.(1.5)式的第1个二阶行列式是在三阶行列式中划去 a_{11} 所在的第1行和第1列,剩下的元素按原来的次序组成的二阶行列式.(1.5)式的其他两个二阶行列式可用类似的方法得到.

一般而言,低阶行列式的计算要比高阶行列式的计算简单,如果能将高阶行列式用低阶行列式加以表示,就能起到简化运算的作用.为此,本节将介绍另一种计算行列式的方法——行列式按行(列)展开,即降阶法.下面先引进余子式与代数余子式的概念.

1.4.1 余子式与代数余子式

定义 1.8 在 n 阶行列式 D 中,去掉元素 a_{ij} 所在的第 i 行和第 j 列后,余下的元素按原来的次序构成的 $n-1$ 阶行列式,称为 D 中元素 a_{ij} 的**余子式**,记作 M_{ij}. 称 $A_{ij}=(-1)^{i+j}M_{ij}$ 为元素 a_{ij} 的**代数余子式**.

注 余子式与代数余子式是有区别的,a_{ij} 的余子式 M_{ij} 是划去行列式 D 中的第 i 行和第 j 列之后,剩下的元素组成的 $n-1$ 阶行列式,而代数余子式 $A_{ij}=(-1)^{i+j}M_{ij}$ 要在 M_{ij} 前冠以"+"号或"−"号.

例如,在四阶行列式

$$D=\begin{vmatrix} a_{11} & a_{12} & a_{13} & a_{14} \\ a_{21} & a_{22} & a_{23} & a_{24} \\ a_{31} & a_{32} & a_{33} & a_{34} \\ a_{41} & a_{42} & a_{43} & a_{44} \end{vmatrix}$$

中,a_{32} 的余子式和代数余子式分别为

$$M_{32}=\begin{vmatrix} a_{11} & a_{13} & a_{14} \\ a_{21} & a_{23} & a_{24} \\ a_{41} & a_{43} & a_{44} \end{vmatrix},\quad A_{32}=(-1)^{3+2}M_{32}=-M_{32}=-\begin{vmatrix} a_{11} & a_{13} & a_{14} \\ a_{21} & a_{23} & a_{24} \\ a_{41} & a_{43} & a_{44} \end{vmatrix}.$$

引理 1.1 如果 n 阶行列式 D 中的第 i 行元素除 a_{ij} 外全部为 0,则该行列式等于 a_{ij} 与它的代数余子式的乘积,即

$$D=\begin{vmatrix} a_{11} & a_{12} & \cdots & a_{1j} & \cdots & a_{1n} \\ \vdots & \vdots & & \vdots & & \vdots \\ 0 & 0 & \cdots & a_{ij} & \cdots & 0 \\ \vdots & \vdots & & \vdots & & \vdots \\ a_{n1} & a_{n2} & \cdots & a_{nj} & \cdots & a_{nn} \end{vmatrix}=a_{ij}A_{ij}.$$

证 将行列式 D 中第 i 行依次与第 $i-1$ 行,第 $i-2$ 行,…,第 2 行,第 1 行互换后,再将第 j 列依次与第 $j-1$ 列,第 $j-2$ 列,…,第 2 列,第 1 列互换,这样经过 $i+j-2$ 次互换后就把元素 a_{ij} 换到 D 的第一行第一列的位置.由行列式的性质,有

$$D=(-1)^{i+j-2}\begin{vmatrix} a_{ij} & 0 & \cdots & 0 & 0 & \cdots & 0 \\ a_{1j} & a_{11} & \cdots & a_{1,j-1} & a_{1,j+1} & \cdots & a_{1n} \\ \vdots & \vdots & & \vdots & \vdots & & \vdots \\ a_{i-1,j} & a_{i-1,1} & \cdots & a_{i-1,j-1} & a_{i-1,j+1} & \cdots & a_{i-1,n} \\ a_{i+1,j} & a_{i+1,1} & \cdots & a_{i+1,j-1} & a_{i+1,j+1} & \cdots & a_{i+1,n} \\ \vdots & \vdots & & \vdots & \vdots & & \vdots \\ a_{nj} & a_{n1} & \cdots & a_{n,j-1} & a_{n,j+1} & \cdots & a_{nn} \end{vmatrix}.$$

注意到$(-1)^{i+j-2}=(-1)^{i+j}$，且上面行列式右下角的$n-1$阶行列式是a_{ij}的余子式M_{ij}，由行列式的定义，得

$$
\begin{aligned}
D&=(-1)^{i+j-2}\sum_{j_1j_2\cdots j_{i-1}j_{i+1}\cdots j_n}(-1)^{\tau(j_1j_2\cdots j_{i-1}j_{i+1}\cdots j_n)}a_{ij}a_{1j_1}a_{2j_2}\cdots a_{i-1,j_{i-1}}a_{i+1,j_{i+1}}\cdots a_{nj_n}\\
&=(-1)^{i+j}a_{ij}\sum_{j_1j_2\cdots j_{i-1}j_{i+1}\cdots j_n}(-1)^{\tau(j_1j_2\cdots j_{i-1}j_{i+1}\cdots j_n)}a_{1j_1}a_{2j_2}\cdots a_{i-1,j_{i-1}}a_{i+1,j_{i+1}}\cdots a_{nj_n}\\
&=(-1)^{i+j}a_{ij}\begin{vmatrix}a_{11}&\cdots&a_{1,j-1}&a_{1,j+1}&\cdots&a_{1n}\\ \vdots&&\vdots&\vdots&&\vdots\\ a_{i-1,1}&\cdots&a_{i-1,j-1}&a_{i-1,j+1}&\cdots&a_{i-1,n}\\ a_{i+1,1}&\cdots&a_{i+1,j-1}&a_{i+1,j+1}&\cdots&a_{i+1,n}\\ \vdots&&\vdots&\vdots&&\vdots\\ a_{n1}&\cdots&a_{n,j-1}&a_{n,j+1}&\cdots&a_{nn}\end{vmatrix}\\
&=(-1)^{i+j}a_{ij}M_{ij}=a_{ij}A_{ij}.
\end{aligned}
$$

注　引理 1.1 对列的情形同样成立.

1.4.2　行列式按行(列)展开定理

定理 1.3　行列式D等于它的任一行(列)的各元素与其对应的代数余子式的乘积之和，即

$$D=a_{i1}A_{i1}+a_{i2}A_{i2}+\cdots+a_{in}A_{in}\quad(i=1,2,\cdots,n)\tag{1.6}$$

或

$$D=a_{1j}A_{1j}+a_{2j}A_{2j}+\cdots+a_{nj}A_{nj}\quad(j=1,2,\cdots,n).\tag{1.7}$$

证

$$
D=\begin{vmatrix}a_{11}&a_{12}&\cdots&a_{1n}\\ \vdots&\vdots&&\vdots\\ a_{i1}+0+\cdots+0&0+a_{i2}+\cdots+0&\cdots&0+0+\cdots+a_{in}\\ \vdots&\vdots&&\vdots\\ a_{n1}&a_{n2}&\cdots&a_{nn}\end{vmatrix}
$$

$$
=\begin{vmatrix}a_{11}&a_{12}&\cdots&a_{1n}\\ \vdots&\vdots&&\vdots\\ a_{i1}&0&\cdots&0\\ \vdots&\vdots&&\vdots\\ a_{n1}&a_{n2}&\cdots&a_{nn}\end{vmatrix}+\begin{vmatrix}a_{11}&a_{12}&\cdots&a_{1n}\\ \vdots&\vdots&&\vdots\\ 0&a_{i2}&\cdots&0\\ \vdots&\vdots&&\vdots\\ a_{n1}&a_{n2}&\cdots&a_{nn}\end{vmatrix}+\cdots+\begin{vmatrix}a_{11}&a_{12}&\cdots&a_{1n}\\ \vdots&\vdots&&\vdots\\ 0&0&\cdots&a_{in}\\ \vdots&\vdots&&\vdots\\ a_{n1}&a_{n2}&\cdots&a_{nn}\end{vmatrix},
$$

再由引理 1.1，得

$$D=a_{i1}A_{i1}+a_{i2}A_{i2}+\cdots+a_{in}A_{in}\quad(i=1,2,\cdots,n).$$

同理可证

$$D=a_{1j}A_{1j}+a_{2j}A_{2j}+\cdots+a_{nj}A_{nj}\quad(j=1,2,\cdots,n).$$

注　这个定理称为**行列式按行(列)展开定理**，利用这一定理并结合行列式的性质，可将行列式的阶数降低，从而达到简化计算的目的，此种方法称为**降阶法**.

定理 1.4　n阶行列式D的第i行(列)的元素与第$j(j\neq i)$行(列)相应元素的代数余子式的乘积之和等于0，即

$$a_{i1}A_{j1}+a_{i2}A_{j2}+\cdots+a_{in}A_{jn}=0\quad(i\neq j)\tag{1.8}$$

或

$$a_{1i}A_{1j}+a_{2i}A_{2j}+\cdots+a_{ni}A_{nj}=0\quad(i\neq j).\tag{1.9}$$

证 为了使(1.8)式左端成为某一行列式的第 j 行元素与它自己的代数余子式的乘积之和，便于利用定理 1.3，应构造行列式 D'，使得 D' 的第 j 行元素为 $a_{i1},a_{i2},\cdots,a_{in}$，而第 j 行元素的代数余子式为 $A_{j1},A_{j2},\cdots,A_{jn}$，这只要使 D' 的第 j 行元素以外的其余行与 D 的相应行元素相同. 于是，令

$$D'=\begin{vmatrix} a_{11} & a_{12} & \cdots & a_{1n} \\ \vdots & \vdots & & \vdots \\ a_{i1} & a_{i2} & \cdots & a_{in} \\ \vdots & \vdots & & \vdots \\ a_{i1} & a_{i2} & \cdots & a_{in} \\ \vdots & \vdots & & \vdots \\ a_{n1} & a_{n2} & \cdots & a_{nn} \end{vmatrix}\begin{matrix} \\ \\ \text{第 } i \text{ 行} \\ \\ \text{第 } j \text{ 行} \\ \\ \\ \end{matrix},$$

由于 D' 存在两行相同，因此 $D'=0$. 把 D' 按第 j 行展开，得

$$D'=a_{i1}A_{j1}+a_{i2}A_{j2}+\cdots+a_{in}A_{jn},$$

所以

$$a_{i1}A_{j1}+a_{i2}A_{j2}+\cdots+a_{in}A_{jn}=0\quad(i\neq j).$$

同理可证

$$a_{1i}A_{1j}+a_{2i}A_{2j}+\cdots+a_{ni}A_{nj}=0\quad(i\neq j).$$

将定理 1.3 与定理 1.4 综合起来，得

$$\sum_{k=1}^{n}a_{ik}A_{jk}=\begin{cases}D, & i=j,\\ 0, & i\neq j\end{cases}\quad(i,j=1,2,\cdots,n)$$

或

$$\sum_{k=1}^{n}a_{ki}A_{kj}=\begin{cases}D, & i=j,\\ 0, & i\neq j\end{cases}\quad(i,j=1,2,\cdots,n).$$

下面把余子式的概念进行推广.

1.4.3 拉普拉斯展开定理

定义 1.9 在 n 阶行列式 D 中，任意选定 k 行和 k 列，则用这 k 行 k 列交叉点上的 k^2 个元素按照原来的次序得到的 k 阶行列式 N，称为 D 的一个 k **阶子式**. 划去 k 阶子式 N 所在的行和列，由剩下的元素按照原来的次序得到的 $n-k$ 阶子式 M，称为 k 阶子式 N 的**余子式**.

若 k 阶子式 N 所在的行的顺序是 $i_1,i_2,\cdots,i_k$，所在的列的顺序是 $j_1,j_2,\cdots,j_k$，则称

$$A=(-1)^{(i_1+i_2+\cdots+i_k)+(j_1+j_2+\cdots+j_k)}M$$

为 k 阶子式 N 的**代数余子式**.

例如，在四阶行列式

$$\begin{vmatrix} 1 & 0 & 0 & 2 \\ 3 & 1 & -1 & 0 \\ 0 & 5 & 1 & 0 \\ 1 & 0 & 3 & 2 \end{vmatrix}$$

中，选定第1,3行以及第1,2列，有二阶子式 $N_1 = \begin{vmatrix} 1 & 0 \\ 0 & 5 \end{vmatrix} = 5$，余子式 $M_1 = \begin{vmatrix} -1 & 0 \\ 3 & 2 \end{vmatrix} = -2$，代数余子式 $A_1 = (-1)^{(1+3)+(1+2)} M_1 = 2$.

定理 1.5（拉普拉斯(Laplace)展开定理） **设在 n 阶行列式 D 中，取定任意 $k(1 \leqslant k \leqslant n)$ 行，则由这 k 行元素组成的一切 k 阶子式与它们对应的代数余子式的乘积之和等于 D.**

注 (1) 定理 1.5 又称为按 k 行展开定理. 若将行变为列，则行列式按列展开.

(2) 定理 1.5 的证明方法与定理 1.3 的证明方法类似，此处略去.

(3) 在计算行列式时，常常按一行或一列展开，若在行列式 D 中某些行或列含多个零元素，则按这些行或列展开计算行列式一般更方便.

例 1.13 计算行列式

$$D = \begin{vmatrix} 1 & 0 & 0 & 2 \\ 3 & 1 & 0 & 0 \\ 0 & 5 & 1 & 0 \\ 0 & 0 & 3 & 2 \end{vmatrix}.$$

解 **方法一** 由定理 1.3，按第 1 行展开，得

$$\begin{aligned} D &= 1 \times (-1)^{1+1} \begin{vmatrix} 1 & 0 & 0 \\ 5 & 1 & 0 \\ 0 & 3 & 2 \end{vmatrix} + 2 \times (-1)^{1+4} \begin{vmatrix} 3 & 1 & 0 \\ 0 & 5 & 1 \\ 0 & 0 & 3 \end{vmatrix} \\ &= 1 \times 2 - 2 \times 45 = -88. \end{aligned}$$

方法二 按前两行展开. 因为

$$N_1 = \begin{vmatrix} 1 & 0 \\ 3 & 1 \end{vmatrix} = 1, \quad N_2 = \begin{vmatrix} 1 & 0 \\ 3 & 0 \end{vmatrix} = 0, \quad N_3 = \begin{vmatrix} 1 & 2 \\ 3 & 0 \end{vmatrix} = -6,$$

$$N_4 = \begin{vmatrix} 0 & 0 \\ 1 & 0 \end{vmatrix} = 0, \quad N_5 = \begin{vmatrix} 0 & 2 \\ 1 & 0 \end{vmatrix} = -2, \quad N_6 = \begin{vmatrix} 0 & 2 \\ 0 & 0 \end{vmatrix} = 0,$$

其对应的代数余子式分别为

$$A_1 = (-1)^{(1+2)+(1+2)} \begin{vmatrix} 1 & 0 \\ 3 & 2 \end{vmatrix} = 2, \quad A_2 = (-1)^{(1+2)+(1+3)} \begin{vmatrix} 5 & 0 \\ 0 & 2 \end{vmatrix} = -10,$$

$$A_3 = (-1)^{(1+2)+(1+4)} \begin{vmatrix} 5 & 1 \\ 0 & 3 \end{vmatrix} = 15, \quad A_4 = (-1)^{(1+2)+(2+3)} \begin{vmatrix} 0 & 0 \\ 0 & 2 \end{vmatrix} = 0,$$

$$A_5 = (-1)^{(1+2)+(2+4)} \begin{vmatrix} 0 & 1 \\ 0 & 3 \end{vmatrix} = 0, \quad A_6 = (-1)^{(1+2)+(3+4)} \begin{vmatrix} 0 & 5 \\ 0 & 0 \end{vmatrix} = 0,$$

所以由拉普拉斯展开定理得

$$\begin{aligned} D &= N_1A_1 + N_2A_2 + N_3A_3 + N_4A_4 + N_5A_5 + N_6A_6 \\ &= 1 \times 2 + 0 \times (-10) + (-6) \times 15 + 0 \times 0 + (-2) \times 0 + 0 \times 0 \\ &= -88. \end{aligned}$$

利用定理1.3和定理1.5虽然能将n阶行列式的计算转化为更低阶的行列式来计算，但当行列式的行(列)的元素有很多不为0时，按行(列)展开并不能减少很多计算量. 因此，计算行列式时，可以先利用行列式的性质把行列式中的某一行(列)化为仅含有一个非零元素，再按此行(列)展开进行计算.

例 1.14 计算行列式

$$D=\begin{vmatrix}2&1&-1&3\\-3&1&2&-4\\1&0&1&-1\\4&-5&3&-3\end{vmatrix}.$$

解 方法一 $D\xlongequal{r_1\leftrightarrow r_3}-\begin{vmatrix}1&0&1&-1\\-3&1&2&-4\\2&1&-1&3\\4&-5&3&-3\end{vmatrix}\xlongequal[r_4-4r_1]{\substack{r_2+3r_1\\r_3-2r_1}}-\begin{vmatrix}1&0&1&-1\\0&1&5&-7\\0&1&-3&5\\0&-5&-1&1\end{vmatrix}$

$$\xlongequal{\text{按第1列展开}}-1\times(-1)^{1+1}\begin{vmatrix}1&5&-7\\1&-3&5\\-5&-1&1\end{vmatrix}\xlongequal[r_3+5r_1]{r_2-r_1}-\begin{vmatrix}1&5&-7\\0&-8&12\\0&24&-34\end{vmatrix}$$

$$\xlongequal{\text{按第1列展开}}-1\times(-1)^{1+1}\begin{vmatrix}-8&12\\24&-34\end{vmatrix}=16.$$

方法二 $D\xlongequal[c_4-3c_2]{\substack{c_1-2c_2\\c_3+c_2}}\begin{vmatrix}0&1&0&0\\-5&1&3&-7\\1&0&1&-1\\14&-5&-2&12\end{vmatrix}$

$$\xlongequal{\text{按第1行展开}}1\times(-1)^{1+2}\begin{vmatrix}-5&3&-7\\1&1&-1\\14&-2&12\end{vmatrix}\xlongequal[r_3-14r_2]{r_1+5r_2}-\begin{vmatrix}0&8&-12\\1&1&-1\\0&-16&26\end{vmatrix}$$

$$\xlongequal{\text{按第1列展开}}-1\times(-1)^{2+1}\begin{vmatrix}8&-12\\-16&26\end{vmatrix}=16.$$

例 1.15 证明范德蒙德(Vandermonde)行列式

$$D_n=\begin{vmatrix}1&1&1&\cdots&1\\x_1&x_2&x_3&\cdots&x_n\\x_1^2&x_2^2&x_3^2&\cdots&x_n^2\\\vdots&\vdots&\vdots&&\vdots\\x_1^{n-1}&x_2^{n-1}&x_3^{n-1}&\cdots&x_n^{n-1}\end{vmatrix}=\prod_{1\leqslant j<i\leqslant n}(x_i-x_j),\quad n\geqslant 2,$$

其中记号“$\prod$”表示全体同类因子的乘积.

证 用数学归纳法证明. 当$n=2$时，

$$D_2=\begin{vmatrix}1&1\\x_1&x_2\end{vmatrix}=x_2-x_1=\prod_{1\leqslant j<i\leqslant 2}(x_i-x_j),$$

结论成立. 假设结论对$n-1$阶范德蒙德行列式成立，下面证明结论对n阶范德蒙德行列式成立.

由 D_n 中元素的特点,从最后一行开始,由下往上,后一行减前一行的 x_1 倍,得

$$D_n=\begin{vmatrix}1 & 1 & 1 & \cdots & 1\\ 0 & x_2-x_1 & x_3-x_1 & \cdots & x_n-x_1\\ 0 & x_2(x_2-x_1) & x_3(x_3-x_1) & \cdots & x_n(x_n-x_1)\\ \vdots & \vdots & \vdots & & \vdots\\ 0 & x_2^{n-2}(x_2-x_1) & x_3^{n-2}(x_3-x_1) & \cdots & x_n^{n-2}(x_n-x_1)\end{vmatrix}.$$

按第 1 列展开,并提取各列元素的公因子,得

$$D_n=(x_2-x_1)(x_3-x_1)\cdots(x_n-x_1)\begin{vmatrix}1 & 1 & \cdots & 1\\ x_2 & x_3 & \cdots & x_n\\ \vdots & \vdots & & \vdots\\ x_2^{n-2} & x_3^{n-2} & \cdots & x_n^{n-2}\end{vmatrix}.$$

上式右端的行列式是 $n-1$ 阶范德蒙德行列式,由归纳假设得

$$\begin{aligned}D_n&=(x_2-x_1)(x_3-x_1)\cdots(x_n-x_1)\prod_{2\leqslant j<i\leqslant n}(x_i-x_j)\\&=\prod_{1\leqslant j<i\leqslant n}(x_i-x_j).\end{aligned}$$

注 范德蒙德行列式在行列式的计算中有很重要的地位. 如果一个行列式通过变换后可以转化为范德蒙德行列式,那么可以直接利用范德蒙德行列式的结论求解,从而达到简化计算的目的.

例 1.16 已知五阶行列式

$$D_5=\begin{vmatrix}1 & 2 & 3 & 4 & 5\\ 5 & 5 & 5 & 3 & 3\\ 3 & 2 & 5 & 4 & 2\\ 2 & 2 & 2 & 1 & 1\\ 4 & 6 & 5 & 2 & 3\end{vmatrix},$$

试求 $A_{31}+A_{32}+A_{33}$ 和 $A_{34}+A_{35}$ 的值,其中 $A_{3j}\,(j=1,2,3,4,5)$ 为行列式 D_5 的第 3 行第 j 列元素的代数余子式.

解 由定理 1.4,有

$$5A_{31}+5A_{32}+5A_{33}+3A_{34}+3A_{35}=0, \tag{1}$$

$$2A_{31}+2A_{32}+2A_{33}+A_{34}+A_{35}=0, \tag{2}$$

联立(1),(2) 建立方程组,解得

$$A_{31}+A_{32}+A_{33}=0,\quad A_{34}+A_{35}=0.$$

前面介绍了计算行列式的几种方法:(1) 化三角形法;(2) 拆成若干个行列式的和;(3) 把其余行(列) 都加到某一行(列),提取公因式;(4) 降阶法;(5) 应用拉普拉斯展开定理;(6) 数学归纳法.

在行列式的计算中还有很多的其他方法,如递推关系法、加边法(升阶法)、利用范德蒙德行列式法等. 当然还有很多特殊形式的行列式,如“箭形(爪形) 行列式”“三对角行列式”“海森伯型行列式”“对角线行列式”“同对角行列式”“自增行列式” 等. 特殊类型的行列式有着特殊

的求法,需要在学习中不断总结.

例 1.17 计算 n 阶行列式

$$D_n=\begin{vmatrix} x & -1 & 0 & \cdots & 0 & 0 \\ 0 & x & -1 & \cdots & 0 & 0 \\ 0 & 0 & x & \cdots & 0 & 0 \\ \vdots & \vdots & \vdots & & \vdots & \vdots \\ 0 & 0 & 0 & \cdots & x & -1 \\ a_n & a_{n-1} & a_{n-2} & \cdots & a_2 & a_1+x \end{vmatrix}.$$

解 先按第 1 列展开,得

$$D_n=(-1)^{1+1}x\begin{vmatrix} x & -1 & \cdots & 0 & 0 \\ 0 & x & \cdots & 0 & 0 \\ \vdots & \vdots & & \vdots & \vdots \\ 0 & 0 & \cdots & x & -1 \\ a_{n-1} & a_{n-2} & \cdots & a_2 & a_1+x \end{vmatrix}+(-1)^{n+1}a_n\begin{vmatrix} -1 & 0 & \cdots & 0 & 0 \\ x & -1 & \cdots & 0 & 0 \\ 0 & x & \cdots & 0 & 0 \\ \vdots & \vdots & & \vdots & \vdots \\ 0 & 0 & \cdots & x & -1 \end{vmatrix}$$

$$=xD_{n-1}+(-1)^{n+1}(-1)^{n-1}a_n=xD_{n-1}+a_n.$$

依此类推,得

$$\begin{aligned} D_n &= xD_{n-1}+a_n=x(xD_{n-2}+a_{n-1})+a_n=x^2D_{n-2}+a_{n-1}x+a_n \\ &= x^2(xD_{n-3}+a_{n-2})+a_{n-1}x+a_n \\ &= x^3D_{n-3}+a_{n-2}x^2+a_{n-1}x+a_n \\ &= \cdots \\ &= x^{n-2}D_2+a_3x^{n-3}+\cdots+a_{n-1}x+a_n. \end{aligned}$$

而 $D_2=\begin{vmatrix} x & -1 \\ a_2 & a_1+x \end{vmatrix}=x^2+a_1x+a_2$,所以

$$\begin{aligned} D_n &= x^{n-2}(x^2+a_1x+a_2)+a_3x^{n-3}+\cdots+a_{n-1}x+a_n \\ &= x^n+a_1x^{n-1}+a_2x^{n-2}+\cdots+a_{n-1}x+a_n. \end{aligned}$$

§1.5 克拉默法则

在本节我们将讨论行列式的应用——方程的个数与未知量的个数相等的线性方程组的求解问题.

我们已经知道二元线性方程组

$$\begin{cases} a_{11}x_1+a_{12}x_2=b_1, \\ a_{21}x_1+a_{22}x_2=b_2 \end{cases}$$

当 $a_{11}a_{22}-a_{12}a_{21}\neq 0$ 时,其解为

$$x_1=\frac{\begin{vmatrix} b_1 & a_{12} \\ b_2 & a_{22} \end{vmatrix}}{\begin{vmatrix} a_{11} & a_{12} \\ a_{21} & a_{22} \end{vmatrix}},\quad x_2=\frac{\begin{vmatrix} a_{11} & b_1 \\ a_{21} & b_2 \end{vmatrix}}{\begin{vmatrix} a_{11} & a_{12} \\ a_{21} & a_{22} \end{vmatrix}}.$$

设 $D=\begin{vmatrix} a_{11} & a_{12} \\ a_{21} & a_{22} \end{vmatrix} \neq 0, D_1=\begin{vmatrix} b_1 & a_{12} \\ b_2 & a_{22} \end{vmatrix}, D_2=\begin{vmatrix} a_{11} & b_1 \\ a_{21} & b_2 \end{vmatrix}$，则有

$$x_j=\frac{D_j}{D} \quad (j=1,2).$$

三元线性方程组

$$\begin{cases} a_{11}x_1+a_{12}x_2+a_{13}x_3=b_1, \\ a_{21}x_1+a_{22}x_2+a_{23}x_3=b_2, \\ a_{31}x_1+a_{32}x_2+a_{33}x_3=b_3 \end{cases}$$

当 $D\neq 0$ 时，其解亦为 $x_j=\dfrac{D_j}{D}(j=1,2,3)$，其中

$$D=\begin{vmatrix} a_{11} & a_{12} & a_{13} \\ a_{21} & a_{22} & a_{23} \\ a_{31} & a_{32} & a_{33} \end{vmatrix}, \quad D_1=\begin{vmatrix} b_1 & a_{12} & a_{13} \\ b_2 & a_{22} & a_{23} \\ b_3 & a_{32} & a_{33} \end{vmatrix},$$

$$D_2=\begin{vmatrix} a_{11} & b_1 & a_{13} \\ a_{21} & b_2 & a_{23} \\ a_{31} & b_3 & a_{33} \end{vmatrix}, \quad D_3=\begin{vmatrix} a_{11} & a_{12} & b_1 \\ a_{21} & a_{22} & b_2 \\ a_{31} & a_{32} & b_3 \end{vmatrix}.$$

下面证明 n 个方程、n 个未知量的线性方程组的解与二元、三元线性方程组的解具有相同的法则，称之为**克拉默**(Cramer) **法则**.

定理 1.6(克拉默法则) **当 n 元线性方程组**

$$\begin{cases} a_{11}x_1+a_{12}x_2+\cdots+a_{1n}x_n=b_1, \\ a_{21}x_1+a_{22}x_2+\cdots+a_{2n}x_n=b_2, \\ \cdots\cdots \\ a_{n1}x_1+a_{n2}x_2+\cdots+a_{nn}x_n=b_n \end{cases} \tag{1.10}$$

的系数行列式 $D=\begin{vmatrix} a_{11} & a_{12} & \cdots & a_{1n} \\ a_{21} & a_{22} & \cdots & a_{2n} \\ \vdots & \vdots & & \vdots \\ a_{n1} & a_{n2} & \cdots & a_{nn} \end{vmatrix} \neq 0$ **时，线性方程组**(1.10) **有且仅有唯一解**

$$x_j=\frac{D_j}{D} \quad (j=1,2,\cdots,n),$$

其中 D_j **是将** D **中的第** j **列元素** $a_{1j},a_{2j},\cdots,a_{nj}$ **换成方程组的常数项** $b_1,b_2,\cdots,b_n$ **后得到的行列式，即**

$$D_j=\begin{vmatrix} a_{11} & \cdots & a_{1,j-1} & b_1 & a_{1,j+1} & \cdots & a_{1n} \\ a_{21} & \cdots & a_{2,j-1} & b_2 & a_{2,j+1} & \cdots & a_{2n} \\ \vdots & & \vdots & \vdots & \vdots & & \vdots \\ a_{n1} & \cdots & a_{n,j-1} & b_n & a_{n,j+1} & \cdots & a_{nn} \end{vmatrix}.$$

证 设 $x_1,x_2,\cdots,x_n$ 为方程组(1.10) 的解，即将 $x_1,x_2,\cdots,x_n$ 代入方程组(1.10)，方程组成立. 用 $x_j(j=1,2,\cdots,n)$ 乘系数行列式 D，并根据行列式的性质，有

$$Dx_j = \begin{vmatrix} a_{11} & a_{12} & \cdots & a_{1j}x_j & \cdots & a_{1n} \\ a_{21} & a_{22} & \cdots & a_{2j}x_j & \cdots & a_{2n} \\ \vdots & \vdots & & \vdots & & \vdots \\ a_{n1} & a_{n2} & \cdots & a_{nj}x_j & \cdots & a_{nn} \end{vmatrix}.$$

再把等式右端行列式的第 1 列,第 2 列,…,第 $j-1$ 列,第 $j+1$ 列,…,第 n 列分别乘以 $x_1,x_2,\cdots,x_{j-1},x_{j+1},\cdots,x_n$,然后加到第 j 列,行列式的值不变,即

$$Dx_j = \begin{vmatrix} a_{11} & a_{12} & \cdots & \sum_{j=1}^{n} a_{1j}x_j & \cdots & a_{1n} \\ a_{21} & a_{22} & \cdots & \sum_{j=1}^{n} a_{2j}x_j & \cdots & a_{2n} \\ \vdots & \vdots & & \vdots & & \vdots \\ a_{n1} & a_{n2} & \cdots & \sum_{j=1}^{n} a_{nj}x_j & \cdots & a_{nn} \end{vmatrix} = \begin{vmatrix} a_{11} & a_{12} & \cdots & b_1 & \cdots & a_{1n} \\ a_{21} & a_{22} & \cdots & b_2 & \cdots & a_{2n} \\ \vdots & \vdots & & \vdots & & \vdots \\ a_{n1} & a_{n2} & \cdots & b_n & \cdots & a_{nn} \end{vmatrix} = D_j.$$

又 $D \neq 0$,从而方程组(1.10)有唯一解

$$x_j = \frac{D_j}{D} \quad (j = 1,2,\cdots,n).$$

例 1.18　求解线性方程组

$$\begin{cases} x_1 + x_2 + x_3 = -1, \\ x_1 - x_2 + x_3 = 9, \\ 4x_1 + 2x_2 + x_3 = -3. \end{cases}$$

解　先求出系数行列式 D 以及 D_1,D_2,D_3,有

$$D = \begin{vmatrix} 1 & 1 & 1 \\ 1 & -1 & 1 \\ 4 & 2 & 1 \end{vmatrix} = 6 \neq 0, \quad D_1 = \begin{vmatrix} -1 & 1 & 1 \\ 9 & -1 & 1 \\ -3 & 2 & 1 \end{vmatrix} = 6,$$

$$D_2 = \begin{vmatrix} 1 & -1 & 1 \\ 1 & 9 & 1 \\ 4 & -3 & 1 \end{vmatrix} = -30, \quad D_3 = \begin{vmatrix} 1 & 1 & -1 \\ 1 & -1 & 9 \\ 4 & 2 & -3 \end{vmatrix} = 18,$$

则方程组的解为

$$x_1 = \frac{D_1}{D} = 1, \quad x_2 = \frac{D_2}{D} = -5, \quad x_3 = \frac{D_3}{D} = 3.$$

例 1.19　已知抛物线 $y = ax^2 + bx + c$ 经过 3 点(1,0),(2,3),(3,0),求该抛物线的方程.

解　由抛物线 $y = ax^2 + bx + c$ 经过 3 点(1,0),(2,3),(3,0),得

$$\begin{cases} a + b + c = 0, \\ 4a + 2b + c = 3, \\ 9a + 3b + c = 0. \end{cases}$$

要确定该抛物线的方程需要求出系数 a,b,c,即求出上述方程组的解.其系数行列式

$$D = \begin{vmatrix} 1 & 1 & 1 \\ 4 & 2 & 1 \\ 9 & 3 & 1 \end{vmatrix} = -2 \neq 0,$$

由于

$$D_1=\begin{vmatrix}0&1&1\\3&2&1\\0&3&1\end{vmatrix}=6,\quad D_2=\begin{vmatrix}1&0&1\\4&3&1\\9&0&1\end{vmatrix}=-24,\quad D_3=\begin{vmatrix}1&1&0\\4&2&3\\9&3&0\end{vmatrix}=18,$$

因此由克拉默法则求解，有

$$a=\frac{D_1}{D}=-3,\quad b=\frac{D_2}{D}=12,\quad c=\frac{D_3}{D}=-9,$$

即该抛物线的方程为 $y=-3x^2+12x-9$.

克拉默法则揭示了线性方程组的解与系数之间的关系，在理论上具有重要意义. 其缺点在于当求解 n 元线性方程组时，要计算 $n+1$ 个 n 阶行列式，当 n 较大时比较麻烦. 实际上，线性方程组的求解一般用高斯(Gauss) 消元法，这将在后续章节中介绍.

克拉默法则所具有的重要理论意义，可用以下定理和推论加以叙述.

定理 1.7 **若线性方程组(1.10) 无解或有两个不同的解，则线性方程组(1.10) 的系数行列式 $D=0$.**

当线性方程组(1.10) 中右端的常数项 $b_1,b_2,\cdots,b_n$ 不全为 0 时，称方程组(1.10) 为**非齐次线性方程组**；当 $b_1,b_2,\cdots,b_n$ 全为 0 时，称方程组

$$\begin{cases}a_{11}x_1+a_{12}x_2+\cdots+a_{1n}x_n=0,\\a_{21}x_1+a_{22}x_2+\cdots+a_{2n}x_n=0,\\\qquad\cdots\cdots\\a_{n1}x_1+a_{n2}x_2+\cdots+a_{nn}x_n=0\end{cases}\tag{1.11}$$

为**齐次线性方程组.**

对于齐次线性方程组(1.11)，$x_1=x_2=\cdots=x_n=0$ 一定是它的解，这个解称为齐次线性方程组(1.11) 的**零解**. 若存在一组不全为 0 的数 $x_1,x_2,\cdots,x_n$ 是齐次线性方程组(1.11) 的解，则称之为齐次线性方程组(1.11) 的**非零解**. 齐次线性方程组(1.11) 一定有零解，但不一定有非零解.

推论 1 若齐次线性方程组(1.11) 的系数行列式 $D\neq0$，则齐次线性方程组(1.11) 只有唯一的零解.

推论 2 若齐次线性方程组(1.11) 不仅有零解，还有非零解，则齐次线性方程组(1.11) 的系数行列式 $D=0$.

例 1.20 当 λ 取何值时，齐次线性方程组

$$\begin{cases}(1-\lambda)x_1-2x_2+4x_3=0,\\2x_1+(3-\lambda)x_2+x_3=0,\\x_1+x_2+(1-\lambda)x_3=0\end{cases}$$

有非零解?

解 若齐次线性方程组有非零解，则其系数行列式 $D=0$. 而

$$D=\begin{vmatrix}1-\lambda&-2&4\\2&3-\lambda&1\\1&1&1-\lambda\end{vmatrix}\xlongequal[c_3-(1-\lambda)c_1]{c_2-c_1}\begin{vmatrix}1-\lambda&\lambda-3&4-(1-\lambda)^2\\2&1-\lambda&2\lambda-1\\1&0&0\end{vmatrix}$$

$$=(-1)^{3+1}\begin{vmatrix}\lambda-3 & 3+2\lambda-\lambda^2\\ 1-\lambda & 2\lambda-1\end{vmatrix}=-\lambda^3+5\lambda^2-6\lambda,$$

由 $D=0$,得 $\lambda=0,\lambda=2$ 或 $\lambda=3$.

因此,当 $\lambda=0,\lambda=2$ 或 $\lambda=3$ 时,该齐次线性方程组有非零解.

拓展阅读

习 题 一

1. 计算下列排列的逆序数,并指出它们的奇偶性:

(1) 4132;

(2) 52341;

(3) 78432516;

(4) 217986354;

(5) $13\cdots(2n-1)24\cdots(2n)$.

2. 选择适当的 i 和 k,使得:

(1) $52i1468k9$ 为偶排列;

(2) $1i2649k87$ 为奇排列.

3. 用对角线法则计算下列行列式:

(1) $\begin{vmatrix}2 & 1\\ -1 & 2\end{vmatrix}$;

(2) $\begin{vmatrix}m+1 & m-2\\ m & m-1\end{vmatrix}$;

(3) $\begin{vmatrix}x-1 & 1\\ x^2 & x^2+x+1\end{vmatrix}$;

(4) $\begin{vmatrix}1 & 2 & 3\\ 3 & 1 & 2\\ 2 & 3 & 1\end{vmatrix}$;

(5) $\begin{vmatrix}1 & 2 & 3\\ 4 & 5 & 6\\ 7 & 8 & 9\end{vmatrix}$;

(6) $\begin{vmatrix}0 & a & 0\\ b & 0 & c\\ 0 & d & 0\end{vmatrix}$.

4. 写出四阶行列式中含有 $a_{22}a_{34}$ 的项.

5. 在六阶行列式中,下列各项应带什么符号?

(1) $a_{13}a_{24}a_{45}a_{32}a_{61}a_{56}$;

(2) $a_{32}a_{43}a_{14}a_{51}a_{66}a_{25}$.

6. 计算下列行列式:

(1) $\begin{vmatrix}3 & 1 & 4 & 1\\ 3 & -1 & 2 & 1\\ 1 & 2 & 3 & 2\\ 5 & 0 & 6 & 2\end{vmatrix}$;

(2) $\begin{vmatrix}2 & 8 & -5 & 1\\ 1 & 9 & 0 & -6\\ 0 & -5 & -1 & 2\\ 1 & 0 & -7 & 6\end{vmatrix}$;

(3) $\begin{vmatrix} -ab & ac & ae \\ bd & -cd & de \\ bf & cf & -ef \end{vmatrix}$；

(4) $\begin{vmatrix} a & b & b & b \\ a & b & a & b \\ a & a & b & a \\ b & b & b & a \end{vmatrix}$；

(5) $\begin{vmatrix} x & a & \cdots & a \\ a & x & \cdots & a \\ \vdots & \vdots & & \vdots \\ a & a & \cdots & x \end{vmatrix}$；

(6) $\begin{vmatrix} a_1 & 0 & 0 & b_1 \\ 0 & a_2 & b_2 & 0 \\ 0 & a_3 & b_3 & 0 \\ a_4 & 0 & 0 & b_4 \end{vmatrix}$；

(7) $\begin{vmatrix} a^2 & (a+1)^2 & (a+2)^2 & (a+3)^2 \\ b^2 & (b+1)^2 & (b+2)^2 & (b+3)^2 \\ c^2 & (c+1)^2 & (c+2)^2 & (c+3)^2 \\ d^2 & (d+1)^2 & (d+2)^2 & (d+3)^2 \end{vmatrix}$；

(8) $D_{2n} = \begin{vmatrix} a & & & & & b \\ & \ddots & & & \iddots & \\ & & a & b & & \\ & & c & d & & \\ & \iddots & & & \ddots & \\ c & & & & & d \end{vmatrix}$，其中未写出的元素均为 0；

(9) $\begin{vmatrix} 1 & 2 & 3 & \cdots & n-1 & n \\ 1 & n+2 & 3 & \cdots & n-1 & n \\ 1 & 2 & n+3 & \cdots & n-1 & n \\ \vdots & \vdots & \vdots & & \vdots & \vdots \\ 1 & 2 & 3 & \cdots & n+n-1 & n \\ 1 & 2 & 3 & \cdots & n-1 & n+n \end{vmatrix}$；

(10) $\begin{vmatrix} 0 & 1 & 2 & \cdots & n-1 \\ 1 & 0 & 1 & \cdots & n-2 \\ 2 & 1 & 0 & \cdots & n-3 \\ \vdots & \vdots & \vdots & & \vdots \\ n-1 & n-2 & n-3 & \cdots & 0 \end{vmatrix}$.

7. 计算下列各题：

(1) 设 x_1, x_2, x_3 是方程 $x^3 + px + q = 0$ 的 3 个根，计算行列式

$$\begin{vmatrix} x_1 & x_2 & x_3 \\ x_3 & x_1 & x_2 \\ x_2 & x_3 & x_1 \end{vmatrix};$$

(2) 已知多项式

$$f(x) = \begin{vmatrix} x & x & 1 & 0 \\ 1 & x & 2 & 3 \\ 2 & 3 & x & 2 \\ 1 & 1 & 2 & x \end{vmatrix},$$

用行列式的定义求 x^3 的系数；

(3) 设四阶行列式

$$D_4=\begin{vmatrix} a & b & c & d \\ c & b & d & a \\ d & b & c & a \\ a & b & d & c \end{vmatrix},$$

求 $A_{14}+A_{24}+A_{34}+A_{44}$，其中 $A_{i4}(i=1,2,3,4)$ 为元素 a_{i4} 的代数余子式；

(4) 设 n 阶行列式

$$D=\begin{vmatrix} x & a & \cdots & a \\ a & x & \cdots & a \\ \vdots & \vdots & & \vdots \\ a & a & \cdots & x \end{vmatrix},$$

求 $A_{n1}+A_{n2}+\cdots+A_{nn}$.

8. 证明下列等式：

(1) $$\begin{vmatrix} a_1+b_1 & b_1+c_1 & c_1+a_1 \\ a_2+b_2 & b_2+c_2 & c_2+a_2 \\ a_3+b_3 & b_3+c_3 & c_3+a_3 \end{vmatrix}=2\begin{vmatrix} a_1 & b_1 & c_1 \\ a_2 & b_2 & c_2 \\ a_3 & b_3 & c_3 \end{vmatrix};$$

(2) $$\begin{vmatrix} 0 & x & y & z \\ x & 0 & z & y \\ y & z & 0 & x \\ z & y & x & 0 \end{vmatrix}=-(x+y+z)(y+z-x)(z+x-y)(x+y-z);$$

(3) $$\begin{vmatrix} 1+x & 1 & 1 & 1 \\ 1 & 1-x & 1 & 1 \\ 1 & 1 & 1+y & 1 \\ 1 & 1 & 1 & 1-y \end{vmatrix}=x^2y^2;$$

(4) $$\begin{vmatrix} a_0 & -1 & 0 & \cdots & 0 & 0 \\ a_1 & x & -1 & \cdots & 0 & 0 \\ \vdots & \vdots & \vdots & & \vdots & \vdots \\ a_{n-2} & 0 & 0 & \cdots & x & -1 \\ a_{n-1} & 0 & 0 & \cdots & 0 & x \end{vmatrix}=a_0x^{n-1}+a_1x^{n-2}+\cdots+a_{n-1};$$

(5) $$D=\begin{vmatrix} a_{11} & \cdots & a_{1k} & 0 & \cdots & 0 \\ \vdots & & \vdots & \vdots & & \vdots \\ a_{k1} & \cdots & a_{kk} & 0 & \cdots & 0 \\ c_{11} & \cdots & c_{1k} & b_{11} & \cdots & b_{1n} \\ \vdots & & \vdots & \vdots & & \vdots \\ c_{n1} & \cdots & c_{nk} & b_{n1} & \cdots & b_{nn} \end{vmatrix}=D_1D_2,$$

其中 $D_1=\begin{vmatrix} a_{11} & \cdots & a_{1k} \\ \vdots & & \vdots \\ a_{k1} & \cdots & a_{kk} \end{vmatrix}$，$D_2=\begin{vmatrix} b_{11} & \cdots & b_{1n} \\ \vdots & & \vdots \\ b_{n1} & \cdots & b_{nn} \end{vmatrix}$.

9. 用克拉默法则求解下列线性方程组：

(1) $\begin{cases} x_1 + x_2 - 2x_3 = -3, \\ 2x_1 - 5x_2 + 4x_3 = 4, \\ 5x_1 - 2x_2 + 7x_3 = 22; \end{cases}$ (2) $\begin{cases} x_2 - x_3 + x_4 = -3, \\ 7x_2 + 3x_3 + x_4 = -5, \\ x_1 + 3x_2 + x_4 = 7, \\ x_1 - 2x_2 + 3x_3 - 4x_4 = 6. \end{cases}$

10. (1) k 满足什么条件时，非齐次线性方程组

$$\begin{cases} kx_1 + x_2 - x_3 = 1, \\ x_1 - 3x_2 + x_3 = 2, \\ kx_1 - x_2 + 3x_3 = 1 \end{cases}$$

有唯一解？

(2) λ, μ 取何值时，齐次线性方程组

$$\begin{cases} \lambda x_1 + x_2 + x_3 = 0, \\ x_1 + \mu x_2 + x_3 = 0, \\ x_1 + 2\mu x_2 + x_3 = 0 \end{cases}$$

有非零解？

习题参考答案

第一章测试题

一、选择题（每小题 3 分，共 15 分）

1. 若行列式 $\begin{vmatrix} 1 & 2 & -3 \\ 2 & 3 & -6 \\ 3 & 5 & x \end{vmatrix} = 0$，则 $x =$（　　）.

A. 2　　B. -2　　C. 9　　D. -9

2. 方程 $\begin{vmatrix} 1 & 2 & x \\ 1 & 4 & x^2 \\ 1 & 8 & x^3 \end{vmatrix} = 0$ 的根的个数是（　　）.

A. 0　　B. 1　　C. 2　　D. 3

3. 设 $i_1 i_2 \cdots i_n$ 是奇排列，则 $i_n i_{n-1} \cdots i_1$ 是（　　）.

A. 奇排列

B. 偶排列

C. 奇偶性仅由 n 的奇偶性确定的排列

D. 奇偶性不能仅由 n 的奇偶性确定的排列

4. 行列式 $\begin{vmatrix} a_{11} & 0 & 0 & a_{14} \\ 0 & a_{22} & a_{23} & 0 \\ 0 & a_{32} & a_{33} & 0 \\ a_{41} & 0 & 0 & a_{44} \end{vmatrix}$ 中元素 a_{32} 的代数余子式是（　　）.

A. $\begin{vmatrix} a_{11} & a_{14} \\ a_{41} & a_{44} \end{vmatrix}$　　B. $-\begin{vmatrix} a_{11} & a_{14} \\ a_{41} & a_{44} \end{vmatrix}$

C. $a_{23}\begin{vmatrix} a_{11} & a_{14} \\ a_{41} & a_{44} \end{vmatrix}$　　D. $-a_{23}\begin{vmatrix} a_{11} & a_{14} \\ a_{41} & a_{44} \end{vmatrix}$

5. 设行列式 $\begin{vmatrix} a_{11} & a_{12} & a_{13} \\ a_{21} & a_{22} & a_{23} \\ a_{31} & a_{32} & a_{33} \end{vmatrix}=1$，则 $\begin{vmatrix} 3a_{11} & 2a_{11}-3a_{12} & a_{13} \\ 3a_{21} & 2a_{21}-3a_{22} & a_{23} \\ 3a_{31} & 2a_{31}-3a_{32} & a_{33} \end{vmatrix}=$（　　）.

A. 0　　B. -9　　C. 9　　D. -18

二、填空题（每小题 3 分，共 15 分）

1. 设 $a_{1i}a_{23}a_{35}a_{44}a_{5j}$ 是五阶行列式中带有负号的项，则 $i=$________，$j=$________.

2. 在四阶行列式 $|a_{ij}|$ 中，带正号且同时包含元素 a_{23} 和 a_{31} 的项为________.

3. 已知四阶行列式 D 中第 3 列元素依次为 $-1,2,0,1$，它们的余子式分别为 $5,3,-7,4$，则 $D=$________.

4. 已知多项式 $f(x)=\begin{vmatrix} -x & 2 & 1 & 3 \\ x & 2 & 2x & 3 \\ 1 & x & 0 & 4 \\ -2 & 4 & -2 & x \end{vmatrix}$，则 $f(x)$ 中 x^4 的系数为________.

5. 行列式 $\begin{vmatrix} 103 & 100 & 204 \\ 199 & 200 & 395 \\ 301 & 300 & 600 \end{vmatrix}=$________.

三、计算题（每小题 10 分，共 70 分）

1. 计算行列式

$$D=\begin{vmatrix} 1 & 3 & -2 & 4 \\ 3 & 2 & -5 & 11 \\ 2 & 1 & 1 & 3 \\ -2 & 1 & 3 & -6 \end{vmatrix}.$$

2. 设行列式

$$D=\begin{vmatrix} 1 & 5 & 7 & 8 \\ 1 & 1 & 1 & 1 \\ 2 & 0 & 3 & 6 \\ 1 & 2 & 3 & 4 \end{vmatrix},$$

求 $A_{41}+A_{42}+A_{43}+A_{44}$ 的值.

3. 计算行列式

$$D_n = \begin{vmatrix} a & b & 0 & \cdots & 0 & 0 \\ 0 & a & b & \cdots & 0 & 0 \\ \vdots & \vdots & \vdots & & \vdots & \vdots \\ 0 & 0 & 0 & \cdots & a & b \\ b & 0 & 0 & \cdots & 0 & a \end{vmatrix}.$$

4. 计算行列式

$$D_n = \begin{vmatrix} 1 & 2 & 2 & \cdots & 2 \\ 2 & 2 & 2 & \cdots & 2 \\ 2 & 2 & 3 & \cdots & 2 \\ \vdots & \vdots & \vdots & & \vdots \\ 2 & 2 & 2 & \cdots & n \end{vmatrix}.$$

5. 计算行列式

$$D_n = \begin{vmatrix} a & b & b & \cdots & b \\ b & a & b & \cdots & b \\ b & b & a & \cdots & b \\ \vdots & \vdots & \vdots & & \vdots \\ b & b & b & \cdots & a \end{vmatrix}.$$

6. 计算行列式

$$D = \begin{vmatrix} 2 & 3 & 4 & 5 \\ 2 & 3^2 & 4^2 & 5^2 \\ 2 & 3^3 & 4^3 & 5^3 \\ 2 & 3^4 & 4^4 & 5^4 \end{vmatrix}.$$

7. 设齐次线性方程组

$$\begin{cases} x_1 + (k^2+1)x_2 + 2x_3 = 0, \\ x_1 + (2k+1)x_2 + 2x_3 = 0, \\ kx_1 + kx_2 + (2k+1)x_3 = 0 \end{cases}$$

有非零解，求 k 的值.

第二章
矩　　阵

矩阵是高等代数学中的常见工具，也常见于统计分析等应用数学学科中. 在物理学中，矩阵于电路学、力学、光学和量子力学中都有应用. 在计算机科学中，三维动画制作也需要用到矩阵. 矩阵的运算是数值分析领域的重要问题. 将矩阵分解为简单的矩阵组合可以在理论和实际应用中简化矩阵的运算. 对一些应用广泛而形式特殊的矩阵，如稀疏矩阵和准对角矩阵，有特定的快速运算算法.

本章主要介绍矩阵的概念及运算、逆矩阵、分块矩阵、矩阵的初等变换和矩阵的秩等.

§2.1 矩阵的概念

我们先看两个实例.

例 2.1 记录甲、乙、丙、丁 4 名学生的 3 门课程(语文、数学、英语)的期末考试成绩,以百分制评定,期末考试成绩如表 2-1 所示.

表 2-1 单位:分

课程	学生			
	甲	乙	丙	丁
语文	81	78	89	69
数学	90	50	62	71
英语	70	65	84	83

可将这个表格表示为下面的格式:

$$\begin{pmatrix} 81 & 78 & 89 & 69 \\ 90 & 50 & 62 & 71 \\ 70 & 65 & 84 & 83 \end{pmatrix}.$$

例 2.2 考察含有 m 个方程、n 个未知量的线性方程组

$$\begin{cases} a_{11}x_1 + a_{12}x_2 + \cdots + a_{1n}x_n = b_1, \\ a_{21}x_1 + a_{22}x_2 + \cdots + a_{2n}x_n = b_2, \\ \cdots\cdots \\ a_{m1}x_1 + a_{m2}x_2 + \cdots + a_{mn}x_n = b_m, \end{cases}$$

其系数可以用 $\begin{pmatrix} a_{11} & a_{12} & \cdots & a_{1n} \\ a_{21} & a_{22} & \cdots & a_{2n} \\ \vdots & \vdots & & \vdots \\ a_{m1} & a_{m2} & \cdots & a_{mn} \end{pmatrix}$ 表示,在数学上,像这样的矩形数表称为矩阵.

定义 2.1 由 $m \times n$ 个数 $a_{ij}\ (i = 1,2,\cdots,m; j = 1,2,\cdots,n)$ 排成 m 行 n 列的数表

$$\begin{pmatrix} a_{11} & a_{12} & \cdots & a_{1n} \\ a_{21} & a_{22} & \cdots & a_{2n} \\ \vdots & \vdots & & \vdots \\ a_{m1} & a_{m2} & \cdots & a_{mn} \end{pmatrix}$$

称为 m 行 n 列**矩阵**,简称 $m \times n$ 矩阵,常用黑体大写英文字母表示,记作

$$\boldsymbol{A} = \begin{pmatrix} a_{11} & a_{12} & \cdots & a_{1n} \\ a_{21} & a_{22} & \cdots & a_{2n} \\ \vdots & \vdots & & \vdots \\ a_{m1} & a_{m2} & \cdots & a_{mn} \end{pmatrix}.$$

$m\times n$ 个数 a_{ij} 称为矩阵的**元素**，简称**元**，a_{ij} 表示矩阵的第 i 行第 j 列的元素.

为了标明矩阵的行数 m 和列数 n，$m\times n$ 矩阵 $\boldsymbol{A}$ 也可记作 $\boldsymbol{A}_{m\times n}$ 或 $(a_{ij})_{m\times n}$.

元素是实数的矩阵称为**实矩阵**，元素是复数的矩阵称为**复矩阵**. 除特殊说明外，本书中的矩阵都指的是实矩阵.

只有一行的矩阵 $\boldsymbol{A}=(a_1,a_2,\cdots,a_n)$ 称为**行矩阵**.

只有一列的矩阵 $\boldsymbol{A}=\begin{pmatrix}a_1\\a_2\\\vdots\\a_n\end{pmatrix}$ 称为**列矩阵**.

行数和列数分别相等的两个矩阵称为**同型矩阵**. 如果矩阵 $\boldsymbol{A}=(a_{ij})_{m\times n}$ 与 $\boldsymbol{B}=(b_{ij})_{m\times n}$ 是同型矩阵，且它们对应位置的元素相等，即

$$a_{ij}=b_{ij}\quad(i=1,2,\cdots,m;j=1,2,\cdots,n),$$

就称矩阵 $\boldsymbol{A}$ 与 $\boldsymbol{B}$ **相等**，记作 $\boldsymbol{A}=\boldsymbol{B}$.

元素都是 0 的矩阵称为**零矩阵**，记作 $\boldsymbol{O}_{m\times n}$，若在行、列数明确的情况下，也可记作 $\boldsymbol{O}$.

注　不同型的零矩阵是不相等的.

行数和列数都等于 n 的矩阵 $\boldsymbol{A}$ 称为 n **阶方阵**，记作 $\boldsymbol{A}_n$，其中 n 称为矩阵 $\boldsymbol{A}$ 的阶数. 这时 a_{11}，a_{22}，$\cdots$，a_{nn} 所在的位置称为主对角线，a_{1n}，$a_{2,n-1}$，$\cdots$，a_{n1} 所在的位置称为副对角线.

下面介绍几种特殊的方阵.

1. 对角矩阵

设 n 阶方阵 $\boldsymbol{A}=(a_{ij})_{n\times n}$，若

$$a_{ij}=0\quad(i\neq j;i,j=1,2,\cdots,n),$$

则称 $\boldsymbol{A}$ 为**对角矩阵**，记作 $\boldsymbol{A}=\mathrm{diag}(a_{11},a_{22},\cdots,a_{nn})$，即

$$\boldsymbol{A}=\begin{pmatrix}a_{11}&&&\\&a_{22}&&\\&&\ddots&\\&&&a_{nn}\end{pmatrix}.$$

例如，$\mathrm{diag}(3,-2,1)=\begin{pmatrix}3&&\\&-2&\\&&1\end{pmatrix}$.

若矩阵 $\boldsymbol{A}=\mathrm{diag}(a,a,\cdots,a)$，则称 $\boldsymbol{A}$ 为**数量矩阵**.

特别地，当 $a=1$ 时，则称 $\boldsymbol{A}$ 为**单位矩阵**，记作 $\boldsymbol{E}$，即 $\boldsymbol{E}=\begin{pmatrix}1&&&\\&1&&\\&&\ddots&\\&&&1\end{pmatrix}$.

2. 上(下) 三角矩阵

设 n 阶方阵 $\boldsymbol{A}=(a_{ij})_{n\times n}$，若当 $i>j$ 时，$a_{ij}=0(i,j=1,2,\cdots,n)$，则称 $\boldsymbol{A}$ 为**上三角矩阵**，即

$$A=\begin{pmatrix} a_{11} & a_{12} & \cdots & a_{1n} \\ & a_{22} & \cdots & a_{2n} \\ & & \ddots & \vdots \\ & & & a_{nn} \end{pmatrix}.$$

设 n 阶方阵 $\boldsymbol{A}=(a_{ij})_{n\times n}$，若当 $i<j$ 时，$a_{ij}=0(i,j=1,2,\cdots,n)$，则称 $\boldsymbol{A}$ 为**下三角矩阵**，即

$$A=\begin{pmatrix} a_{11} & & & \\ a_{21} & a_{22} & & \\ \vdots & \vdots & \ddots & \\ a_{n1} & a_{n2} & \cdots & a_{nn} \end{pmatrix}.$$

显然，对角矩阵既可以看作上三角矩阵，也可以看作下三角矩阵.

§2.2 矩阵的运算

2.2.1 矩阵的加法

定义 2.2 设矩阵 $\boldsymbol{A}=(a_{ij})_{m\times n}$，$\boldsymbol{B}=(b_{ij})_{m\times n}$，则称 $(a_{ij}+b_{ij})_{m\times n}$ 为矩阵 $\boldsymbol{A}$ 与 $\boldsymbol{B}$ 的**和**，记作 $\boldsymbol{A}+\boldsymbol{B}$，即

$$\boldsymbol{A}+\boldsymbol{B}=\begin{pmatrix} a_{11}+b_{11} & a_{12}+b_{12} & \cdots & a_{1n}+b_{1n} \\ a_{21}+b_{21} & a_{22}+b_{22} & \cdots & a_{2n}+b_{2n} \\ \vdots & \vdots & & \vdots \\ a_{m1}+b_{m1} & a_{m2}+b_{m2} & \cdots & a_{mn}+b_{mn} \end{pmatrix}.$$

设矩阵 $\boldsymbol{A}=(a_{ij})_{m\times n}$，称 $(-a_{ij})_{m\times n}$ 为 $\boldsymbol{A}$ 的**负矩阵**，记作 $-\boldsymbol{A}$，即

$$-\boldsymbol{A}=\begin{pmatrix} -a_{11} & -a_{12} & \cdots & -a_{1n} \\ -a_{21} & -a_{22} & \cdots & -a_{2n} \\ \vdots & \vdots & & \vdots \\ -a_{m1} & -a_{m2} & \cdots & -a_{mn} \end{pmatrix}.$$

有了负矩阵的概念，可定义矩阵 $\boldsymbol{A}$ 与 $\boldsymbol{B}$ 的差为

$$\boldsymbol{A}-\boldsymbol{B}=\boldsymbol{A}+(-\boldsymbol{B}).$$

根据定义 2.2，只有同型的两个矩阵才可以相加(减)，运算法则是将对应位置上的元素相加(减)放在原位置处.

2.2.2 矩阵的数乘运算

定义 2.3 设矩阵 $\boldsymbol{A}=(a_{ij})_{m\times n}$，$k$ 是常数，称 $(ka_{ij})_{m\times n}$ 为**数 k 与矩阵 $\boldsymbol{A}$ 的积**，也称矩阵的**数乘运算**，记作 $k\boldsymbol{A}$，即

$$kA=\begin{pmatrix} ka_{11} & ka_{12} & \cdots & ka_{1n} \\ ka_{21} & ka_{22} & \cdots & ka_{2n} \\ \vdots & \vdots & & \vdots \\ ka_{m1} & ka_{m2} & \cdots & ka_{mn} \end{pmatrix}.$$

根据定义2.3,矩阵的数乘运算是用数k乘以矩阵的每一个元素.反之,当矩阵$\boldsymbol{A}$的所有元素都有公因子k时,可将k提到矩阵外面.

例如,数量矩阵

$$\mathrm{diag}(a,a,\cdots,a)=a\boldsymbol{E}.$$

注 矩阵的数乘运算与数k乘以行列式有着本质的差别.

例 2.3 (1) $\begin{pmatrix} 3 & 7 & -2 \\ 6 & -1 & 0 \end{pmatrix}+\begin{pmatrix} 2 & -7 & 1 \\ 4 & 1 & 1 \end{pmatrix}=\begin{pmatrix} 5 & 0 & -1 \\ 10 & 0 & 1 \end{pmatrix}$;

(2) $-2\begin{pmatrix} 1 & -2 \\ 0 & 3 \\ -1 & 4 \end{pmatrix}=\begin{pmatrix} -2 & 4 \\ 0 & -6 \\ 2 & -8 \end{pmatrix}$;

(3) $x_1\begin{pmatrix} a_{11} \\ a_{21} \\ a_{31} \end{pmatrix}+x_2\begin{pmatrix} a_{12} \\ a_{22} \\ a_{32} \end{pmatrix}-x_3\begin{pmatrix} a_{13} \\ a_{23} \\ a_{33} \end{pmatrix}=\begin{pmatrix} a_{11}x_1+a_{12}x_2-a_{13}x_3 \\ a_{21}x_1+a_{22}x_2-a_{23}x_3 \\ a_{31}x_1+a_{32}x_2-a_{33}x_3 \end{pmatrix}$.

矩阵的加法与数乘运算统称为矩阵的**线性运算**,且满足下列运算规律(设$\boldsymbol{A},\boldsymbol{B},\boldsymbol{O}$为$m\times n$矩阵,$k,l$是常数):

(1) 交换律 $\boldsymbol{A}+\boldsymbol{B}=\boldsymbol{B}+\boldsymbol{A}$;

(2) 结合律 $(\boldsymbol{A}+\boldsymbol{B})+\boldsymbol{C}=\boldsymbol{A}+(\boldsymbol{B}+\boldsymbol{C})$;

(3) 零矩阵的特性 $\boldsymbol{A}+\boldsymbol{O}=\boldsymbol{A}$;

(4) 负矩阵的特性 $\boldsymbol{A}+(-\boldsymbol{A})=\boldsymbol{O}$;

(5) $1\boldsymbol{A}=\boldsymbol{A}$;

(6) 结合律 $k(l\boldsymbol{A})=(kl)\boldsymbol{A}$;

(7) 矩阵对数的分配律 $(k+l)\boldsymbol{A}=k\boldsymbol{A}+l\boldsymbol{A}$;

(8) 数对矩阵的分配律 $k(\boldsymbol{A}+\boldsymbol{B})=k\boldsymbol{A}+k\boldsymbol{B}$.

这些运算规律与数的运算相类似,不难理解、记忆和运用.

例 2.4 已知矩阵

$$\boldsymbol{A}=\begin{pmatrix} 1 & 3 & 6 \\ -2 & 5 & 8 \end{pmatrix},\quad \boldsymbol{B}=\begin{pmatrix} 5 & 2 & -7 \\ 3 & -1 & 2 \end{pmatrix},$$

且$\boldsymbol{A}+2\boldsymbol{X}=\boldsymbol{B}$,求矩阵$\boldsymbol{X}$.

解 由$\boldsymbol{A}+2\boldsymbol{X}=\boldsymbol{B}$,得

$$\boldsymbol{X}=\frac{1}{2}(\boldsymbol{B}-\boldsymbol{A})=\frac{1}{2}\begin{pmatrix} 4 & -1 & -13 \\ 5 & -6 & -6 \end{pmatrix}=\begin{pmatrix} 2 & -\frac{1}{2} & -\frac{13}{2} \\ \frac{5}{2} & -3 & -3 \end{pmatrix}.$$

2.2.3 矩阵的乘法

我们先看一个例子.

在例 2.1 中我们用矩阵记录了甲、乙、丙、丁 4 名学生的 3 门课程的期末考试成绩，如果把 4 名学生的数学期末考试成绩和数学平时成绩用矩阵 $\boldsymbol{A}$ 表示，期末考试成绩和平时成绩在综合评定中所占比例用矩阵 $\boldsymbol{B}$ 表示，具体表示如下：

$$\boldsymbol{A}=\begin{pmatrix}90 & 96\\50 & 85\\62 & 90\\71 & 92\end{pmatrix}\begin{matrix}\text{甲}\\\text{乙}\\\text{丙}\\\text{丁}\end{matrix},\quad \boldsymbol{B}=\begin{pmatrix}0.7\\0.3\end{pmatrix}\begin{matrix}\text{期末考试成绩比例}\\\text{平时成绩比例}\end{matrix},$$

则甲、乙、丙、丁 4 名学生的数学综合评定成绩分别是多少呢？

数学成绩矩阵 $\boldsymbol{A}$ 是一个 4×2 矩阵，比例矩阵 $\boldsymbol{B}$ 是一个 2×1 矩阵. 甲、乙、丙、丁 4 名学生的数学综合评定成绩分别为

$$\begin{cases}c_{11}=90\times 0.7+96\times 0.3=91.8,\\c_{21}=50\times 0.7+85\times 0.3=60.5,\\c_{31}=62\times 0.7+90\times 0.3=70.4,\\c_{41}=71\times 0.7+92\times 0.3=77.3.\end{cases}$$

同样可以将甲、乙、丙、丁 4 名学生的数学综合评定成绩用一个矩阵表示，即

$$\boldsymbol{C}=\begin{pmatrix}c_{11}\\c_{21}\\c_{31}\\c_{41}\end{pmatrix}=\begin{pmatrix}91.8\\60.5\\70.4\\77.3\end{pmatrix},$$

称矩阵 $\boldsymbol{C}$ 为矩阵 $\boldsymbol{A}$ 与 $\boldsymbol{B}$ 的乘积，记作 $\boldsymbol{C}=\boldsymbol{AB}$. 由此可得矩阵的乘法定义如下：

定义 2.4 设矩阵 $\boldsymbol{A}=(a_{ij})_{m\times s}$，$\boldsymbol{B}=(b_{ij})_{s\times n}$，则它们的乘积 $\boldsymbol{C}=\boldsymbol{AB}=(c_{ij})_{m\times n}$ 是一个 $m\times n$ 矩阵，其元素

$$c_{ij}=a_{i1}b_{1j}+a_{i2}b_{2j}+\cdots+a_{is}b_{sj}=\sum_{k=1}^{s}a_{ik}b_{kj}\quad(i=1,2,\cdots,m;j=1,2,\cdots,n).$$

由定义 2.4 可得，c_{ij} 是矩阵 $\boldsymbol{A}$ 的第 i 行各元素与矩阵 $\boldsymbol{B}$ 的第 j 列对应元素乘积之和，且只有当左矩阵 $\boldsymbol{A}$ 的列数等于右矩阵 $\boldsymbol{B}$ 的行数时，两矩阵才可以相乘.

例 2.5 求矩阵

$$\boldsymbol{A}=\begin{pmatrix}1 & 0 & 3 & -1\\-2 & 1 & 0 & 2\end{pmatrix}\quad\text{与}\quad\boldsymbol{B}=\begin{pmatrix}2 & 1 & 0\\-1 & 1 & 3\\2 & 0 & 1\\1 & 3 & 4\end{pmatrix}$$

的乘积 $\boldsymbol{AB}$.

解 因为 $\boldsymbol{A}$ 是 2×4 矩阵，$\boldsymbol{B}$ 是 4×3 矩阵，$\boldsymbol{A}$ 的列数等于 $\boldsymbol{B}$ 的行数，所以 $\boldsymbol{A}$ 与 $\boldsymbol{B}$ 可以相乘，其乘积 $\boldsymbol{AB}$ 是一个 2×3 矩阵. 由矩阵的乘法运算得

$$AB=\begin{pmatrix}1&0&3&-1\\-2&1&0&2\end{pmatrix}\begin{pmatrix}2&1&0\\-1&1&3\\2&0&1\\1&3&4\end{pmatrix}=\begin{pmatrix}7&-2&-1\\-3&5&11\end{pmatrix}.$$

例 2.6 设矩阵

$$A=(0,3,5),\quad B=\begin{pmatrix}1\\2\\3\end{pmatrix},$$

求 AB 和 BA.

解 $$AB=(0,3,5)\begin{pmatrix}1\\2\\3\end{pmatrix}=0\times1+3\times2+5\times3=21,$$

$$BA=\begin{pmatrix}1\\2\\3\end{pmatrix}(0,3,5)=\begin{pmatrix}0&3&5\\0&6&10\\0&9&15\end{pmatrix}.$$

例 2.7 设矩阵

$$A=\begin{pmatrix}0&0&0\\a&b&c\end{pmatrix},\quad B=\begin{pmatrix}a_1&0\\b_1&0\\c_1&0\end{pmatrix},$$

求 AB 和 BA.

解 $$AB=\begin{pmatrix}0&0\\aa_1+bb_1+cc_1&0\end{pmatrix},\quad BA=\begin{pmatrix}0&0&0\\0&0&0\\0&0&0\end{pmatrix}.$$

由矩阵的乘法的定义,可知矩阵的乘法满足下列运算规律(假设运算都是可行的):

(1) 结合律 $(AB)C=A(BC)$;

(2) 分配率 $A(B+C)=AB+AC$,

$(B+C)A=BA+CA$;

(3) $\lambda(AB)=(\lambda A)B=A(\lambda B)$ (λ 为常数);

(4) 对于单位矩阵,有 $E_mA=AE_n=A$ (A 是 $m\times n$ 矩阵);

(5) $O_{p\times m}A=O_{p\times n}$,$AO_{n\times q}=O_{m\times q}$ (A 是 $m\times n$ 矩阵).

2.2.4 方阵的幂

利用矩阵的乘法,可以定义方阵的幂.

定义 2.5 设 A 是 n 阶方阵,规定

$$A^0=E,\quad A^k=\underbrace{AA\cdots A}_{k个},$$

其中 k 为正整数,并称 A^k 为**方阵 A 的 k 次幂**.

方阵的幂满足下列运算规律(k,l 为非负整数):

(1) $\boldsymbol{A}^k\boldsymbol{A}^l=\boldsymbol{A}^{k+l}$;

(2) $(\boldsymbol{A}^k)^l=\boldsymbol{A}^{kl}$.

注 由于矩阵的乘法一般不满足交换律，因此一般有$(\boldsymbol{AB})^k\neq\boldsymbol{A}^k\boldsymbol{B}^k$. 此外，如果$\boldsymbol{A}^k=\boldsymbol{O}(k>1)$，也不一定有$\boldsymbol{A}=\boldsymbol{O}$. 例如，$\boldsymbol{A}=\begin{pmatrix}0&1\\0&0\end{pmatrix}\neq\boldsymbol{O}$，但$\boldsymbol{A}^2=\begin{pmatrix}0&0\\0&0\end{pmatrix}=\boldsymbol{O}$.

例 2.8 已知矩阵

$$\boldsymbol{A}=\begin{pmatrix}2&-1&2\\4&-2&4\\2&-1&2\end{pmatrix},$$

求$\boldsymbol{A}^n$.

解 方法一

$$\boldsymbol{A}^2=\boldsymbol{AA}=\begin{pmatrix}4&-2&4\\8&-4&8\\4&-2&4\end{pmatrix}=2\boldsymbol{A},$$

$$\boldsymbol{A}^3=\boldsymbol{A}^2\boldsymbol{A}=2\boldsymbol{AA}=2\boldsymbol{A}^2=4\boldsymbol{A},$$

$$\boldsymbol{A}^4=\boldsymbol{A}^3\boldsymbol{A}=4\boldsymbol{AA}=4\boldsymbol{A}^2=8\boldsymbol{A},$$

……

依此类推，得

$$\boldsymbol{A}^n=2^{n-1}\boldsymbol{A}=\begin{pmatrix}2^n&-2^{n-1}&2^n\\2^{n+1}&-2^n&2^{n+1}\\2^n&-2^{n-1}&2^n\end{pmatrix}.$$

方法二 因为$\boldsymbol{A}=\begin{pmatrix}1\\2\\1\end{pmatrix}(2,-1,2)$，所以

$$\boldsymbol{A}^2=\begin{pmatrix}1\\2\\1\end{pmatrix}\left((2,-1,2)\begin{pmatrix}1\\2\\1\end{pmatrix}\right)(2,-1,2)=2\boldsymbol{A}.$$

依此类推，得

$$\boldsymbol{A}^n=2^{n-1}\boldsymbol{A}=\begin{pmatrix}2^n&-2^{n-1}&2^n\\2^{n+1}&-2^n&2^{n+1}\\2^n&-2^{n-1}&2^n\end{pmatrix}.$$

2.2.5 矩阵的转置

定义 2.6 将矩阵$\boldsymbol{A}=(a_{ij})_{m\times n}$的行换成同序数的列得到的$n\times m$矩阵，称为$\boldsymbol{A}$的**转置矩阵**，简称$\boldsymbol{A}$的转置，记作$\boldsymbol{A}^{\mathrm{T}}$或$\boldsymbol{A}'$.

例如，矩阵$\boldsymbol{A}=\begin{pmatrix}1&2&3\\4&5&6\end{pmatrix}$，则

$$\boldsymbol{A}^{\mathrm{T}}=\begin{pmatrix}1&4\\2&5\\3&6\end{pmatrix};$$

又如,矩阵 $\boldsymbol{A}=\begin{pmatrix}a_1\\a_2\\\vdots\\a_n\end{pmatrix}$,则

$$\boldsymbol{A}^{\mathrm{T}}=(a_1,a_2,\cdots,a_n).$$

矩阵的转置满足下列运算规律(假设运算都是可行的):

(1) $(\boldsymbol{A}\pm\boldsymbol{B})^{\mathrm{T}}=\boldsymbol{A}^{\mathrm{T}}\pm\boldsymbol{B}^{\mathrm{T}}$;

(2) $(k\boldsymbol{A})^{\mathrm{T}}=k\boldsymbol{A}^{\mathrm{T}}$ (k 为常数);

(3) $(\boldsymbol{AB})^{\mathrm{T}}=\boldsymbol{B}^{\mathrm{T}}\boldsymbol{A}^{\mathrm{T}},(\boldsymbol{A}^n)^{\mathrm{T}}=(\boldsymbol{A}^{\mathrm{T}})^n$,该性质还可以推广为

$$(\boldsymbol{A}_1\boldsymbol{A}_2\cdots\boldsymbol{A}_k)^{\mathrm{T}}=\boldsymbol{A}_k^{\mathrm{T}}\boldsymbol{A}_{k-1}^{\mathrm{T}}\cdots\boldsymbol{A}_1^{\mathrm{T}};$$

(4) $(\boldsymbol{A}^{\mathrm{T}})^{\mathrm{T}}=\boldsymbol{A}$.

运算规律(1),(2) 和(4) 很容易由定义 2.6 直接验证.对于运算规律(3),我们先看一个例子,再给出证明.

例 2.9 设矩阵

$$\boldsymbol{A}=\begin{pmatrix}2&0&-1\\1&3&2\end{pmatrix},\quad \boldsymbol{B}=\begin{pmatrix}1\\2\\3\end{pmatrix},$$

求 $(\boldsymbol{AB})^{\mathrm{T}}$.

解 方法一 因为

$$\boldsymbol{AB}=\begin{pmatrix}2&0&-1\\1&3&2\end{pmatrix}\begin{pmatrix}1\\2\\3\end{pmatrix}=\begin{pmatrix}-1\\13\end{pmatrix},$$

所以 $(\boldsymbol{AB})^{\mathrm{T}}=(-1,13)$.

方法二 $(\boldsymbol{AB})^{\mathrm{T}}=\boldsymbol{B}^{\mathrm{T}}\boldsymbol{A}^{\mathrm{T}}=(1,2,3)\begin{pmatrix}2&1\\0&3\\-1&2\end{pmatrix}=(-1,13).$

下面来证明运算规律(3).

设矩阵 $\boldsymbol{A}=(a_{ij})_{m\times s},\boldsymbol{B}=(b_{ij})_{s\times n}$,矩阵 $(\boldsymbol{AB})^{\mathrm{T}}$ 的第 i 行第 j 列元素是 $\boldsymbol{AB}$ 的第 j 行第 i 列元素,即

$$a_{j1}b_{1i}+a_{j2}b_{2i}+\cdots+a_{js}b_{si}=\sum_{k=1}^{s}a_{jk}b_{ki}.$$

矩阵 $\boldsymbol{B}^{\mathrm{T}}\boldsymbol{A}^{\mathrm{T}}$ 的第 i 行第 j 列元素是 $\boldsymbol{B}^{\mathrm{T}}$ 的第 i 行与 $\boldsymbol{A}^{\mathrm{T}}$ 的第 j 列对应元素乘积之和,即 $\boldsymbol{B}$ 的第 i 列与 $\boldsymbol{A}$ 的第 j 行对应元素乘积之和,亦即

$$b_{1i}a_{j1}+b_{2i}a_{j2}+\cdots+b_{si}a_{js}=\sum_{k=1}^{s}b_{ki}a_{jk}.$$

由此可得,$(\boldsymbol{AB})^{\mathrm{T}}$ 与 $\boldsymbol{B}^{\mathrm{T}}\boldsymbol{A}^{\mathrm{T}}$ 的第 i 行第 j 列元素对应相等,即

$$(\boldsymbol{AB})^{\mathrm{T}}=\boldsymbol{B}^{\mathrm{T}}\boldsymbol{A}^{\mathrm{T}}.$$

类似可证 $(\boldsymbol{A}^n)^{\mathrm{T}}=(\boldsymbol{A}^{\mathrm{T}})^n,(\boldsymbol{A}_1\boldsymbol{A}_2\cdots\boldsymbol{A}_k)^{\mathrm{T}}=\boldsymbol{A}_k^{\mathrm{T}}\boldsymbol{A}_{k-1}^{\mathrm{T}}\cdots\boldsymbol{A}_1^{\mathrm{T}}$.

设 $\boldsymbol{A}$ 是 n 阶方阵,若 $\boldsymbol{A}^{\mathrm{T}}=\boldsymbol{A}$,即

$$a_{ij} = a_{ji} \quad (i,j = 1,2,\cdots,n),$$

则称 $\boldsymbol{A}$ 为**对称矩阵**. 若 $\boldsymbol{A}^{\mathrm{T}} = -\boldsymbol{A}$, 即

$$a_{ij} = -a_{ji} \quad (i,j = 1,2,\cdots,n),$$

则称 $\boldsymbol{A}$ 为**反对称矩阵**.

例 2.10 设 $\boldsymbol{A}$ 是 n 阶对称矩阵, $\boldsymbol{B}$ 是 n 阶反对称矩阵, 证明: $\boldsymbol{AB}-\boldsymbol{BA}$ 是对称矩阵, $\boldsymbol{AB}+\boldsymbol{BA}$ 是反对称矩阵.

证 要证 $\boldsymbol{AB}-\boldsymbol{BA}$ 是对称矩阵, 即要证 $(\boldsymbol{AB}-\boldsymbol{BA})^{\mathrm{T}} = \boldsymbol{AB}-\boldsymbol{BA}$.

因为 $\boldsymbol{A}$ 是对称矩阵, $\boldsymbol{B}$ 是反对称矩阵, 所以

$$\boldsymbol{A}^{\mathrm{T}} = \boldsymbol{A}, \quad \boldsymbol{B}^{\mathrm{T}} = -\boldsymbol{B},$$

则

$$\begin{aligned}(\boldsymbol{AB}-\boldsymbol{BA})^{\mathrm{T}} &= (\boldsymbol{AB})^{\mathrm{T}} - (\boldsymbol{BA})^{\mathrm{T}} = \boldsymbol{B}^{\mathrm{T}}\boldsymbol{A}^{\mathrm{T}} - \boldsymbol{A}^{\mathrm{T}}\boldsymbol{B}^{\mathrm{T}} \\ &= -\boldsymbol{BA} - \boldsymbol{A}(-\boldsymbol{B}) = \boldsymbol{AB}-\boldsymbol{BA}.\end{aligned}$$

同理, 要证 $\boldsymbol{AB}+\boldsymbol{BA}$ 是反对称矩阵, 即要证 $(\boldsymbol{AB}+\boldsymbol{BA})^{\mathrm{T}} = -(\boldsymbol{AB}+\boldsymbol{BA})$.

$$\begin{aligned}(\boldsymbol{AB}+\boldsymbol{BA})^{\mathrm{T}} &= (\boldsymbol{AB})^{\mathrm{T}} + (\boldsymbol{BA})^{\mathrm{T}} = \boldsymbol{B}^{\mathrm{T}}\boldsymbol{A}^{\mathrm{T}} + \boldsymbol{A}^{\mathrm{T}}\boldsymbol{B}^{\mathrm{T}} \\ &= -\boldsymbol{BA} + \boldsymbol{A}(-\boldsymbol{B}) = -(\boldsymbol{AB}+\boldsymbol{BA}).\end{aligned}$$

2.2.6 方阵的行列式

定义 2.7 由 n 阶方阵 $\boldsymbol{A}$ 的元素构成的行列式(各元素位置不变), 称为**方阵 $\boldsymbol{A}$ 的行列式**, 记作 $|\boldsymbol{A}|$ 或 $\det \boldsymbol{A}$.

例如, 设矩阵 $\boldsymbol{A} = \begin{pmatrix} 1 & 2 & 1 \\ 1 & 4 & 2 \\ 0 & 1 & 1 \end{pmatrix}$, 则

$$|\boldsymbol{A}| = \begin{vmatrix} 1 & 2 & 1 \\ 1 & 4 & 2 \\ 0 & 1 & 1 \end{vmatrix} = \begin{vmatrix} 1 & 2 & 1 \\ 0 & 2 & 1 \\ 0 & 1 & 1 \end{vmatrix} = 1.$$

方阵的行列式满足下列运算规律(设 $\boldsymbol{A}, \boldsymbol{B}$ 都是 n 阶方阵, λ 为常数):

(1) $|\boldsymbol{A}^{\mathrm{T}}| = |\boldsymbol{A}|$;

(2) $|\lambda\boldsymbol{A}| = \lambda^n |\boldsymbol{A}|$;

(3) $|\boldsymbol{AB}| = |\boldsymbol{A}||\boldsymbol{B}|$.

我们知道, 对于 n 阶方阵 $\boldsymbol{A}$ 和 $\boldsymbol{B}$, 一般来说 $\boldsymbol{AB} \neq \boldsymbol{BA}$, 但对它的行列式总有 $|\boldsymbol{AB}| = |\boldsymbol{BA}|$, 这是因为 $|\boldsymbol{AB}| = |\boldsymbol{A}||\boldsymbol{B}| = |\boldsymbol{B}||\boldsymbol{A}| = |\boldsymbol{BA}|$.

例 2.11 设矩阵

$$\boldsymbol{A} = \begin{pmatrix} a & b & c & d \\ b & -a & d & -c \\ -c & d & a & -b \\ -d & -c & b & a \end{pmatrix},$$

求 $|\boldsymbol{A}|^2$ 和 $|\boldsymbol{A}|$.

分析 遇到这种问题一般思路是先利用行列式的性质求 $|\boldsymbol{A}|$, 再求 $|\boldsymbol{A}|^2$. 但是这里由于

$$|\boldsymbol{A}|^2=|\boldsymbol{A}||\boldsymbol{A}^{\mathrm{T}}|=|\boldsymbol{A}\boldsymbol{A}^{\mathrm{T}}|,$$

因此可以先求$|\boldsymbol{A}|^2$,再求$|\boldsymbol{A}|$.

解 $\boldsymbol{A}\boldsymbol{A}^{\mathrm{T}}=\begin{pmatrix} a & b & c & d\\ b & -a & d & -c\\ -c & d & a & -b\\ -d & -c & b & a\end{pmatrix}\begin{pmatrix} a & b & -c & -d\\ b & -a & d & -c\\ c & d & a & b\\ d & -c & -b & a\end{pmatrix}$

$$=\begin{pmatrix} a^2+b^2+c^2+d^2 & 0 & 0 & 0\\ 0 & a^2+b^2+c^2+d^2 & 0 & 0\\ 0 & 0 & a^2+b^2+c^2+d^2 & 0\\ 0 & 0 & 0 & a^2+b^2+c^2+d^2\end{pmatrix},$$

故

$$|\boldsymbol{A}\boldsymbol{A}^{\mathrm{T}}|=(a^2+b^2+c^2+d^2)^4=|\boldsymbol{A}|^2.$$

由$|\boldsymbol{A}|^2$可知,

$$|\boldsymbol{A}|=\pm(a^2+b^2+c^2+d^2)^2,$$

又因$\boldsymbol{A}$的主对角线上的元素分别为$a,-a,a,a$,其乘积$a\cdot(-a)\cdot a\cdot a=-a^4$为行列式$|\boldsymbol{A}|$的展开式中的项,故

$$|\boldsymbol{A}|=-(a^2+b^2+c^2+d^2)^2.$$

2.2.7 方阵的多项式

定义 2.8 设$\boldsymbol{A}$是n阶方阵,多项式

$$f(x)=a_mx^m+a_{m-1}x^{m-1}+\cdots+a_1x+a_0,$$

则定义

$$f(\boldsymbol{A})=a_m\boldsymbol{A}^m+a_{m-1}\boldsymbol{A}^{m-1}+\cdots+a_1\boldsymbol{A}+a_0\boldsymbol{E},$$

称$f(\boldsymbol{A})$为方阵$\boldsymbol{A}$的**多项式**,其中$\boldsymbol{E}$是与$\boldsymbol{A}$同阶的单位矩阵.

方阵$\boldsymbol{A}$的多项式$f(\boldsymbol{A})$有两个要素,方阵$\boldsymbol{A}$与多项式$f(x)$. $f(\boldsymbol{A})$是方阵$\boldsymbol{A}$经幂运算和线性运算得到的结果,$f(\boldsymbol{A})$也属于方阵.注意由$\boldsymbol{A}$及$f(x)$求$f(\boldsymbol{A})$时,a_0要用$a_0\boldsymbol{E}$替代.

方阵的多项式可以和数的多项式一样相乘或因式分解,但是要注意矩阵和数的一些本质区别.

例 2.12 设多项式$f(x)=x^2-2x-3$,矩阵$\boldsymbol{A}=\begin{pmatrix}-1 & 0\\ 4 & 3\end{pmatrix}$,求$f(\boldsymbol{A})$.

解 方法一 由$\boldsymbol{A}^2=\begin{pmatrix}-1 & 0\\ 4 & 3\end{pmatrix}\begin{pmatrix}-1 & 0\\ 4 & 3\end{pmatrix}=\begin{pmatrix}1 & 0\\ 8 & 9\end{pmatrix}$,得

$$f(\boldsymbol{A})=\boldsymbol{A}^2-2\boldsymbol{A}-3\boldsymbol{E}=\begin{pmatrix}1 & 0\\ 8 & 9\end{pmatrix}-2\begin{pmatrix}-1 & 0\\ 4 & 3\end{pmatrix}-3\begin{pmatrix}1 & 0\\ 0 & 1\end{pmatrix}=\begin{pmatrix}0 & 0\\ 0 & 0\end{pmatrix}.$$

方法二 $f(\boldsymbol{A})=(\boldsymbol{A}-3\boldsymbol{E})(\boldsymbol{A}+\boldsymbol{E})=\left[\begin{pmatrix}-1 & 0\\ 4 & 3\end{pmatrix}-3\begin{pmatrix}1 & 0\\ 0 & 1\end{pmatrix}\right]\left[\begin{pmatrix}-1 & 0\\ 4 & 3\end{pmatrix}+\begin{pmatrix}1 & 0\\ 0 & 1\end{pmatrix}\right]$

$$=\begin{pmatrix}-4 & 0\\ 4 & 0\end{pmatrix}\begin{pmatrix}0 & 0\\ 4 & 4\end{pmatrix}=\begin{pmatrix}0 & 0\\ 0 & 0\end{pmatrix}.$$

§2.3 逆矩阵

在代数方程 $ax=b$ 中,当 $a\neq 0$ 时,$x=\dfrac{b}{a}$ 或 $x=a^{-1}b$,其中 $a^{-1}=\dfrac{1}{a}$ 称为 a 的倒数(或逆).a^{-1} 与 a 的关系是 $aa^{-1}=a^{-1}a=1$.我们知道单位矩阵 $\boldsymbol{E}$ 相当于数中的 1,对于矩阵 $\boldsymbol{A}$,同样也可以考虑是否存在矩阵 $\boldsymbol{X}$,使得 $\boldsymbol{AX}=\boldsymbol{XA}=\boldsymbol{E}$. 因此,接下来将给出可逆矩阵及其逆矩阵的定义,并讨论矩阵可逆的条件及逆矩阵的求法.

定义 2.9 设 $\boldsymbol{A}$ 是 n 阶方阵,若存在 n 阶方阵 $\boldsymbol{B}$,使得

$$\boldsymbol{AB}=\boldsymbol{BA}=\boldsymbol{E},$$

则称 $\boldsymbol{A}$ 是**可逆矩阵**或**非奇异矩阵**,简称 $\boldsymbol{A}$ **可逆**,并称 $\boldsymbol{B}$ 是 $\boldsymbol{A}$ 的**逆矩阵**,记作 $\boldsymbol{B}=\boldsymbol{A}^{-1}$.

可逆矩阵是一类重要的方阵,在使用记号 $\boldsymbol{A}^{-1}$ 之前,首先必须弄清 $\boldsymbol{A}$ 是否可逆,在 $\boldsymbol{A}$ 不可逆的情况下,记号 $\boldsymbol{A}^{-1}$ 没有意义.

可逆矩阵具有如下性质:

(1) 若 $\boldsymbol{B}$ 是 $\boldsymbol{A}$ 的逆矩阵,则 $\boldsymbol{A}$ 也是 $\boldsymbol{B}$ 的逆矩阵,即可逆是相互的;

(2) 可逆矩阵 $\boldsymbol{A}$ 的逆矩阵是唯一的.

事实上,若 $\boldsymbol{B},\boldsymbol{C}$ 都是 $\boldsymbol{A}$ 的逆矩阵,则一定有

$$\boldsymbol{B}=\boldsymbol{BE}=\boldsymbol{B}(\boldsymbol{AC})=(\boldsymbol{BA})\boldsymbol{C}=\boldsymbol{EC}=\boldsymbol{C}.$$

例 2.13 设矩阵

$$\boldsymbol{A}=\begin{pmatrix}2&1\\5&3\end{pmatrix},$$

求 $\boldsymbol{A}^{-1}$.

解 设 $\boldsymbol{A}^{-1}=\begin{pmatrix}a&b\\c&d\end{pmatrix}$,则

$$\boldsymbol{AA}^{-1}=\begin{pmatrix}2&1\\5&3\end{pmatrix}\begin{pmatrix}a&b\\c&d\end{pmatrix}=\begin{pmatrix}2a+c&2b+d\\5a+3c&5b+3d\end{pmatrix}=\begin{pmatrix}1&0\\0&1\end{pmatrix},$$

即

$$\begin{cases}2a+c=1,\\2b+d=0,\\5a+3c=0,\\5b+3d=1,\end{cases}\quad \text{解得}\quad \begin{cases}a=3,\\b=-1,\\c=-5,\\d=2.\end{cases}$$

容易验证 $\boldsymbol{A}^{-1}\boldsymbol{A}=\boldsymbol{E}$,所以

$$\boldsymbol{A}^{-1}=\begin{pmatrix}3&-1\\-5&2\end{pmatrix}.$$

定理 2.1 **设 $\boldsymbol{A}$ 是 n 阶方阵,$\boldsymbol{A}$ 是可逆矩阵的充要条件是 $|\boldsymbol{A}|\neq 0$,且**

$$\boldsymbol{A}^{-1}=\frac{1}{|\boldsymbol{A}|}\boldsymbol{A}^{*},$$

其中 A^* 是行列式 $|A|$ 的各元素的代数余子式 A_{ij} 按照一定的顺序构成的方阵

$$A^* = \begin{pmatrix} A_{11} & A_{21} & \cdots & A_{n1} \\ A_{12} & A_{22} & \cdots & A_{n2} \\ \vdots & \vdots & & \vdots \\ A_{1n} & A_{2n} & \cdots & A_{nn} \end{pmatrix},$$

称为 A 的伴随矩阵.

注　A^* 中的第 i 行第 j 列处的元素是 A_{ji}，而不是 A_{ij}.

证　先证必要性.

因为 A 是可逆矩阵，所以存在 A^{-1}，使得

$$AA^{-1} = A^{-1}A = E.$$

上式两边取行列式，得

$$|AA^{-1}| = |A||A^{-1}| = |E| = 1,$$

即

$$|A| \neq 0.$$

再证充分性.

设 $AA^* = (c_{ij})_{n\times n}$，其中

$$c_{ij} = \sum_{k=1}^{n} a_{ik}A_{jk} = \begin{cases} |A|, & i = j, \\ 0, & i \neq j \end{cases} \quad (i,j = 1,2,\cdots,n),$$

于是

$$AA^* = \begin{pmatrix} |A| & & & \\ & |A| & & \\ & & \ddots & \\ & & & |A| \end{pmatrix} = |A|E.$$

同理可证，$A^*A = |A|E$，于是

$$AA^* = A^*A = |A|E.$$

已知 $|A| \neq 0$，则

$$A\left(\frac{1}{|A|}A^*\right) = \left(\frac{1}{|A|}A^*\right)A = E.$$

定理 2.1 不仅给出了矩阵 A 可逆的充要条件，而且还提供了一种求 A^{-1} 的方法.

例 2.14　判断矩阵

$$A = \begin{pmatrix} 1 & 1 & 0 \\ 1 & 2 & 0 \\ 0 & 0 & 3 \end{pmatrix}$$

是否可逆，若可逆，求其逆矩阵.

解　因 $|A| = 3 \neq 0$，故 A 可逆. 又

$$A_{11} = \begin{vmatrix} 2 & 0 \\ 0 & 3 \end{vmatrix} = 6, \quad A_{12} = -\begin{vmatrix} 1 & 0 \\ 0 & 3 \end{vmatrix} = -3, \quad A_{13} = \begin{vmatrix} 1 & 2 \\ 0 & 0 \end{vmatrix} = 0,$$

$$A_{21} = -\begin{vmatrix} 1 & 0 \\ 0 & 3 \end{vmatrix} = -3, \quad A_{22} = \begin{vmatrix} 1 & 0 \\ 0 & 3 \end{vmatrix} = 3, \quad A_{23} = -\begin{vmatrix} 1 & 1 \\ 0 & 0 \end{vmatrix} = 0,$$

$$A_{31}=\begin{vmatrix}1&0\\2&0\end{vmatrix}=0,\quad A_{32}=-\begin{vmatrix}1&0\\1&0\end{vmatrix}=0,\quad A_{33}=\begin{vmatrix}1&1\\1&2\end{vmatrix}=1,$$

得

$$\boldsymbol{A}^{-1}=\frac{1}{|\boldsymbol{A}|}\boldsymbol{A}^{*}=\frac{1}{3}\begin{pmatrix}6&-3&0\\-3&3&0\\0&0&1\end{pmatrix}.$$

设 $\boldsymbol{A}$ 为 n 阶方阵，当 $|\boldsymbol{A}|=0$ 时，则称 $\boldsymbol{A}$ 为**奇异矩阵**.

由定理 2.1，可得下面的推论.

推论 1 若 $\boldsymbol{AB}=\boldsymbol{E}$（或 $\boldsymbol{BA}=\boldsymbol{E}$），则 $\boldsymbol{B}=\boldsymbol{A}^{-1}$，$\boldsymbol{A}=\boldsymbol{B}^{-1}$.

证 由于 $|\boldsymbol{A}||\boldsymbol{B}|=|\boldsymbol{E}|=1$，故 $|\boldsymbol{A}|\neq 0$，从而 $\boldsymbol{A}^{-1}$ 存在. 于是

$$\boldsymbol{B}=\boldsymbol{EB}=(\boldsymbol{A}^{-1}\boldsymbol{A})\boldsymbol{B}=\boldsymbol{A}^{-1}(\boldsymbol{AB})=\boldsymbol{A}^{-1}\boldsymbol{E}=\boldsymbol{A}^{-1}.$$

同理可得，$\boldsymbol{A}=\boldsymbol{B}^{-1}$.

这个推论告诉我们利用逆矩阵的定义，采用待定系数法求逆矩阵，运算过程可减少一半，即由 $\boldsymbol{AB}=\boldsymbol{E}$（或 $\boldsymbol{BA}=\boldsymbol{E}$）就可以求出 $\boldsymbol{B}$ 是 $\boldsymbol{A}$ 的逆矩阵.

例 2.15 设方阵 $\boldsymbol{A}$ 满足方程 $\boldsymbol{A}^2-2\boldsymbol{A}-4\boldsymbol{E}=\boldsymbol{O}$，证明：$\boldsymbol{A}$，$\boldsymbol{A}-3\boldsymbol{E}$ 都可逆，并求其逆矩阵.

证 由 $\boldsymbol{A}^2-2\boldsymbol{A}-4\boldsymbol{E}=\boldsymbol{O}$，有 $\boldsymbol{A}(\boldsymbol{A}-2\boldsymbol{E})=4\boldsymbol{E}$，即

$$\boldsymbol{A}\left[\frac{1}{4}(\boldsymbol{A}-2\boldsymbol{E})\right]=\boldsymbol{E},$$

故 $\boldsymbol{A}$ 可逆，且

$$\boldsymbol{A}^{-1}=\frac{1}{4}(\boldsymbol{A}-2\boldsymbol{E}).$$

又由 $\boldsymbol{A}^2-2\boldsymbol{A}-4\boldsymbol{E}=\boldsymbol{O}$，有

$$\boldsymbol{A}^2-2\boldsymbol{A}-3\boldsymbol{E}=\boldsymbol{E},$$

即

$$(\boldsymbol{A}+\boldsymbol{E})(\boldsymbol{A}-3\boldsymbol{E})=\boldsymbol{E},$$

故 $\boldsymbol{A}-3\boldsymbol{E}$ 可逆，且

$$(\boldsymbol{A}-3\boldsymbol{E})^{-1}=\boldsymbol{A}+\boldsymbol{E}.$$

可逆矩阵满足下列运算规律（设 $\boldsymbol{A}$，$\boldsymbol{B}$ 是同阶的可逆矩阵，常数 $k\neq 0$）：

(1) $(k\boldsymbol{A})^{-1}=k^{-1}\boldsymbol{A}^{-1}$；

(2) $(\boldsymbol{AB})^{-1}=\boldsymbol{B}^{-1}\boldsymbol{A}^{-1}$，该性质还可以推广到有限个同阶可逆矩阵的乘积的情形，即

$$(\boldsymbol{A}_1\boldsymbol{A}_2\cdots\boldsymbol{A}_m)^{-1}=\boldsymbol{A}_m^{-1}\boldsymbol{A}_{m-1}^{-1}\cdots\boldsymbol{A}_1^{-1};$$

(3) $(\boldsymbol{A}^{\mathrm{T}})^{-1}=(\boldsymbol{A}^{-1})^{\mathrm{T}}$；

(4) $(\boldsymbol{A}^{-1})^{-1}=\boldsymbol{A}$；

(5) $|\boldsymbol{A}^{-1}|=\dfrac{1}{|\boldsymbol{A}|}=|\boldsymbol{A}|^{-1}$；

(6) 规定 $\boldsymbol{A}^0=\boldsymbol{E}$，$\boldsymbol{A}^{-k}=(\boldsymbol{A}^{-1})^k$，其中 k 为正整数. 当 λ,μ 为整数时，有

$$\boldsymbol{A}^{\lambda}\boldsymbol{A}^{\mu}=\boldsymbol{A}^{\lambda+\mu},\quad (\boldsymbol{A}^{\lambda})^{\mu}=\boldsymbol{A}^{\lambda\mu}.$$

含有未知矩阵的方程叫作**矩阵方程**. 最简单的矩阵方程的标准形式有

$$\boldsymbol{AX}=\boldsymbol{B},\quad \boldsymbol{XA}=\boldsymbol{B},\quad \boldsymbol{AXB}=\boldsymbol{C}.$$

在矩阵 $\boldsymbol{A},\boldsymbol{B}$ 可逆的前提下，有

$$\boldsymbol{X}=\boldsymbol{A}^{-1}\boldsymbol{B},\quad \boldsymbol{X}=\boldsymbol{B}\boldsymbol{A}^{-1},\quad \boldsymbol{X}=\boldsymbol{A}^{-1}\boldsymbol{C}\boldsymbol{B}^{-1}.$$

例 2.16 设矩阵

$$\boldsymbol{A}=\begin{pmatrix}1&2&3\\2&2&1\\3&4&3\end{pmatrix},\quad \boldsymbol{B}=\begin{pmatrix}2&1\\5&3\end{pmatrix},\quad \boldsymbol{C}=\begin{pmatrix}1&3\\2&0\\3&1\end{pmatrix},$$

求解矩阵方程 $\boldsymbol{AXB}=\boldsymbol{C}$.

解 因 $|\boldsymbol{A}|=2$，$|\boldsymbol{B}|=1$，故 $\boldsymbol{A},\boldsymbol{B}$ 可逆，且

$$\boldsymbol{A}^{-1}=\begin{pmatrix}1&3&-2\\-\frac{3}{2}&-3&\frac{5}{2}\\1&1&-1\end{pmatrix},\quad \boldsymbol{B}^{-1}=\begin{pmatrix}3&-1\\-5&2\end{pmatrix},$$

于是

$$\boldsymbol{X}=\boldsymbol{A}^{-1}\boldsymbol{C}\boldsymbol{B}^{-1}=\begin{pmatrix}1&3&-2\\-\frac{3}{2}&-3&\frac{5}{2}\\1&1&-1\end{pmatrix}\begin{pmatrix}1&3\\2&0\\3&1\end{pmatrix}\begin{pmatrix}3&-1\\-5&2\end{pmatrix}$$

$$=\begin{pmatrix}1&1\\0&-2\\0&2\end{pmatrix}\begin{pmatrix}3&-1\\-5&2\end{pmatrix}=\begin{pmatrix}-2&1\\10&-4\\-10&4\end{pmatrix}.$$

例 2.17 已知矩阵方程

$$\boldsymbol{AX}+4\boldsymbol{E}=\boldsymbol{A}^2-2\boldsymbol{X},$$

其中 $\boldsymbol{A}=\begin{pmatrix}2&-1&0\\-1&2&0\\5&-3&2\end{pmatrix}$，求 $\boldsymbol{X}$.

解 由题设 $\boldsymbol{AX}+4\boldsymbol{E}=\boldsymbol{A}^2-2\boldsymbol{X}$，移项得

$$\boldsymbol{AX}+2\boldsymbol{X}=\boldsymbol{A}^2-4\boldsymbol{E},$$

即

$$(\boldsymbol{A}+2\boldsymbol{E})\boldsymbol{X}=(\boldsymbol{A}+2\boldsymbol{E})(\boldsymbol{A}-2\boldsymbol{E}).$$

因为

$$|\boldsymbol{A}+2\boldsymbol{E}|=\begin{vmatrix}4&-1&0\\-1&4&0\\5&-3&4\end{vmatrix}=60\neq 0,$$

所以 $\boldsymbol{A}+2\boldsymbol{E}$ 可逆. 在等式两边同时左乘 $(\boldsymbol{A}+2\boldsymbol{E})^{-1}$，得

$$\boldsymbol{X}=\boldsymbol{A}-2\boldsymbol{E}=\begin{pmatrix}2&-1&0\\-1&2&0\\5&-3&2\end{pmatrix}-\begin{pmatrix}2&0&0\\0&2&0\\0&0&2\end{pmatrix}=\begin{pmatrix}0&-1&0\\-1&0&0\\5&-3&0\end{pmatrix}.$$

例 2.17 所用的方法可概括为：先化简，再代入计算，这一点和解代数方程基本类似.

最后要指出的是，一个矩阵若不是方阵就不需要讨论其可逆的问题. 同样，不是所有的方阵都是可逆矩阵，可逆矩阵是方阵中那些行列式不为 0 的矩阵.

§2.4 分块矩阵

当矩阵的行数和列数较大时，为了便于运算，可以根据问题的需要和矩阵的某些特性，用若干条横线和竖线把矩阵分成若干个小块，每个小块也是一个小矩阵，这些小矩阵称为原矩阵的**子矩阵**(**子块**). 我们把以子块为元素的矩阵称为**分块矩阵**. 当矩阵以分块矩阵的形式参与运算时，不仅运算简单，而且表示也更简明.

下面讨论如何分块及进行分块矩阵的运算.

2.4.1 矩阵的分块

例如，矩阵

$$\boldsymbol{A}=\left(\begin{array}{ccc:cc}1&0&0&-1&2\\0&1&0&3&-1\\0&0&1&1&0\\\hdashline 0&0&0&4&1\\0&0&0&1&2\end{array}\right)$$

可以表示成

$$\boldsymbol{A}=\begin{pmatrix}\boldsymbol{A}_{11}&\boldsymbol{A}_{12}\\\boldsymbol{A}_{21}&\boldsymbol{A}_{22}\end{pmatrix},$$

其中

$$\boldsymbol{A}_{11}=\begin{pmatrix}1&0&0\\0&1&0\\0&0&1\end{pmatrix},\quad \boldsymbol{A}_{12}=\begin{pmatrix}-1&2\\3&-1\\1&0\end{pmatrix},$$

$$\boldsymbol{A}_{21}=\begin{pmatrix}0&0&0\\0&0&0\end{pmatrix},\quad \boldsymbol{A}_{22}=\begin{pmatrix}4&1\\1&2\end{pmatrix}.$$

同一个矩阵可以根据需要任意分块，构成不同的分块矩阵. 例如，矩阵

$$\boldsymbol{A}=\left(\begin{array}{c:c:c:c:c}1&0&0&-1&2\\0&1&0&3&-1\\0&0&1&1&0\\0&0&0&4&1\\0&0&0&1&2\end{array}\right)$$

又可以表示成

$$\boldsymbol{A}=(\boldsymbol{\varepsilon}_1,\boldsymbol{\varepsilon}_2,\boldsymbol{\varepsilon}_3,\boldsymbol{\alpha}_1,\boldsymbol{\alpha}_2),$$

其中

$$\boldsymbol{\varepsilon}_1=\begin{pmatrix}1\\0\\0\\0\\0\end{pmatrix},\quad \boldsymbol{\varepsilon}_2=\begin{pmatrix}0\\1\\0\\0\\0\end{pmatrix},\quad \boldsymbol{\varepsilon}_3=\begin{pmatrix}0\\0\\1\\0\\0\end{pmatrix},\quad \boldsymbol{\alpha}_1=\begin{pmatrix}-1\\3\\1\\4\\1\end{pmatrix},\quad \boldsymbol{\alpha}_2=\begin{pmatrix}2\\-1\\0\\1\\2\end{pmatrix}.$$

一般地，将一个 $m\times n$ 矩阵 $\boldsymbol{A}$ 分成 $s\times t$ 个子块的分块矩阵，记作

$$\boldsymbol{A}=\begin{pmatrix}\boldsymbol{A}_{11} & \boldsymbol{A}_{12} & \cdots & \boldsymbol{A}_{1t}\\ \boldsymbol{A}_{21} & \boldsymbol{A}_{22} & \cdots & \boldsymbol{A}_{2t}\\ \vdots & \vdots & & \vdots\\ \boldsymbol{A}_{s1} & \boldsymbol{A}_{s2} & \cdots & \boldsymbol{A}_{st}\end{pmatrix}=(\boldsymbol{A}_{ij})_{s\times t},$$

其中同行子块 $\boldsymbol{A}_{i1},\boldsymbol{A}_{i2},\cdots,\boldsymbol{A}_{it}(i=1,2,\cdots,s)$ 具有相同的行数，同列子块 $\boldsymbol{A}_{1j},\boldsymbol{A}_{2j},\cdots,\boldsymbol{A}_{sj}(j=1,2,\cdots,t)$ 具有相同的列数.

2.4.2 分块矩阵的运算

分块矩阵的运算与普通矩阵的运算相类似，具体讨论如下.

1. 分块矩阵的加减法

设 $\boldsymbol{A},\boldsymbol{B}$ 为同型矩阵，且采用相同的方式分块成同型分块矩阵，即

$$\boldsymbol{A}=\begin{pmatrix}\boldsymbol{A}_{11} & \boldsymbol{A}_{12} & \cdots & \boldsymbol{A}_{1s}\\ \boldsymbol{A}_{21} & \boldsymbol{A}_{22} & \cdots & \boldsymbol{A}_{2s}\\ \vdots & \vdots & & \vdots\\ \boldsymbol{A}_{r1} & \boldsymbol{A}_{r2} & \cdots & \boldsymbol{A}_{rs}\end{pmatrix},\quad \boldsymbol{B}=\begin{pmatrix}\boldsymbol{B}_{11} & \boldsymbol{B}_{12} & \cdots & \boldsymbol{B}_{1s}\\ \boldsymbol{B}_{21} & \boldsymbol{B}_{22} & \cdots & \boldsymbol{B}_{2s}\\ \vdots & \vdots & & \vdots\\ \boldsymbol{B}_{r1} & \boldsymbol{B}_{r2} & \cdots & \boldsymbol{B}_{rs}\end{pmatrix},$$

其中 $\boldsymbol{A}_{ij}$ 与 $\boldsymbol{B}_{ij}(i=1,2,\cdots,r;j=1,2,\cdots,s)$ 也为同型矩阵，则

$$\boldsymbol{A}\pm\boldsymbol{B}=\begin{pmatrix}\boldsymbol{A}_{11}\pm\boldsymbol{B}_{11} & \boldsymbol{A}_{12}\pm\boldsymbol{B}_{12} & \cdots & \boldsymbol{A}_{1s}\pm\boldsymbol{B}_{1s}\\ \boldsymbol{A}_{21}\pm\boldsymbol{B}_{21} & \boldsymbol{A}_{22}\pm\boldsymbol{B}_{22} & \cdots & \boldsymbol{A}_{2s}\pm\boldsymbol{B}_{2s}\\ \vdots & \vdots & & \vdots\\ \boldsymbol{A}_{r1}\pm\boldsymbol{B}_{r1} & \boldsymbol{A}_{r2}\pm\boldsymbol{B}_{r2} & \cdots & \boldsymbol{A}_{rs}\pm\boldsymbol{B}_{rs}\end{pmatrix}.$$

2. 分块矩阵的数乘运算

设矩阵 $\boldsymbol{A}=\begin{pmatrix}\boldsymbol{A}_{11} & \boldsymbol{A}_{12} & \cdots & \boldsymbol{A}_{1s}\\ \boldsymbol{A}_{21} & \boldsymbol{A}_{22} & \cdots & \boldsymbol{A}_{2s}\\ \vdots & \vdots & & \vdots\\ \boldsymbol{A}_{r1} & \boldsymbol{A}_{r2} & \cdots & \boldsymbol{A}_{rs}\end{pmatrix}$，$k$ 为常数，则

$$k\boldsymbol{A}=\begin{pmatrix}k\boldsymbol{A}_{11} & k\boldsymbol{A}_{12} & \cdots & k\boldsymbol{A}_{1s}\\ k\boldsymbol{A}_{21} & k\boldsymbol{A}_{22} & \cdots & k\boldsymbol{A}_{2s}\\ \vdots & \vdots & & \vdots\\ k\boldsymbol{A}_{r1} & k\boldsymbol{A}_{r2} & \cdots & k\boldsymbol{A}_{rs}\end{pmatrix}.$$

3. 分块矩阵的乘法

设 $\boldsymbol{A}$ 为 $m\times l$ 矩阵，$\boldsymbol{B}$ 为 $l\times n$ 矩阵，将 $\boldsymbol{A},\boldsymbol{B}$ 分块成

$$A=\begin{pmatrix}A_{11} & A_{12} & \cdots & A_{1s}\\ A_{21} & A_{22} & \cdots & A_{2s}\\ \vdots & \vdots & & \vdots\\ A_{r1} & A_{r2} & \cdots & A_{rs}\end{pmatrix},\quad B=\begin{pmatrix}B_{11} & B_{12} & \cdots & B_{1t}\\ B_{21} & B_{22} & \cdots & B_{2t}\\ \vdots & \vdots & & \vdots\\ B_{s1} & B_{s2} & \cdots & B_{st}\end{pmatrix},$$

其中 $A_{i1},A_{i2},\cdots,A_{is}(i=1,2,\cdots,r)$ 的列数分别等于 $B_{1j},B_{2j},\cdots,B_{sj}(j=1,2,\cdots,t)$ 的行数,则

$$AB=\begin{pmatrix}C_{11} & C_{12} & \cdots & C_{1t}\\ C_{21} & C_{22} & \cdots & C_{2t}\\ \vdots & \vdots & & \vdots\\ C_{r1} & C_{r2} & \cdots & C_{rt}\end{pmatrix},$$

其中

$$C_{ij}=\sum_{k=1}^{s}A_{ik}B_{kj}\quad(i=1,2,\cdots,r;j=1,2,\cdots,t).$$

例 2.18 设矩阵

$$A=\begin{pmatrix}1 & 0 & 0 & 0\\ 0 & 1 & 0 & 0\\ -1 & 2 & -1 & 0\\ 1 & 1 & 0 & -1\end{pmatrix},\quad B=\begin{pmatrix}-3 & 2 & 1 & 0\\ 1 & 0 & 0 & 1\\ 1 & 0 & 0 & 0\\ 0 & 1 & 0 & 0\end{pmatrix},$$

利用分块矩阵的乘法求 AB.

解 将矩阵 A,B 分块为

$$A=\begin{pmatrix}E_2 & O\\ A_1 & -E_2\end{pmatrix},\quad B=\begin{pmatrix}B_1 & E_2\\ E_2 & O\end{pmatrix},$$

其中

$$A_1=\begin{pmatrix}-1 & 2\\ 1 & 1\end{pmatrix},\quad B_1=\begin{pmatrix}-3 & 2\\ 1 & 0\end{pmatrix},$$

E_2 为二阶单位矩阵,O 为二阶零矩阵,则

$$AB=\begin{pmatrix}E_2 & O\\ A_1 & -E_2\end{pmatrix}\begin{pmatrix}B_1 & E_2\\ E_2 & O\end{pmatrix}=\begin{pmatrix}B_1 & E_2\\ A_1B_1-E_2 & A_1\end{pmatrix}.$$

由于

$$A_1B_1-E_2=\begin{pmatrix}5 & -2\\ -2 & 2\end{pmatrix}-\begin{pmatrix}1 & 0\\ 0 & 1\end{pmatrix}=\begin{pmatrix}4 & -2\\ -2 & 1\end{pmatrix},$$

故

$$AB=\begin{pmatrix}-3 & 2 & 1 & 0\\ 1 & 0 & 0 & 1\\ 4 & -2 & -1 & 2\\ -2 & 1 & 1 & 1\end{pmatrix}.$$

4. 分块矩阵的转置

设分块矩阵 $\boldsymbol{A}=\begin{pmatrix}\boldsymbol{A}_{11} & \boldsymbol{A}_{12} & \cdots & \boldsymbol{A}_{1s}\\ \boldsymbol{A}_{21} & \boldsymbol{A}_{22} & \cdots & \boldsymbol{A}_{2s}\\ \vdots & \vdots & & \vdots\\ \boldsymbol{A}_{r1} & \boldsymbol{A}_{r2} & \cdots & \boldsymbol{A}_{rs}\end{pmatrix}$，则其转置矩阵为

$$\boldsymbol{A}^{\mathrm{T}}=\begin{pmatrix}\boldsymbol{A}_{11}^{\mathrm{T}} & \boldsymbol{A}_{21}^{\mathrm{T}} & \cdots & \boldsymbol{A}_{r1}^{\mathrm{T}}\\ \boldsymbol{A}_{12}^{\mathrm{T}} & \boldsymbol{A}_{22}^{\mathrm{T}} & \cdots & \boldsymbol{A}_{r2}^{\mathrm{T}}\\ \vdots & \vdots & & \vdots\\ \boldsymbol{A}_{1s}^{\mathrm{T}} & \boldsymbol{A}_{2s}^{\mathrm{T}} & \cdots & \boldsymbol{A}_{rs}^{\mathrm{T}}\end{pmatrix}.$$

接下来介绍几种特殊的分块方式和几个特殊的分块矩阵.

5. 特殊的分块方式

（1）按列分块：

$$\boldsymbol{A}=\left(\begin{array}{c:c:c:c}a_{11} & a_{12} & \cdots & a_{1n}\\ a_{21} & a_{22} & \cdots & a_{2n}\\ \vdots & \vdots & & \vdots\\ a_{m1} & a_{m2} & \cdots & a_{mn}\end{array}\right)=(\boldsymbol{\alpha}_1,\boldsymbol{\alpha}_2,\cdots,\boldsymbol{\alpha}_n),$$

其中

$$\boldsymbol{\alpha}_j=\begin{pmatrix}a_{1j}\\ a_{2j}\\ \vdots\\ a_{mj}\end{pmatrix},\quad j=1,2,\cdots,n.$$

（2）按行分块：

$$\boldsymbol{A}=\left(\begin{array}{cccc}a_{11} & a_{12} & \cdots & a_{1n}\\ \hdashline a_{21} & a_{22} & \cdots & a_{2n}\\ \hdashline \vdots & \vdots & & \vdots\\ \hdashline a_{m1} & a_{m2} & \cdots & a_{mn}\end{array}\right)=\begin{pmatrix}\boldsymbol{\beta}_1\\ \boldsymbol{\beta}_2\\ \vdots\\ \boldsymbol{\beta}_m\end{pmatrix},$$

其中

$$\boldsymbol{\beta}_i=(a_{i1},a_{i2},\cdots,a_{in}),\quad i=1,2,\cdots,m.$$

6. 特殊的分块矩阵

（1）分块对角矩阵.

定义 2.10　设 $\boldsymbol{A}$ 为 n 阶方阵，若 $\boldsymbol{A}$ 的分块矩阵只有主对角线上有非零子块，其余子块都为零矩阵，且在主对角线上的子块都是方阵，即

$$\boldsymbol{A}=\begin{pmatrix}\boldsymbol{A}_1 & & & \\ & \boldsymbol{A}_2 & & \\ & & \ddots & \\ & & & \boldsymbol{A}_s\end{pmatrix}\quad（未写出的子块均为零矩阵），$$

其中 $\boldsymbol{A}_i\,(i=1,2,\cdots,s)$ 都是方阵,则称 $\boldsymbol{A}$ 为**分块对角矩阵**.

分块对角矩阵具有下述性质:

① $|\boldsymbol{A}|=|\boldsymbol{A}_1||\boldsymbol{A}_2|\cdots|\boldsymbol{A}_s|$;

② $\boldsymbol{A}$ 可逆的充要条件是 $|\boldsymbol{A}_i|\neq 0\,(i=1,2,\cdots,s)$,且

$$\boldsymbol{A}^{-1}=\begin{pmatrix}\boldsymbol{A}_1^{-1} & & & \\ & \boldsymbol{A}_2^{-1} & & \\ & & \ddots & \\ & & & \boldsymbol{A}_s^{-1}\end{pmatrix};$$

③ 设矩阵

$$\boldsymbol{A}=\begin{pmatrix}\boldsymbol{A}_1 & & & \\ & \boldsymbol{A}_2 & & \\ & & \ddots & \\ & & & \boldsymbol{A}_s\end{pmatrix},\quad \boldsymbol{B}=\begin{pmatrix}\boldsymbol{B}_1 & & & \\ & \boldsymbol{B}_2 & & \\ & & \ddots & \\ & & & \boldsymbol{B}_s\end{pmatrix},$$

其中 $\boldsymbol{A}_i$ 与 $\boldsymbol{B}_i\,(i=1,2,\cdots,s)$ 是同阶方阵,则

$$\boldsymbol{A}\pm\boldsymbol{B}=\begin{pmatrix}\boldsymbol{A}_1\pm\boldsymbol{B}_1 & & & \\ & \boldsymbol{A}_2\pm\boldsymbol{B}_2 & & \\ & & \ddots & \\ & & & \boldsymbol{A}_s\pm\boldsymbol{B}_s\end{pmatrix},$$

$$\boldsymbol{AB}=\begin{pmatrix}\boldsymbol{A}_1\boldsymbol{B}_1 & & & \\ & \boldsymbol{A}_2\boldsymbol{B}_2 & & \\ & & \ddots & \\ & & & \boldsymbol{A}_s\boldsymbol{B}_s\end{pmatrix}.$$

例 2.19 设矩阵

$$\boldsymbol{A}=\begin{pmatrix}1 & 1 & 0 & 0 & 0\\ 2 & 0 & 0 & 0 & 0\\ 0 & 0 & -3 & 0 & 0\\ 0 & 0 & 0 & 2 & 3\\ 0 & 0 & 0 & 1 & 2\end{pmatrix},$$

求:(1) $\boldsymbol{A}^2$;(2) $|\boldsymbol{A}|$;(3) $\boldsymbol{A}^{-1}$.

解 令矩阵

$$\boldsymbol{A}=\begin{pmatrix}\boldsymbol{A}_1 & & \\ & \boldsymbol{A}_2 & \\ & & \boldsymbol{A}_3\end{pmatrix},$$

其中

$$\boldsymbol{A}_1=\begin{pmatrix}1 & 1\\ 2 & 0\end{pmatrix},\quad \boldsymbol{A}_2=(-3),\quad \boldsymbol{A}_3=\begin{pmatrix}2 & 3\\ 1 & 2\end{pmatrix}.$$

(1) 由 $\boldsymbol{A}_1^2=\begin{pmatrix}3 & 1\\ 2 & 2\end{pmatrix}$,$\boldsymbol{A}_2^2=(9)$,$\boldsymbol{A}_3^2=\begin{pmatrix}7 & 12\\ 4 & 7\end{pmatrix}$,得

$$\boldsymbol{A}^2=\begin{pmatrix}\boldsymbol{A}_1^2 & & \\ & \boldsymbol{A}_2^2 & \\ & & \boldsymbol{A}_3^2\end{pmatrix}=\begin{pmatrix}3&1&0&0&0\\2&2&0&0&0\\0&0&9&0&0\\0&0&0&7&12\\0&0&0&4&7\end{pmatrix}.$$

(2) 由 $|\boldsymbol{A}_1|=-2,|\boldsymbol{A}_2|=-3,|\boldsymbol{A}_3|=1$,得

$$|\boldsymbol{A}|=|\boldsymbol{A}_1||\boldsymbol{A}_2||\boldsymbol{A}_3|=(-2)\times(-3)\times 1=6.$$

(3) 由 $\boldsymbol{A}_1^{-1}=-\dfrac{1}{2}\begin{pmatrix}0&-1\\-2&1\end{pmatrix},\boldsymbol{A}_2^{-1}=\left(-\dfrac{1}{3}\right),\boldsymbol{A}_3^{-1}=\begin{pmatrix}2&-3\\-1&2\end{pmatrix}$,得

$$\boldsymbol{A}^{-1}=\begin{pmatrix}\boldsymbol{A}_1^{-1} & & \\ & \boldsymbol{A}_2^{-1} & \\ & & \boldsymbol{A}_3^{-1}\end{pmatrix}=\begin{pmatrix}0&\frac{1}{2}&0&0&0\\1&-\frac{1}{2}&0&0&0\\0&0&-\frac{1}{3}&0&0\\0&0&0&2&-3\\0&0&0&-1&2\end{pmatrix}.$$

(2) 分块三角矩阵.

具有以下几种形状之一的分块矩阵称为分块三角矩阵,如

$$\begin{pmatrix}\boldsymbol{A}&\boldsymbol{O}\\\boldsymbol{C}&\boldsymbol{B}\end{pmatrix},\quad\begin{pmatrix}\boldsymbol{A}&\boldsymbol{C}\\\boldsymbol{O}&\boldsymbol{B}\end{pmatrix},\quad\begin{pmatrix}\boldsymbol{C}&\boldsymbol{A}\\\boldsymbol{B}&\boldsymbol{O}\end{pmatrix},\quad\begin{pmatrix}\boldsymbol{O}&\boldsymbol{A}\\\boldsymbol{B}&\boldsymbol{C}\end{pmatrix},$$

其中 $\boldsymbol{A}$ 是 n 阶方阵,$\boldsymbol{B}$ 是 m 阶方阵,$\boldsymbol{O}$ 是零矩阵.

分块三角矩阵具有下述性质:

① $\begin{vmatrix}\boldsymbol{A}&\boldsymbol{O}\\\boldsymbol{C}&\boldsymbol{B}\end{vmatrix}=|\boldsymbol{A}||\boldsymbol{B}|,\quad\begin{vmatrix}\boldsymbol{A}&\boldsymbol{C}\\\boldsymbol{O}&\boldsymbol{B}\end{vmatrix}=|\boldsymbol{A}||\boldsymbol{B}|,$

$\begin{vmatrix}\boldsymbol{C}&\boldsymbol{A}\\\boldsymbol{B}&\boldsymbol{O}\end{vmatrix}=(-1)^{mn}|\boldsymbol{A}||\boldsymbol{B}|,\quad\begin{vmatrix}\boldsymbol{O}&\boldsymbol{A}\\\boldsymbol{B}&\boldsymbol{C}\end{vmatrix}=(-1)^{mn}|\boldsymbol{A}||\boldsymbol{B}|;$

② 当 $|\boldsymbol{A}|\neq 0,|\boldsymbol{B}|\neq 0$ 时,分块三角矩阵可逆,且

$$\begin{pmatrix}\boldsymbol{A}&\boldsymbol{O}\\\boldsymbol{C}&\boldsymbol{B}\end{pmatrix}^{-1}=\begin{pmatrix}\boldsymbol{A}^{-1}&\boldsymbol{O}\\-\boldsymbol{B}^{-1}\boldsymbol{C}\boldsymbol{A}^{-1}&\boldsymbol{B}^{-1}\end{pmatrix},\quad\begin{pmatrix}\boldsymbol{A}&\boldsymbol{C}\\\boldsymbol{O}&\boldsymbol{B}\end{pmatrix}^{-1}=\begin{pmatrix}\boldsymbol{A}^{-1}&-\boldsymbol{A}^{-1}\boldsymbol{C}\boldsymbol{B}^{-1}\\\boldsymbol{O}&\boldsymbol{B}^{-1}\end{pmatrix},$$

$$\begin{pmatrix}\boldsymbol{C}&\boldsymbol{A}\\\boldsymbol{B}&\boldsymbol{O}\end{pmatrix}^{-1}=\begin{pmatrix}\boldsymbol{O}&\boldsymbol{B}^{-1}\\\boldsymbol{A}^{-1}&-\boldsymbol{A}^{-1}\boldsymbol{C}\boldsymbol{B}^{-1}\end{pmatrix},\quad\begin{pmatrix}\boldsymbol{O}&\boldsymbol{A}\\\boldsymbol{B}&\boldsymbol{C}\end{pmatrix}^{-1}=\begin{pmatrix}-\boldsymbol{B}^{-1}\boldsymbol{C}\boldsymbol{A}^{-1}&\boldsymbol{B}^{-1}\\\boldsymbol{A}^{-1}&\boldsymbol{O}\end{pmatrix}.$$

§ 2.5 矩阵的初等变换

由 § 2.3 介绍的方法求阶数较高的矩阵的逆矩阵时计算量很大,本节将介绍一种简单有效的求逆矩阵的方法,即矩阵的初等变换.在矩阵论中,矩阵的初等变换占据了十分重要的位置,它可以解决求矩阵的逆矩阵、解线性方程组等许多问题.我们知道,用消元法解线性方程组

时，主要步骤是进行以下三种变换：

(1) 交换任意两个方程的位置；

(2) 用非零常数乘以某个方程的两边；

(3) 将某一个方程乘以非零常数之后加到另一个方程上去.

以上三种变换称为方程组的初等变换. 显然，初等变换不改变方程组的解. 若从矩阵的角度来看，上述方程组的初等变换对应的就是矩阵的初等变换.

定义 2.11 矩阵的**初等行变换**是指对矩阵施行以下三种变换：

(1) 对换：交换矩阵的第 i 行和第 j 行，记作

$$r_i \leftrightarrow r_j \quad 或 \quad r(i,j);$$

(2) 倍乘：用非零常数 k 乘以矩阵的第 i 行，记作

$$kr_i \quad 或 \quad r(i(k));$$

(3) 倍加：将矩阵的第 i 行的元素乘以非零常数 k 后加到第 j 行的对应元素上去，记作

$$r_j + kr_i \quad 或 \quad r(j+i(k)).$$

对矩阵的行施行上述三种变换称为矩阵的**初等行变换**，将"行"换成"列"，则对应的三种变换称为矩阵的**初等列变换**. 矩阵的初等行交换与初等列变换统称为矩阵的**初等交换**.

显然，矩阵的初等变换都是可逆的，且其逆变换仍然是同一种类型的初等变换. 例如，变换 $r_i \leftrightarrow r_j$ 的逆变换就是其本身；变换 kr_i 的逆变换就是 $\frac{1}{k}r_i$；变换 $r_i + kr_j$ 的逆变换就是 $r_i - kr_j$.

当一个矩阵 $\boldsymbol{A}$ 经过有限次初等变换化为另一个矩阵 $\boldsymbol{B}$ 时，则称 $\boldsymbol{A}$ 与 $\boldsymbol{B}$ **等价**，记作 $\boldsymbol{A} \sim \boldsymbol{B}$.

等价是矩阵间的一种关系，它满足以下性质：

(1) 自反性　$\boldsymbol{A} \sim \boldsymbol{A}$；

(2) 对称性　若 $\boldsymbol{A} \sim \boldsymbol{B}$，则 $\boldsymbol{B} \sim \boldsymbol{A}$；

(3) 传递性　若 $\boldsymbol{A} \sim \boldsymbol{B}$，$\boldsymbol{B} \sim \boldsymbol{C}$，则 $\boldsymbol{A} \sim \boldsymbol{C}$.

下面讨论如何利用矩阵的初等变换化简矩阵的问题.

例如，设矩阵

$$\boldsymbol{A} = \begin{pmatrix} 3 & 2 & 3 & 4 & 5 \\ 3 & 1 & 0 & 2 & 1 \\ 0 & 1 & 3 & 2 & 6 \\ 6 & 4 & 6 & 8 & 12 \end{pmatrix},$$

通过矩阵的初等行变换，有

$$\boldsymbol{A} \xrightarrow[r_4 - 2r_1]{r_2 - r_1} \begin{pmatrix} 3 & 2 & 3 & 4 & 5 \\ 0 & -1 & -3 & -2 & -4 \\ 0 & 1 & 3 & 2 & 6 \\ 0 & 0 & 0 & 0 & 2 \end{pmatrix} \xrightarrow{r_3 + r_2} \begin{pmatrix} 3 & 2 & 3 & 4 & 5 \\ 0 & -1 & -3 & -2 & -4 \\ 0 & 0 & 0 & 0 & 2 \\ 0 & 0 & 0 & 0 & 2 \end{pmatrix}$$

$$\xrightarrow{r_4 - r_3} \begin{pmatrix} 3 & 2 & 3 & 4 & 5 \\ 0 & -1 & -3 & -2 & -4 \\ 0 & 0 & 0 & 0 & 2 \\ 0 & 0 & 0 & 0 & 0 \end{pmatrix} = \boldsymbol{B}.$$

矩阵 $\boldsymbol{A}$ 化成了形式上更为简单的矩阵 $\boldsymbol{B}$. 称矩阵 $\boldsymbol{B}$ 为**行阶梯形矩阵**，其满足：

(1) 若有零行(元素全为 0 的行)，则零行全部位于非零行的下方；

(2) 各非零行的非零首元(从左起第一个不是 0 的元素) 的列标随行标的增加而严格递增.

对矩阵 $\boldsymbol{B}=\begin{pmatrix}3&2&3&4&5\\0&-1&-3&-2&-4\\0&0&0&0&2\\0&0&0&0&0\end{pmatrix}$ 再施行初等行变换，则可将其进一步化简为更简单的形式：

$$\boldsymbol{B}\xrightarrow{(-1)r_2}\begin{pmatrix}3&2&3&4&5\\0&1&3&2&4\\0&0&0&0&2\\0&0&0&0&0\end{pmatrix}\xrightarrow[\frac{1}{2}r_3]{r_1-2r_2}\begin{pmatrix}3&0&-3&0&-3\\0&1&3&2&4\\0&0&0&0&1\\0&0&0&0&0\end{pmatrix}$$

$$\xrightarrow{\frac{1}{3}r_1}\begin{pmatrix}1&0&-1&0&-1\\0&1&3&2&4\\0&0&0&0&1\\0&0&0&0&0\end{pmatrix}\xrightarrow[r_1+r_3]{r_2-4r_3}\begin{pmatrix}1&0&-1&0&0\\0&1&3&2&0\\0&0&0&0&1\\0&0&0&0&0\end{pmatrix}=\boldsymbol{C}.$$

矩阵 $\boldsymbol{B}$ 化成了形式上更为简单的矩阵 $\boldsymbol{C}$. 称行阶梯形矩阵 $\boldsymbol{C}$ 为**行最简形矩阵**，其满足：

(1) 各非零行的非零首元都是 1；

(2) 每个非零首元所在列的其余元素都是 0.

如果不限定只施行初等行变换，而是初等行变换和初等列变换都可以使用的话，那么矩阵

$\boldsymbol{C}=\begin{pmatrix}1&0&-1&0&0\\0&1&3&2&0\\0&0&0&0&1\\0&0&0&0&0\end{pmatrix}$ 还可以继续化简为更简单的形式：

$$\boldsymbol{C}\xrightarrow[c_4-2c_2]{\substack{c_3+c_1\\c_3-3c_2}}\begin{pmatrix}1&0&0&0&0\\0&1&0&0&0\\0&0&0&0&1\\0&0&0&0&0\end{pmatrix}\xrightarrow{c_3\leftrightarrow c_5}\begin{pmatrix}1&0&0&0&0\\0&1&0&0&0\\0&0&1&0&0\\0&0&0&0&0\end{pmatrix}=\boldsymbol{D}.$$

称矩阵 $\boldsymbol{D}$ 为**等价标准形**，其特点是：左上角是一个 r 阶单位矩阵，其余元素都是 0.

采用分块矩阵表示法，这种矩阵可简单表示为

$$\begin{pmatrix}\boldsymbol{E}_r&\boldsymbol{O}\\\boldsymbol{O}&\boldsymbol{O}\end{pmatrix}.$$

任意一个矩阵都可以经过初等变换之后化为等价标准形. 也就是说，初等变换可以把矩阵化为简单的形式. 但是，如果矩阵的初等变换只能用语言说明，而不能表示为符号运算，就不是一种有效的数学方法，因此有必要进一步研究如何把矩阵的初等变换表示成矩阵的运算. 下面将初等变换与矩阵的乘法联系起来，从而利用它来解决一些矩阵的理论问题.

定义 2.12　将单位矩阵施行一次初等变换所得的矩阵称为**初等矩阵**.

初等矩阵有以下三种：

(1) 对换矩阵：将单位矩阵的第 i 行和第 j 行交换所得的矩阵，记作

$$E(i,j)=\begin{pmatrix}1&&&&&&\\&\ddots&&&&&\\&&0&\cdots&1&&\\&&\vdots&&\vdots&&\\&&1&\cdots&0&&\\&&&&&\ddots&\\&&&&&&1\end{pmatrix}\begin{matrix}\\\\\text{第 }i\text{ 行}\\\\\text{第 }j\text{ 行}\\\\\\\end{matrix}.$$

第 i 列　　第 j 列

显然也可以认为是将单位矩阵的第 i 列和第 j 列交换所得的矩阵.

(2) 倍乘矩阵:将单位矩阵的第 i 行乘以非零数 k 所得的矩阵,记作

$$E(i(k))=\begin{pmatrix}1&&&&\\&\ddots&&&\\&&k&&\\&&&\ddots&\\&&&&1\end{pmatrix}\text{第 }i\text{ 行}.$$

第 i 列

显然也可以认为是将单位矩阵的第 i 列乘以非零数 k 所得的矩阵.

(3) 倍加矩阵:将单位矩阵的第 j 行的 k 倍加到第 i 行对应的元素上去所得的矩阵,记作

$$E(i+j(k))=\begin{pmatrix}1&&&&&\\&\ddots&&&&\\&&1&\cdots&k&&\\&&&\ddots&\vdots&&\\&&&&1&&\\&&&&&\ddots&\\&&&&&&1\end{pmatrix}\begin{matrix}\\\\\text{第 }i\text{ 行}\\\\\text{第 }j\text{ 行}\\\\\\\end{matrix}.$$

第 i 列　第 j 列

显然也可以认为是将单位矩阵的第 i 列的 k 倍加到第 j 列对应的元素上去所得的矩阵.

初等矩阵具有下述性质:

(1) $|E(i,j)|=-1\neq 0$, $|E(i(k))|=k\neq 0$, $|E(i+j(k))|=1\neq 0$.

(2) 初等矩阵都是可逆矩阵,其逆矩阵也是同类型的初等矩阵,且

$$[E(i,j)]^{-1}=E(i,j),\quad [E(i(k))]^{-1}=E\left[i\left(\frac{1}{k}\right)\right],$$

$$[E(i+j(k))]^{-1}=E[i+j(-k)].$$

(3) 对矩阵 A 左乘一个初等矩阵,相当于对 A 施行一次相应的初等行变换;对矩阵 A 右乘一个初等矩阵,相当于对 A 施行一次相应的初等列变换,即

① $E(i,j)A$ 的结果相当于把 A 的第 i 行和第 j 行交换位置;

$AE(i,j)$ 的结果相当于把 A 的第 i 列和第 j 列交换位置.

② $E(i(k))A$ 的结果相当于把 A 的第 i 行乘以数 $k(k\neq 0)$;

$AE(i(k))$ 的结果相当于把 A 的第 i 列乘以数 $k(k\neq 0)$.

③ $\boldsymbol{E}(i+j(k))\boldsymbol{A}$ 的结果相当于把 $\boldsymbol{A}$ 的第 j 行的 k 倍加到第 i 行对应的元素上；$\boldsymbol{AE}(i+j(k))$ 的结果相当于把 $\boldsymbol{A}$ 的第 i 列的 k 倍加到第 j 列对应的元素上.

例 2.20　已知 $\boldsymbol{A}$ 为 n 阶可逆矩阵，将 $\boldsymbol{A}$ 的第 i 行与第 j 行交换得到矩阵 $\boldsymbol{B}$，求 $\boldsymbol{AB}^{-1}$.

解　由题意得 $\boldsymbol{E}(i,j)\boldsymbol{A}=\boldsymbol{B}$. 因为矩阵 $\boldsymbol{A}$，$\boldsymbol{E}(i,j)$ 可逆，所以 $\boldsymbol{B}$ 可逆，则

$$\boldsymbol{E}(i,j)\boldsymbol{AB}^{-1}=\boldsymbol{E},\quad \boldsymbol{AB}^{-1}=[\boldsymbol{E}(i,j)]^{-1}=\boldsymbol{E}(i,j).$$

例 2.21　计算下列矩阵的乘积：

(1) $\begin{pmatrix}1&0&0\\0&1&2\\0&0&1\end{pmatrix}\begin{pmatrix}1&2&3\\2&3&1\\1&3&2\end{pmatrix}$；　　(2) $\begin{pmatrix}1&2&3\\2&3&1\\1&3&2\end{pmatrix}\begin{pmatrix}1&0&0\\0&1&2\\0&0&1\end{pmatrix}$.

解　(1) 因为原式相当于

$$\begin{pmatrix}1&2&3\\2&3&1\\1&3&2\end{pmatrix}\text{左乘}\begin{pmatrix}1&0&0\\0&1&2\\0&0&1\end{pmatrix},$$

而 $\begin{pmatrix}1&0&0\\0&1&2\\0&0&1\end{pmatrix}$ 是将单位矩阵的第 3 行乘以 2 后加到第 2 行上所得的矩阵，所以由初等矩阵的性质，只需将 $\begin{pmatrix}1&2&3\\2&3&1\\1&3&2\end{pmatrix}$ 的第 3 行乘以 2 后加到第 2 行上，即得到两矩阵之积，则

$$\begin{pmatrix}1&0&0\\0&1&2\\0&0&1\end{pmatrix}\begin{pmatrix}1&2&3\\2&3&1\\1&3&2\end{pmatrix}=\begin{pmatrix}1&2&3\\4&9&5\\1&3&2\end{pmatrix}.$$

(2) 因为原式相当于

$$\begin{pmatrix}1&2&3\\2&3&1\\1&3&2\end{pmatrix}\text{右乘}\begin{pmatrix}1&0&0\\0&1&2\\0&0&1\end{pmatrix},$$

而 $\begin{pmatrix}1&0&0\\0&1&2\\0&0&1\end{pmatrix}$ 是将单位矩阵的第 2 列乘以 2 后加到第 3 列上，所以由初等矩阵的性质，只需将 $\begin{pmatrix}1&2&3\\2&3&1\\1&3&2\end{pmatrix}$ 的第 2 列乘以 2 后加到第 3 列上，即得到两矩阵之积，则

$$\begin{pmatrix}1&2&3\\2&3&1\\1&3&2\end{pmatrix}\begin{pmatrix}1&0&0\\0&1&2\\0&0&1\end{pmatrix}=\begin{pmatrix}1&2&7\\2&3&7\\1&3&8\end{pmatrix}.$$

前面我们介绍了利用待定系数法、伴随矩阵法求矩阵的逆矩阵，但是当方阵的阶数比较高时，这两种方法的计算量都比较大. 有了初等矩阵的概念后，我们就可以利用初等变换法来求逆矩阵.

定理 2.2 任何可逆矩阵都可以经过有限次初等变换化为单位矩阵，即若矩阵 A 可逆，则

$$A \xrightarrow{\text{初等变换}} E.$$

推论 1 可逆矩阵 A 可以表示为有限个初等矩阵的乘积.

若矩阵 A 可逆，则矩阵 A^{-1} 也可逆. 根据推论 1 得

$$A^{-1} = P_1 P_2 \cdots P_s \quad (P_1, P_2, \cdots, P_s \text{ 为初等矩阵}),$$

则

$$A^{-1}A = P_1 P_2 \cdots P_s A,$$

即

$$E = P_1 P_2 \cdots P_s A, \quad A^{-1} = P_1 P_2 \cdots P_s E,$$

于是

$$P_1 P_2 \cdots P_s (A, E) = (P_1 P_2 \cdots P_s A, P_1 P_2 \cdots P_s E) = (E, A^{-1}).$$

这就得到了利用初等变换求逆矩阵的方法：构造一个 $2n \times n$ 矩阵$(A \mid E)$，对其施行初等行变换，将 A 化为 E 的同时，E 也就化为 A^{-1}，即

$$(A \mid E) \xrightarrow{\text{初等行变换}} (E \mid A^{-1}).$$

例 2.22 用初等行变换求例 2.14 中 $A = \begin{pmatrix} 1 & 1 & 0 \\ 1 & 2 & 0 \\ 0 & 0 & 3 \end{pmatrix}$ 的逆矩阵.

解 对矩阵$(A \mid E)$施行初等行变换，有

$$(A \mid E) = \left(\begin{array}{ccc:ccc} 1 & 1 & 0 & 1 & 0 & 0 \\ 1 & 2 & 0 & 0 & 1 & 0 \\ 0 & 0 & 3 & 0 & 0 & 1 \end{array}\right) \xrightarrow[\frac{1}{3}r_3]{r_2 - r_1} \left(\begin{array}{ccc:ccc} 1 & 1 & 0 & 1 & 0 & 0 \\ 0 & 1 & 0 & -1 & 1 & 0 \\ 0 & 0 & 1 & 0 & 0 & \frac{1}{3} \end{array}\right)$$

$$\xrightarrow{r_1 - r_2} \left(\begin{array}{ccc:ccc} 1 & 0 & 0 & 2 & -1 & 0 \\ 0 & 1 & 0 & -1 & 1 & 0 \\ 0 & 0 & 1 & 0 & 0 & \frac{1}{3} \end{array}\right),$$

故

$$A^{-1} = \begin{pmatrix} 2 & -1 & 0 \\ -1 & 1 & 0 \\ 0 & 0 & \frac{1}{3} \end{pmatrix}.$$

同理，也可用初等列变换求逆矩阵.

对矩阵 $\begin{pmatrix} A \\ \hdashline E \end{pmatrix}$ 施行一系列初等列变换，将 A 化为 E 的同时，E 也就化为 A^{-1}，即

$$\begin{pmatrix} A \\ \hdashline E \end{pmatrix} \xrightarrow{\text{初等列变换}} \begin{pmatrix} E \\ \hdashline A^{-1} \end{pmatrix}.$$

这里需要注意的是,用初等变换求逆矩阵时,初等行变换与初等列变换不能同时使用,即对矩阵$(\boldsymbol{A} \mid \boldsymbol{E})$只能使用初等行变换,而对矩阵$\begin{pmatrix}\boldsymbol{A}\\ \hdashline \boldsymbol{E}\end{pmatrix}$只能使用初等列变换.

利用初等变换还可以解矩阵方程.

例 2.23 求矩阵方程$\boldsymbol{AX}=\boldsymbol{B}$,其中

$$\boldsymbol{A}=\begin{pmatrix}1&2&3\\2&2&1\\3&4&3\end{pmatrix},\quad \boldsymbol{B}=\begin{pmatrix}2&5\\3&1\\4&3\end{pmatrix}.$$

解 因为$|\boldsymbol{A}|=2\neq 0$,所以$\boldsymbol{A}$可逆,则

$$(\boldsymbol{A}\mid\boldsymbol{B})=\left(\begin{array}{ccc:cc}1&2&3&2&5\\2&2&1&3&1\\3&4&3&4&3\end{array}\right)\xrightarrow[r_3-3r_1]{r_2-2r_1}\left(\begin{array}{ccc:cc}1&2&3&2&5\\0&-2&-5&-1&-9\\0&-2&-6&-2&-12\end{array}\right)$$

$$\xrightarrow[r_3-r_2]{r_1+r_2}\left(\begin{array}{ccc:cc}1&0&-2&1&-4\\0&-2&-5&-1&-9\\0&0&-1&-1&-3\end{array}\right)\xrightarrow[r_2-5r_3]{r_1-2r_3}\left(\begin{array}{ccc:cc}1&0&0&3&2\\0&-2&0&4&6\\0&0&-1&-1&-3\end{array}\right)$$

$$\xrightarrow[-r_3]{-\frac{1}{2}r_2}\left(\begin{array}{ccc:cc}1&0&0&3&2\\0&1&0&-2&-3\\0&0&1&1&3\end{array}\right),$$

故

$$\boldsymbol{X}=\begin{pmatrix}3&2\\-2&-3\\1&3\end{pmatrix}.$$

注 例 2.23 是利用初等行变换的方法求得$\boldsymbol{X}=\boldsymbol{A}^{-1}\boldsymbol{B}$.

如果要求矩阵方程$\boldsymbol{YA}=\boldsymbol{C}$,则可对矩阵$\begin{pmatrix}\boldsymbol{A}\\ \hdashline \boldsymbol{C}\end{pmatrix}$施行初等列变换,即

$$\begin{pmatrix}\boldsymbol{A}\\ \hdashline \boldsymbol{C}\end{pmatrix}\xrightarrow{\text{初等列变换}}\begin{pmatrix}\boldsymbol{E}\\ \hdashline \boldsymbol{CA}^{-1}\end{pmatrix},$$

可得$\boldsymbol{Y}=\boldsymbol{CA}^{-1}$.

如果不习惯使用初等列变换求逆矩阵,那么可改为对$(\boldsymbol{A}^{\mathrm{T}},\boldsymbol{C}^{\mathrm{T}})$施行初等行变换,即

$$(\boldsymbol{A}^{\mathrm{T}}\mid\boldsymbol{C}^{\mathrm{T}})\xrightarrow{\text{初等行变换}}(\boldsymbol{E}\mid(\boldsymbol{A}^{\mathrm{T}})^{-1}\boldsymbol{C}^{\mathrm{T}}),$$

可得$\boldsymbol{Y}^{\mathrm{T}}=(\boldsymbol{A}^{\mathrm{T}})^{-1}\boldsymbol{C}^{\mathrm{T}}$,再转置得到$\boldsymbol{Y}$.

§2.6 矩阵的秩

矩阵的秩是矩阵的一个重要概念,它与线性方程组解的判定、结构、向量的线性相关性以及二次型的理论有着密切的联系.

一个矩阵经过不同的初等行变换化为不同的行阶梯形矩阵时，其非零行的行数是唯一确定的，是矩阵的固有属性，非零行的行数就是我们本节要介绍的矩阵的秩.

鉴于行阶梯形矩阵的非零行的行数的唯一性尚未证明，我们先从矩阵的子式的角度来定义矩阵的秩.

定义 2.13 在 $m\times n$ 矩阵 $\boldsymbol{A}$ 中任取 k 行 k 列，位于这些行和列交叉点上的 k^2 个元素按照原来的顺序构成的 k 阶行列式，称为矩阵 $\boldsymbol{A}$ 的一个 **k 阶子式**.

在定义 2.13 中，显然有 $k\leqslant \min\{m,n\}$（m,n 中较小的一个）. 例如，在矩阵

$$\boldsymbol{A}=\begin{pmatrix}1 & 1 & 3 & 6 & 1\\ 0 & 1 & -2 & 4 & 0\\ 0 & 0 & 0 & 5 & 3\\ 0 & 1 & 1 & 0 & 2\end{pmatrix}$$

中选取第 1,3 行和第 3,4 列，它们交叉点上的元素所组成的二阶行列式

$$\begin{vmatrix}3 & 6\\ 0 & 5\end{vmatrix}$$

就是 $\boldsymbol{A}$ 的一个二阶子式. 易见，$\boldsymbol{A}$ 共有二阶子式 $C_4^2C_5^2=60$ 个.

一般地，$m\times n$ 矩阵的 k 阶子式有 $C_m^kC_n^k$ 个.

定义 2.14 设有 $m\times n$ 矩阵 $\boldsymbol{A}$，如果 $\boldsymbol{A}$ 中存在一个不等于 0 的 r 阶子式 D_r，且所有 $r+1$ 阶子式（若存在的话）全等于 0，那么称 D_r 为矩阵 $\boldsymbol{A}$ 的最高阶非零子式，r 叫作矩阵 $\boldsymbol{A}$ 的**秩**，记作 $\mathrm{r}(\boldsymbol{A})$ 或 $\mathrm{R}(\boldsymbol{A})$.

若 $\boldsymbol{A}$ 是 $m\times n$ 矩阵，则有

(1) $0\leqslant \mathrm{r}(\boldsymbol{A})\leqslant \min\{m,n\}$.

若 $\mathrm{r}(\boldsymbol{A})=\min\{m,n\}$，则称 $\boldsymbol{A}$ 为**满秩矩阵**；若 $\mathrm{r}(\boldsymbol{A})<\min\{m,n\}$，则称 $\boldsymbol{A}$ 为**降秩矩阵**.

(2) 若 $\mathrm{r}(\boldsymbol{A})=n$，则称 $\boldsymbol{A}$ 为**列满秩矩阵**；若 $\mathrm{r}(\boldsymbol{A})=m$，则称 $\boldsymbol{A}$ 为**行满秩矩阵**.

(3) $\mathrm{r}(\boldsymbol{A}^{\mathrm{T}})=\mathrm{r}(\boldsymbol{A})$.

例 2.24 求下列矩阵的秩：

(1) $\boldsymbol{A}=\begin{pmatrix}1 & 0 & -1 & 2\\ 1 & -1 & 2 & 3\\ 2 & -2 & 4 & 6\end{pmatrix}$； (2) $\boldsymbol{B}=\begin{pmatrix}1 & 0 & -1 & 2 & 1\\ 0 & 2 & 1 & 4 & 0\\ 0 & 0 & 0 & -3 & -2\\ 0 & 0 & 0 & 0 & 0\end{pmatrix}$.

解 (1) 一阶子式 $|1|=1\neq 0$，二阶子式 $\begin{vmatrix}1 & 0\\ 1 & -1\end{vmatrix}=-1\neq 0$.

因为 $\boldsymbol{A}$ 的第 2,3 行成比例，所以 $\boldsymbol{A}$ 的所有三阶子式全为 0，因此 $\mathrm{r}(\boldsymbol{A})=2$.

(2) 三阶子式 $\begin{vmatrix}1 & 0 & 2\\ 0 & 2 & 4\\ 0 & 0 & -3\end{vmatrix}=-6\neq 0$，并且所有四阶子式全为 0，故 $\mathrm{r}(\boldsymbol{B})=3$.

我们知道，当矩阵的行数与列数较大时，按定义 2.14 求矩阵的秩是很麻烦的，而像例 2.24(2) 中的矩阵 $\boldsymbol{B}$，它是行阶梯形矩阵，且行阶梯形矩阵的秩就是其非零行的行数.

矩阵和这种行阶梯形矩阵之间会有什么关系呢？下面的定理对此做出了阐述.

定理 2.3　**任意一个 $m \times n$ 矩阵，都可以经过一系列初等行变换化为 $m \times n$ 行阶梯形矩阵.**

定理 2.4　**对矩阵施行初等变换不改变矩阵的秩.**

证　只要证明每一种初等行变换都不改变矩阵的秩，对初等列变换同理可以证明.

下面证明施行一次初等行变换时，矩阵的秩不变. 由此可得，对矩阵施行多次初等行变换时，矩阵的秩也不变.

设矩阵 $\boldsymbol{A}$ 的秩 $\mathrm{r}(\boldsymbol{A}) = r$，$D$ 是矩阵 $\boldsymbol{A}$ 中的一个 r 阶非零子式，矩阵 $\boldsymbol{B}$ 的秩 $\mathrm{r}(\boldsymbol{B}) = t$.

(1) 设 $\boldsymbol{A} \xrightarrow{r_i \leftrightarrow r_j} \boldsymbol{B}$，由于交换行列式中两行仅改变正、负号，则在 $\boldsymbol{B}$ 中总能找到与 D 相对应的 r 阶子式 D_1，使得 $D_1 = D$ 或 $D_1 = -D$，因此 $D_1 \neq 0$，从而 $t \geqslant r$.

(2) 设 $\boldsymbol{A} \xrightarrow[k \neq 0]{kr_i} \boldsymbol{B}$，由于行列式某一行乘以 $k \neq 0$ 等于用数 k 乘以此行列式，则在 $\boldsymbol{B}$ 中总能找到与 D 相对应的 r 阶子式 D_1，使得 $D_1 = D$ 或 $D_1 = kD$，因此 $D_1 \neq 0$，从而 $t \geqslant r$.

(3) 设 $\boldsymbol{A} \xrightarrow{r_i + kr_j} \boldsymbol{B}$，令

$$\boldsymbol{A} = \begin{pmatrix} a_{11} & a_{12} & \cdots & a_{1n} \\ \vdots & \vdots & & \vdots \\ a_{i1} & a_{i2} & \cdots & a_{in} \\ \vdots & \vdots & & \vdots \\ a_{j1} & a_{j2} & \cdots & a_{jn} \\ \vdots & \vdots & & \vdots \\ a_{m1} & a_{m2} & \cdots & a_{mn} \end{pmatrix}，\quad 则 \quad \boldsymbol{B} = \begin{pmatrix} a_{11} & a_{12} & \cdots & a_{1n} \\ \vdots & \vdots & & \vdots \\ a_{i1} + ka_{j1} & a_{i2} + ka_{j2} & \cdots & a_{in} + ka_{jn} \\ \vdots & \vdots & & \vdots \\ a_{j1} & a_{j2} & \cdots & a_{jn} \\ \vdots & \vdots & & \vdots \\ a_{m1} & a_{m2} & \cdots & a_{mn} \end{pmatrix}.$$

分两种情形讨论：

① 非零子式 D 不含有 $\boldsymbol{A}$ 的第 i 行元素，在 $\boldsymbol{B}$ 中取相对应的 r 阶子式 D_1，则 $D_1 = D$.

② 非零子式 D 含有 $\boldsymbol{A}$ 的第 i 行元素，在 $\boldsymbol{B}$ 中取相对应的 r 阶子式 D_1，则 D_1 的一行($\boldsymbol{B}$ 第 i 行的对应行)是两个数的和，按照行列式的性质，D_1 可以写成两个行列式之和，即 $D_1 = D + kD_2$.

此时，如果非零子式 D 含有 $\boldsymbol{A}$ 的第 j 行元素，则 $D_2 = 0$，$D_1 = D$；如果非零子式 D 不含有 $\boldsymbol{A}$ 的第 j 行元素，则 D_2 也是 $\boldsymbol{B}$ 中的一个 r 阶子式，且由 $D_1 - kD_2 = D \neq 0$ 知，D_1 与 D_2 不能同时为 0，因此在 $\boldsymbol{B}$ 中总能找到非零 r 阶子式.

综上所述，有 $t \geqslant r$.

另一方面，由于初等变换是可逆变换，即

$\boldsymbol{A} \xrightarrow{r_i \leftrightarrow r_j} \boldsymbol{B}$，则 $\boldsymbol{B} \xrightarrow{r_i \leftrightarrow r_j} \boldsymbol{A}$；

$\boldsymbol{A} \xrightarrow[k \neq 0]{kr_i} \boldsymbol{B}$，则 $\boldsymbol{B} \xrightarrow[k \neq 0]{\frac{1}{k} r_i} \boldsymbol{A}$；

$\boldsymbol{A} \xrightarrow{r_i + kr_j} \boldsymbol{B}$，则 $\boldsymbol{B} \xrightarrow{r_i - kr_j} \boldsymbol{A}$，

同理可得 $t \leqslant r$.

由此可知 $t = r$，即 $\mathrm{r}(\boldsymbol{A}) = \mathrm{r}(\boldsymbol{B})$.

因此，根据定理 2.4 将矩阵化为行阶梯形矩阵来求秩是方便而有效的方法.

例 2.25 设矩阵

$$A=\begin{pmatrix}3&2&0&5&0\\3&-2&3&6&-1\\2&0&1&5&-3\\1&6&-4&-1&4\end{pmatrix},$$

求 A 的秩，并求 A 的一个最高阶非零子式.

解 先对 A 施行初等行变换将其化为行阶梯形矩阵，有

$$A\xrightarrow{r_1\leftrightarrow r_4}\begin{pmatrix}1&6&-4&-1&4\\3&-2&3&6&-1\\2&0&1&5&-3\\3&2&0&5&0\end{pmatrix}\xrightarrow[r_4-3r_1]{\substack{r_2-3r_1\\r_3-2r_1}}\begin{pmatrix}1&6&-4&-1&4\\0&-20&15&9&-13\\0&-12&9&7&-11\\0&-16&12&8&-12\end{pmatrix}$$

$$\xrightarrow{r_2\leftrightarrow r_4}\begin{pmatrix}1&6&-4&-1&4\\0&-16&12&8&-12\\0&-12&9&7&-11\\0&-20&15&9&-13\end{pmatrix}\xrightarrow{-\frac{1}{4}r_2}\begin{pmatrix}1&6&-4&-1&4\\0&4&-3&-2&3\\0&-12&9&7&-11\\0&-20&15&9&-13\end{pmatrix}$$

$$\xrightarrow[r_4+5r_2]{r_3+3r_2}\begin{pmatrix}1&6&-4&-1&4\\0&4&-3&-2&3\\0&0&0&1&-2\\0&0&0&-1&2\end{pmatrix}\xrightarrow{r_4+r_3}\begin{pmatrix}1&6&-4&-1&4\\0&4&-3&-2&3\\0&0&0&1&-2\\0&0&0&0&0\end{pmatrix}.$$

因为行阶梯形矩阵有 3 个非零行，所以 $\mathrm{r}(A)=3$.

再求 A 的一个最高阶非零子式.

记 $A=(\alpha_1,\alpha_2,\alpha_3,\alpha_4,\alpha_5)$，其中 $\alpha_i\,(i=1,2,3,4,5)$ 表示列矩阵，则矩阵 $A_0=(\alpha_1,\alpha_2,\alpha_4)$ 的行阶梯形矩阵为

$$\begin{pmatrix}1&6&-1\\0&4&-2\\0&0&1\\0&0&0\end{pmatrix}.$$

此时 $\mathrm{r}(A_0)=3$，故 A_0 中必有三阶非零子式.

计算 A_0 的前三行构成的子式

$$D=\begin{vmatrix}3&2&5\\3&-2&6\\2&0&5\end{vmatrix}=-16\neq 0,$$

因此 D 便是 A 的一个最高阶非零子式.

例 2.26 已知矩阵

$$A=\begin{pmatrix}1&1&k&1\\1&-9k&1&0\\k&1&1&-1\end{pmatrix},$$

当 k 取何值时，矩阵 A 的秩 $\mathrm{r}(A)<3$? 又当 k 取何值时，矩阵 A 的秩 $\mathrm{r}(A)=3$?

解 对矩阵 $\boldsymbol{A}$ 施行初等行变换，有

$$\boldsymbol{A}\xrightarrow[r_3-kr_1]{r_2-r_1}\begin{pmatrix}1 & 1 & k & 1\\ 0 & -9k-1 & 1-k & -1\\ 0 & 1-k & 1-k^2 & -1-k\end{pmatrix}.$$

当 $k\neq 1$ 或 -1 时，令

$$\frac{-9k-1}{1-k}=\frac{1-k}{1-k^2}=\frac{-1}{-1-k},$$

得

$$k=-\frac{1}{3}\quad 或\quad k=-\frac{2}{3},$$

此时第二行和第三行对应元素成比例，$\mathrm{r}(\boldsymbol{A})<3$.

当 $k=1$ 或 -1 时，$\mathrm{r}(\boldsymbol{A})=3$，即当 k 取除 $-\frac{1}{3}$ 和 $-\frac{2}{3}$ 的任意数时，$\mathrm{r}(\boldsymbol{A})=3$.

综上所述，当 $k=-\frac{1}{3}$ 或 $k=-\frac{2}{3}$ 时，$\mathrm{r}(\boldsymbol{A})<3$；当 $k\neq-\frac{1}{3}$ 且 $k\neq-\frac{2}{3}$ 时，$\mathrm{r}(\boldsymbol{A})=3$.

定理 2.5 **n 阶方阵 $\boldsymbol{A}$ 可逆的充要条件是 $\mathrm{r}(\boldsymbol{A})=n$.**

拓展阅读

习 题 二

1. 设矩阵

$$\boldsymbol{A}=\begin{pmatrix}1 & 1 & 1\\ 1 & 1 & -2\\ 1 & -2 & 1\end{pmatrix},\quad \boldsymbol{B}=\begin{pmatrix}1 & 2 & 3\\ -1 & -2 & 4\\ 0 & 5 & -1\end{pmatrix},$$

求 $2\boldsymbol{AB}-3\boldsymbol{A}$，$\boldsymbol{A}^{\mathrm{T}}\boldsymbol{B}$.

2. 求下列矩阵的乘积：

(1) $(-1,2,3)\begin{pmatrix}1\\0\\2\end{pmatrix}$； (2) $\begin{pmatrix}a_1\\a_2\\\vdots\\a_n\end{pmatrix}(b_1,b_2,\cdots,b_n)$；

(3) $\begin{pmatrix}4 & 3 & 1\\ 1 & -2 & 3\\ 5 & 7 & 0\end{pmatrix}\begin{pmatrix}6\\2\\1\end{pmatrix}$； (4) $\begin{pmatrix}2 & 3\\ -1 & -4\\ 1 & 0\end{pmatrix}\begin{pmatrix}1 & 2 & -1\\ -3 & 0 & 1\end{pmatrix}$；

(5) $\begin{pmatrix}k_1 & & \\ & k_2 & \\ & & k_3\end{pmatrix}\begin{pmatrix}a_{11} & a_{12}\\ a_{21} & a_{22}\\ a_{31} & a_{32}\end{pmatrix}$； (6) $(x_1,x_2,x_3)\begin{pmatrix}a_{11} & a_{12} & a_{13}\\ a_{21} & a_{22} & a_{23}\\ a_{31} & a_{32} & a_{33}\end{pmatrix}\begin{pmatrix}x_1\\x_2\\x_3\end{pmatrix}$.

3. 证明：

(1) 对角矩阵与对角矩阵的乘积仍是对角矩阵；

(2) 上(下)三角矩阵与上(下)三角矩阵的乘积仍是上(下)三角矩阵，且所得矩阵的主对角线元素等于两个矩阵对应的主对角线元素的乘积.

4. 设矩阵

$$\boldsymbol{A}=\begin{pmatrix}1&1&0\\0&1&1\\0&0&1\end{pmatrix},$$

求所有与 $\boldsymbol{A}$ 可交换的矩阵，即求矩阵 $\boldsymbol{B}$，满足 $\boldsymbol{AB}=\boldsymbol{BA}$.

5. 计算下列矩阵(其中 n 是正整数)：

(1) $\begin{pmatrix}0&1\\-1&0\end{pmatrix}^n$；　　(2) $\begin{pmatrix}2&-1\\3&-2\end{pmatrix}^n$；

(3) $\begin{pmatrix}1&0&1\\0&1&0\\0&0&1\end{pmatrix}^n$；　　(4) $\begin{pmatrix}\lambda&1&0\\0&\lambda&1\\0&0&\lambda\end{pmatrix}^n$.

6. 设矩阵

$$\boldsymbol{\alpha}=(1,2,3,4),\quad \boldsymbol{\beta}=\left(1,\frac{1}{2},\frac{1}{3},\frac{1}{4}\right),\quad \boldsymbol{A}=\boldsymbol{\alpha}^{\mathrm{T}}\boldsymbol{\beta},$$

求 $\boldsymbol{A}^n$.

7. 证明：

(1) 若 $\boldsymbol{A},\boldsymbol{B}$ 都是对称矩阵，则 $3\boldsymbol{A}-2\boldsymbol{B}$ 也是对称矩阵，$\boldsymbol{AB}-\boldsymbol{BA}$ 是反对称矩阵；

(2) 若 $\boldsymbol{A}$ 是反对称矩阵，$\boldsymbol{B}$ 是对称矩阵，则 $\boldsymbol{A}^2$ 是对称矩阵，$\boldsymbol{AB}-\boldsymbol{BA}$ 也是对称矩阵.

8. 求下列矩阵的逆矩阵：

(1) $\begin{pmatrix}1&-2\\3&4\end{pmatrix}$；　　(2) $\begin{pmatrix}\cos\theta&-\sin\theta\\\sin\theta&\cos\theta\end{pmatrix}$；

(3) $\begin{pmatrix}3&-2&0\\-1&1&0\\1&1&-1\end{pmatrix}$；　　(4) $\begin{pmatrix}1&3&-5&7\\0&1&2&-3\\0&0&1&2\\0&0&0&1\end{pmatrix}$.

9. 求解下列矩阵方程：

(1) $\begin{pmatrix}2&5\\1&3\end{pmatrix}\boldsymbol{X}=\begin{pmatrix}4&-6\\2&1\end{pmatrix}$；

(2) $\begin{pmatrix}3&-1\\5&-2\end{pmatrix}\boldsymbol{X}\begin{pmatrix}5&6\\7&8\end{pmatrix}=\begin{pmatrix}14&16\\9&10\end{pmatrix}$；

(3) $\boldsymbol{X}\begin{pmatrix}2&1&-1\\2&1&0\\1&-1&1\end{pmatrix}=\begin{pmatrix}1&-1&3\\4&3&2\end{pmatrix}$；

(4) $\begin{pmatrix}0&1&0\\1&0&0\\0&0&1\end{pmatrix}\boldsymbol{X}\begin{pmatrix}1&0&0\\0&0&1\\0&1&0\end{pmatrix}=\begin{pmatrix}1&-4&3\\2&0&-1\\1&-2&0\end{pmatrix}$.

10. 设三阶方阵 $\boldsymbol{A},\boldsymbol{B}$ 满足关系式 $\boldsymbol{AB}=\boldsymbol{A}+2\boldsymbol{B}$，其中

$$\boldsymbol{A}=\begin{pmatrix}0&3&3\\1&1&0\\-1&2&3\end{pmatrix},$$

求 $\boldsymbol{B}$.

11. 设三阶方阵 $\boldsymbol{A},\boldsymbol{B}$ 满足关系式 $\boldsymbol{A}^{-1}\boldsymbol{BA}=6\boldsymbol{A}+\boldsymbol{BA}$，其中

$$\boldsymbol{A}=\begin{pmatrix}\frac{1}{3}&0&0\\0&\frac{1}{4}&0\\0&0&\frac{1}{7}\end{pmatrix},$$

求 $\boldsymbol{B}$.

12.(1) 如果 n 阶方阵 $\boldsymbol{A}$ 满足 $\boldsymbol{A}^3-2\boldsymbol{A}^2+3\boldsymbol{A}-\boldsymbol{E}=\boldsymbol{O}$，证明：$\boldsymbol{A}$ 可逆，并求 $\boldsymbol{A}^{-1}$；

(2) 如果 n 阶方阵 $\boldsymbol{A}$ 满足 $\boldsymbol{A}^2-2\boldsymbol{A}-4\boldsymbol{E}=\boldsymbol{O}$，证明：$\boldsymbol{A}+\boldsymbol{E}$ 可逆，并求 $(\boldsymbol{A}+\boldsymbol{E})^{-1}$.

13. 用分块矩阵求矩阵乘积 $\boldsymbol{AB}$，其中

$$\boldsymbol{A}=\begin{pmatrix}5&2&0&0\\2&1&0&0\\0&0&8&3\\0&0&5&2\end{pmatrix},\quad \boldsymbol{B}=\begin{pmatrix}3&2&0&0\\4&5&0&0\\0&0&4&1\\0&0&6&2\end{pmatrix}.$$

14.(1) 设矩阵 $\boldsymbol{A}=\begin{pmatrix}1&1&0&0&0\\2&0&0&0&0\\0&0&3&0&0\\0&0&0&2&3\\0&0&0&1&2\end{pmatrix}$，求：① $\boldsymbol{A}^2$；② $|\boldsymbol{A}|$；③ $\boldsymbol{A}^{-1}$.

(2) 设矩阵 $\boldsymbol{B}=\begin{pmatrix}0&0&0&4&4\\0&0&0&7&8\\1&1&1&0&0\\0&1&1&0&0\\0&0&1&0&0\end{pmatrix}$，求：① $\boldsymbol{B}^2$；② $|\boldsymbol{B}|$；③ $\boldsymbol{B}^{-1}$.

15. 求下列矩阵的秩：

(1) $\begin{pmatrix}1&2&3&4\\1&-2&4&5\\1&6&1&2\end{pmatrix}$；　　(2) $\begin{pmatrix}0&1&1&-1&2\\0&2&2&2&0\\0&-1&-1&1&1\\1&1&0&0&-1\end{pmatrix}$；

(3) $\begin{pmatrix}1&-1&2&1&0\\2&-2&4&2&0\\3&0&6&-1&1\\0&3&0&0&1\end{pmatrix}$；　　(4) $\begin{pmatrix}14&12&6&8&2\\6&104&21&9&17\\7&6&3&4&1\\35&30&15&20&4\end{pmatrix}$.

习题参考答案

第二章测试题

一、选择题(每小题 3 分,共 15 分)

1. 设 $\boldsymbol{A}$ 是 n 阶方阵,$k \neq 0$ 为常数,则下列等式一定成立的是(　　).

A. $(k\boldsymbol{A})^{-1} = k\boldsymbol{A}^{-1}$　　B. $|k\boldsymbol{A}| = k|\boldsymbol{A}|$

C. $(k\boldsymbol{A})^{\mathrm{T}} = k\boldsymbol{A}^{\mathrm{T}}$　　D. $(k\boldsymbol{A})^{*} = k\boldsymbol{A}^{*}$

2. 若 $\boldsymbol{A}^2 = \boldsymbol{O}$,则(　　).

A. $\boldsymbol{A} = \boldsymbol{O}$　　B. $\boldsymbol{A} = \boldsymbol{E}$　　C. $\boldsymbol{A} = -\boldsymbol{E}$　　D. $|\boldsymbol{A}| = 0$

3. 设 $\boldsymbol{A},\boldsymbol{B}$ 为同阶方阵,且 $\boldsymbol{AB} = \boldsymbol{O}$,则(　　).

A. $\boldsymbol{A} = \boldsymbol{O}$　　B. $\boldsymbol{B} = \boldsymbol{O}$

C. $|\boldsymbol{A}|$,$|\boldsymbol{B}|$ 中至少有一个为 0　　D. $\boldsymbol{A},\boldsymbol{B}$ 中至少有一个为 $\boldsymbol{O}$

4. 设 $\boldsymbol{A},\boldsymbol{B},\boldsymbol{C}$ 为同阶方阵,且 $\boldsymbol{ABC} = \boldsymbol{E}$,则(　　).

A. $\boldsymbol{BAC} = \boldsymbol{E}$　　B. $\boldsymbol{CBA} = \boldsymbol{E}$　　C. $\boldsymbol{BCA} = \boldsymbol{E}$　　D. $\boldsymbol{ACB} = \boldsymbol{E}$

5. 设 $\boldsymbol{A}$ 是 n 阶可逆矩阵,则(　　).

A. $|\boldsymbol{A}| \neq 0$　　B. $\mathrm{r}(\boldsymbol{A}) = n$

C. $\boldsymbol{A}$ 可以表示为若干个初等矩阵的乘积　　D. 以上都成立

二、填空题(每小题 3 分,共 15 分)

1. 已知矩阵 $\boldsymbol{A} = \begin{pmatrix} 1 & 1 & 1 \\ -1 & 1 & 1 \end{pmatrix}$,且 $2\boldsymbol{A} + \boldsymbol{B} = \boldsymbol{O}$,则 $\boldsymbol{B} =$ ________.

2. 设 $\boldsymbol{A}$ 是 n 阶反对称矩阵,则 $\boldsymbol{A} + \boldsymbol{A}^{\mathrm{T}} =$ ________.

3. 已知 $\boldsymbol{A}$ 是三阶方阵,且 $|\boldsymbol{A}| = \dfrac{1}{2}$,则 $|(3\boldsymbol{A})^{-1} - 2\boldsymbol{A}^{*}| =$ ________.

4. 设矩阵 $\boldsymbol{\alpha} = \begin{pmatrix} 1 \\ 2 \\ 1 \end{pmatrix}$,$\boldsymbol{\beta} = \begin{pmatrix} 1 \\ 1 \\ 1 \end{pmatrix}$,$\boldsymbol{A} = \boldsymbol{\alpha\beta}^{\mathrm{T}}$,则 $\boldsymbol{A}^8 =$ ________.

5. 设 $n(n \geqslant 3)$ 阶方阵 $\boldsymbol{A} = \begin{pmatrix} 1 & a & \cdots & a \\ a & 1 & \cdots & a \\ \vdots & \vdots & & \vdots \\ a & a & \cdots & 1 \end{pmatrix}$,$\mathrm{r}(\boldsymbol{A}) = n-1$,则 $a =$ ________.

三、解答题(每小题 10 分,共 30 分)

1. 化下列矩阵为行阶梯形矩阵、行最简形矩阵,并写出其等价标准形:

(1) $\begin{pmatrix} 1 & 1 & -1 & 2 \\ 0 & 2 & -4 & 6 \\ 1 & 3 & -4 & 2 \\ 2 & 4 & -5 & 4 \end{pmatrix}$;　　(2) $\begin{pmatrix} -2 & -3 & 4 & 4 \\ 1 & 2 & -1 & -3 \\ 2 & 2 & -6 & -2 \end{pmatrix}$.

2. 求解矩阵方程 $\boldsymbol{AXB}=\boldsymbol{C}$，其中 $\boldsymbol{A}=\begin{pmatrix}1&2&3\\2&2&1\\3&4&3\end{pmatrix}$，$\boldsymbol{B}=\begin{pmatrix}2&1\\5&3\end{pmatrix}$，$\boldsymbol{C}=\begin{pmatrix}1&3\\2&0\\3&1\end{pmatrix}$.

3. 设矩阵 $\boldsymbol{A},\boldsymbol{B}$ 满足关系式 $\boldsymbol{AB}=\boldsymbol{A}+\boldsymbol{B}$，其中 $\boldsymbol{A}=\begin{pmatrix}2&1&1\\2&6&3\\2&1&3\end{pmatrix}$，求 $\boldsymbol{A}+\boldsymbol{B}$.

四、应用题（每小题 20 分，共 40 分）

1. 某企业生产 5 种产品，前三季度的生产数量（单位：台）及产品单价（单位：万元）如表 2－2 所示. 作矩阵 $\boldsymbol{A}=(a_{ij})_{3\times5}$，其中 $a_{ij}(i=1,2,3;j=1,2,3,4,5)$ 表示第 i 季度生产第 j 种产品的数量；作矩阵 $\boldsymbol{B}=(b_j)_{5\times1}$，其中 $b_j(j=1,2,3,4,5)$ 表示第 j 种产品的单价. 计算该企业各季度的总产值.

表 2－2

季度	产品				
	A	B	C	D	E
一	500	300	250	100	50
二	300	600	250	200	100
三	500	600	0	250	50
单价	0.95	1.2	2.35	3	5.2

2. 已知某公司的加密矩阵 $\boldsymbol{A}=\begin{pmatrix}1&2&1\\2&5&3\\2&3&2\end{pmatrix}$，一个接收者收到此公司发来的信息 $\boldsymbol{C}=\begin{pmatrix}43&17&48&25\\105&47&115&50\\81&34&82&50\end{pmatrix}$，结合表 2－3 破译此信息. 提示：明文为加密矩阵的逆矩阵乘以信息.

表 2－3

字母	a	b	c	d	e	f	g	h	i	j	k	l	m	n	o	p	q	r	s	t	u	v	w	x	y	z	空格
码字	1	2	3	4	5	6	7	8	9	10	11	12	13	14	15	16	17	18	19	20	21	22	23	24	25	26	0

第三章
向量与线性方程组

求解线性方程组的问题被认为是数学中最重要的问题之一.在科学与工程应用中,大量的问题会涉及线性方程组,许多复杂的数学模型也都是通过简化为线性方程组加以解决的.

本章主要讨论一般线性方程组的解法、解的存在性和解的结构等内容.另外,本章还要讨论与此密切相关的向量和向量组的概念、线性相关性及向量空间等.

§3.1 线性方程组的消元法

考虑一般的线性方程组

$$\begin{cases} a_{11}x_1 + a_{12}x_2 + \cdots + a_{1n}x_n = b_1, \\ a_{21}x_1 + a_{22}x_2 + \cdots + a_{2n}x_n = b_2, \\ \cdots\cdots \\ a_{m1}x_1 + a_{m2}x_2 + \cdots + a_{mn}x_n = b_m, \end{cases} \tag{3.1}$$

其中 $x_1, x_2, \cdots, x_n$ 表示未知量，$a_{ij}(i = 1,2,\cdots,m; j = 1,2,\cdots,n)$ 表示未知量的系数，$b_1, b_2, \cdots, b_m$ 表示常数项.

若记 $\boldsymbol{A} = (a_{ij})_{m\times n}, \boldsymbol{x} = (x_j)_{n\times 1}, \boldsymbol{b} = (b_i)_{m\times 1}$，则方程组(3.1)可写成如下的矩阵形式：

$$\boldsymbol{Ax} = \boldsymbol{b},$$

其中 $\boldsymbol{A}$ 称为方程组(3.1)的**系数矩阵**，而 $\overline{\boldsymbol{A}} = (\boldsymbol{A} \mid \boldsymbol{b})$ 称为方程组(3.1)的**增广矩阵**.

在线性方程组(3.1)中，由于通常 $m \neq n$，因此不能利用第一章介绍的克拉默法则来求解.同时克拉默法则也不能确定方程组为无穷多组解或无解的情况，从而必须寻求解一般线性方程组的方法.

下面我们介绍求解一般线性方程组的方法——消元法.

3.1.1 消元法

在中学数学中，我们已经学会用消元法来解简单的线性方程组.其步骤是逐步消除未知量的系数，把原方程组化为等价的三角形方程组，再用回代过程解此等价方程组，从而得到原方程组的解.

例 3.1 求解线性方程组

$$\begin{cases} 2x_1 + 2x_2 + 3x_3 = 3, \\ -2x_1 + 4x_2 + 5x_3 = -7, \\ 4x_1 + 7x_2 + 7x_3 = 1. \end{cases}$$

解 将第一个方程加到第二个方程，再将第一个方程乘以 -2 加到第三个方程，得

$$\begin{cases} 2x_1 + 2x_2 + 3x_3 = 3, \\ \qquad 6x_2 + 8x_3 = -4, \\ \qquad 3x_2 + x_3 = -5. \end{cases}$$

在上述方程组中，交换第二个和第三个方程，然后把第二个方程乘以 -2 加到第三个方程，得

$$\begin{cases} 2x_1 + 2x_2 + 3x_3 = 3, \\ \qquad 3x_2 + x_3 = -5, \\ \qquad\qquad 6x_3 = 6. \end{cases} \tag{3.2}$$

从方程组(3.2)的最后一个方程解得 $x_3 = 1$，将其代入第二个方程解得 $x_2 = -2$，再将 $x_3 = 1, x_2 = -2$ 代入第一个方程解得 $x_1 = 2$.因此，所求方程组的解为

$$x_1 = 2, \quad x_2 = -2, \quad x_3 = 1.$$

从上述解题过程可以看出，用消元法求解线性方程组的具体过程就是对方程组反复施行以下三种变换：

(1) 交换某两个方程的位置；

(2) 用一个不等于 0 的数乘以某个方程；

(3) 用一个数乘以某一个方程再加到另一个方程.

我们把上述三种变换称为线性方程组的**初等变换**.

由初等代数可知，初等变换把一个线性方程组变为一个与它同解的线性方程组. 显然，消元法就是对给定线性方程组反复施行初等变换，得到一个与原方程组同解的线性方程组，使得某些未知量在线性方程组中出现的次数逐渐减少. 也就是说，消元法就是利用初等变换来化简线性方程组.

由于线性方程组的解完全由其系数和常数项决定，也就是由其增广矩阵决定，因此利用初等变换化简线性方程组的过程，也就是相当于用矩阵的初等行变换化简线性方程组的增广矩阵，将线性方程组的增广矩阵化为一个行阶梯形矩阵的过程. 在例 3.1 中，对线性方程组的增广矩阵进行化简的过程为

$$\left(\begin{array}{ccc:c} 2 & 2 & 3 & 3 \\ -2 & 4 & 5 & -7 \\ 4 & 7 & 7 & 1 \end{array}\right) \xrightarrow[r_3 - 2r_1]{r_2 + r_1} \left(\begin{array}{ccc:c} 2 & 2 & 3 & 3 \\ 0 & 6 & 8 & -4 \\ 0 & 3 & 1 & -5 \end{array}\right) \xrightarrow[r_3 - 2r_1]{r_2 \leftrightarrow r_3} \left(\begin{array}{ccc:c} 2 & 2 & 3 & 3 \\ 0 & 3 & 1 & -5 \\ 0 & 0 & 6 & 6 \end{array}\right).$$

对上述矩阵，我们可以利用初等行变换继续将增广矩阵化为行最简形矩阵，具体如下：

$$\left(\begin{array}{ccc:c} 2 & 2 & 3 & 3 \\ 0 & 3 & 1 & -5 \\ 0 & 0 & 6 & 6 \end{array}\right) \xrightarrow{\frac{1}{6}r_3} \left(\begin{array}{ccc:c} 2 & 2 & 3 & 3 \\ 0 & 3 & 1 & -5 \\ 0 & 0 & 1 & 1 \end{array}\right) \xrightarrow[r_2 - r_3]{r_1 - 3r_3} \left(\begin{array}{ccc:c} 2 & 2 & 0 & 0 \\ 0 & 3 & 0 & -6 \\ 0 & 0 & 1 & 1 \end{array}\right) \xrightarrow{\frac{1}{3}r_2} \left(\begin{array}{ccc:c} 2 & 2 & 0 & 0 \\ 0 & 1 & 0 & -2 \\ 0 & 0 & 1 & 1 \end{array}\right)$$

$$\xrightarrow{r_1 - 2r_2} \left(\begin{array}{ccc:c} 2 & 0 & 0 & 4 \\ 0 & 1 & 0 & -2 \\ 0 & 0 & 1 & 1 \end{array}\right) \xrightarrow{\frac{1}{2}r_1} \left(\begin{array}{ccc:c} 1 & 0 & 0 & 2 \\ 0 & 1 & 0 & -2 \\ 0 & 0 & 1 & 1 \end{array}\right).$$

上述过程实质是对方程组(3.2)回代求解的过程. 如果将方程组的增广矩阵利用初等行变换化为行最简形矩阵，则原线性方程组的解就可轻松得到了.

例 3.2 求解线性方程组

$$\begin{cases} \frac{1}{2}x_1 + \frac{1}{3}x_2 + x_3 = 1, \\ x_1 + \frac{5}{3}x_2 + 3x_3 = 3, \\ 2x_1 + \frac{4}{3}x_2 + 5x_3 = 2. \end{cases}$$

解 方程组的增广矩阵为

$$\overline{\boldsymbol{A}} = \left(\begin{array}{ccc:c} \frac{1}{2} & \frac{1}{3} & 1 & 1 \\ 1 & \frac{5}{3} & 3 & 3 \\ 2 & \frac{4}{3} & 5 & 2 \end{array}\right).$$

交换 $\overline{\mathbf{A}}$ 的第一行与第二行，再把第一行分别乘以 $-\frac{1}{2}$ 和 -2 加到第二行和第三行，再把第二行乘以 -2，得

$$\overline{\mathbf{A}}_1=\left(\begin{array}{ccc:c}1 & \frac{5}{3} & 3 & 3\\ 0 & 1 & 1 & 1\\ 0 & -2 & -1 & -4\end{array}\right).$$

在 $\overline{\mathbf{A}}_1$ 中将第二行乘以 2 加到第三行，得

$$\overline{\mathbf{A}}_2=\left(\begin{array}{ccc:c}1 & \frac{5}{3} & 3 & 3\\ 0 & 1 & 1 & 1\\ 0 & 0 & 1 & -2\end{array}\right).$$

在 $\overline{\mathbf{A}}_2$ 中将第三行分别乘以 -1 和 -3 加到第二行和第一行，得

$$\overline{\mathbf{A}}_3=\left(\begin{array}{ccc:c}1 & \frac{5}{3} & 0 & 9\\ 0 & 1 & 0 & 3\\ 0 & 0 & 1 & -2\end{array}\right).$$

在 $\overline{\mathbf{A}}_3$ 中将第二行乘以 $-\frac{5}{3}$ 加到第一行，得

$$\overline{\mathbf{A}}_4=\left(\begin{array}{ccc:c}1 & 0 & 0 & 4\\ 0 & 1 & 0 & 3\\ 0 & 0 & 1 & -2\end{array}\right).$$

所以，原方程组的解为

$$x_1=4,\quad x_2=3,\quad x_3=-2.$$

3.1.2　线性方程组的解的判定

前面我们介绍了求解线性方程组的消元法，但是对于一个线性方程组在什么情况下有解（或无解），有解的情况下有多少解等问题并没有解决. 现在我们将对这些问题予以解答.

考虑线性方程组(3.1)，对其增广矩阵 $\overline{\mathbf{A}}$ 施行初等行变换，可化为如下的行最简形矩阵：

$$\overline{\mathbf{A}}=\left(\begin{array}{cccc:c}a_{11} & a_{12} & \cdots & a_{1n} & b_1\\ a_{21} & a_{22} & \cdots & a_{2n} & b_2\\ \vdots & \vdots & & \vdots & \vdots\\ a_{m1} & a_{m2} & \cdots & a_{mn} & b_m\end{array}\right)\xrightarrow{\text{初等行变换}}\begin{pmatrix}1 & 0 & \cdots & 0 & c_{1,r+1} & c_{1,r+2} & \cdots & c_{1n} & d_1\\ 0 & 1 & \cdots & 0 & c_{2,r+1} & c_{2,r+2} & \cdots & c_{2n} & d_2\\ \vdots & \vdots & & \vdots & \vdots & \vdots & & \vdots & \vdots\\ 0 & 0 & \cdots & 1 & c_{r,r+1} & c_{r,r+2} & \cdots & c_{rn} & d_r\\ 0 & 0 & \cdots & 0 & 0 & 0 & \cdots & 0 & d_{r+1}\\ 0 & 0 & \cdots & 0 & 0 & 0 & \cdots & 0 & 0\\ \vdots & \vdots & & \vdots & \vdots & \vdots & & \vdots & \vdots\\ 0 & 0 & \cdots & 0 & 0 & 0 & \cdots & 0 & 0\end{pmatrix},\tag{3.3}$$

其中 r 为线性方程组(3.1)的系数矩阵 $\mathbf{A}$ 的秩.

注　在将增广矩阵化为行最简形矩阵的过程中，如果有必要，可重新安排方程中未知量的

次序，也就是说，必要时可使用第一种初等列变换，最后化为行最简形矩阵(3.3).

显然，与矩阵(3.3)对应的线性方程组为

$$\begin{cases} x_1 + c_{1,r+1}x_{r+1} + c_{1,r+2}x_{r+2} + \cdots + c_{1n}x_n = d_1, \\ x_2 + c_{2,r+1}x_{r+1} + c_{2,r+2}x_{r+2} + \cdots + c_{2n}x_n = d_2, \\ \qquad\cdots\cdots \\ x_r + c_{r,r+1}x_{r+1} + c_{r,r+2}x_{r+2} + \cdots + c_{rn}x_n = d_r, \\ 0 = d_{r+1}, \\ 0 = 0, \\ \cdots\cdots \\ 0 = 0. \end{cases} \tag{3.4}$$

由消元法知，线性方程组(3.4)与原方程组(3.1)同解，从而只需讨论方程组(3.4)的解的情况.

(1) 若 $d_{r+1} \neq 0$，则线性方程组(3.4)中第 $r+1$ 个方程"$0 = d_{r+1}$"是一个矛盾方程，此时 $\mathrm{r}(\boldsymbol{A}) < \mathrm{r}(\overline{\boldsymbol{A}})$，方程组(3.4)无解，从而原方程组(3.1)无解.

(2) 若 $d_{r+1} = 0$，且 $r = n$，此时 $\mathrm{r}(\boldsymbol{A}) = \mathrm{r}(\overline{\boldsymbol{A}}) = n$，显然方程组(3.4)有唯一解 $x_i = d_i (i = 1,2,\cdots,n)$.

(3) 若 $d_{r+1} = 0$，且 $r < n$，此时 $\mathrm{r}(\boldsymbol{A}) = \mathrm{r}(\overline{\boldsymbol{A}}) < n$，方程组(3.4)可化为如下形式：

$$\begin{cases} x_1 = d_1 - c_{1,r+1}x_{r+1} - c_{1,r+2}x_{r+2} - \cdots - c_{1n}x_n, \\ x_2 = d_2 - c_{2,r+1}x_{r+1} - c_{2,r+2}x_{r+2} - \cdots - c_{2n}x_n, \\ \qquad\cdots\cdots \\ x_r = d_r - c_{r,r+1}x_{r+1} - c_{r,r+2}x_{r+2} - \cdots - c_{rn}x_n. \end{cases} \tag{3.5}$$

若给定变量 $x_{r+1}, x_{r+2}, \cdots, x_n$ 一组值，代入(3.5)式，就可以唯一确定 $x_1, x_2, \cdots, x_r$ 的值，从而得到方程组(3.1)的一个解. 由于 $x_{r+1}, x_{r+2}, \cdots, x_n$ 可以任意取值，因此原方程组(3.1)有无穷多组解. 我们称(3.5)式为原方程组的**一般解**，$x_{r+1}, x_{r+2}, \cdots, x_n$ 称为**自由未知量**.

综上所述，结合矩阵秩的定义，可以得到如下定理.

定理 3.1 **线性方程组(3.1)无解的充要条件是系数矩阵 $\boldsymbol{A}$ 的秩小于增广矩阵 $\overline{\boldsymbol{A}}$ 的秩，即 $\mathrm{r}(\boldsymbol{A}) < \mathrm{r}(\overline{\boldsymbol{A}})$. 线性方程组(3.1)有解的充要条件是系数矩阵 $\boldsymbol{A}$ 的秩等于增广矩阵 $\overline{\boldsymbol{A}}$ 的秩，即 $\mathrm{r}(\boldsymbol{A}) = \mathrm{r}(\overline{\boldsymbol{A}}) = r$. 当 $r = n$ 时，方程组(3.1)有唯一解；当 $r < n$ 时，方程组(3.1)有无穷多组解.**

例 3.3 求解线性方程组

$$\begin{cases} x_1 + x_2 + 2x_3 + 3x_4 = 1, \\ x_2 + x_3 - 4x_4 = 1, \\ x_1 + 2x_2 + 3x_3 - x_4 = 4, \\ 2x_1 + 3x_2 - x_3 - x_4 = -6. \end{cases}$$

解 对增广矩阵施行初等行变换有

$$\overline{\boldsymbol{A}} = \left(\begin{array}{cccc|c} 1 & 1 & 2 & 3 & 1 \\ 0 & 1 & 1 & -4 & 1 \\ 1 & 2 & 3 & -1 & 4 \\ 2 & 3 & -1 & -1 & -6 \end{array}\right) \to \left(\begin{array}{cccc|c} 1 & 1 & 2 & 3 & 1 \\ 0 & 1 & 1 & -4 & 1 \\ 0 & 1 & 1 & -4 & 3 \\ 0 & 1 & -5 & -7 & -8 \end{array}\right)$$

$$\to \left(\begin{array}{cccc:c} 1 & 1 & 2 & 3 & 1 \\ 0 & 1 & 1 & -4 & 1 \\ 0 & 0 & 0 & 0 & 2 \\ 0 & 0 & -6 & -3 & -9 \end{array}\right) \to \left(\begin{array}{cccc:c} 1 & 1 & 2 & 3 & 1 \\ 0 & 1 & 1 & -4 & 1 \\ 0 & 0 & -6 & -3 & -9 \\ 0 & 0 & 0 & 0 & 2 \end{array}\right).$$

因为 $\mathrm{r}(\boldsymbol{A})=3$，$\mathrm{r}(\overline{\boldsymbol{A}})=4$，$\mathrm{r}(\boldsymbol{A})<\mathrm{r}(\overline{\boldsymbol{A}})$，所以原方程组无解.

例 3.4　求解线性方程组

$$\begin{cases} x_1+5x_2-x_3-x_4=-1, \\ x_1-2x_2+x_3+3x_4=3, \\ 3x_1+8x_2-x_3+x_4=1, \\ x_1-9x_2+3x_3+7x_4=7. \end{cases}$$

解　对增广矩阵施行初等行变换有

$$\overline{\boldsymbol{A}}=\left(\begin{array}{cccc:c} 1 & 5 & -1 & -1 & -1 \\ 1 & -2 & 1 & 3 & 3 \\ 3 & 8 & -1 & 1 & 1 \\ 1 & -9 & 3 & 7 & 7 \end{array}\right) \to \left(\begin{array}{cccc:c} 1 & 5 & -1 & -1 & -1 \\ 0 & -7 & 2 & 4 & 4 \\ 0 & -7 & 2 & 4 & 4 \\ 0 & -14 & 4 & 8 & 8 \end{array}\right)$$

$$\to \left(\begin{array}{cccc:c} 1 & 5 & -1 & -1 & -1 \\ 0 & -7 & 2 & 4 & 4 \\ 0 & 0 & 0 & 0 & 0 \\ 0 & 0 & 0 & 0 & 0 \end{array}\right) \to \left(\begin{array}{cccc:c} 1 & 5 & -1 & -1 & -1 \\ 0 & 1 & -\frac{2}{7} & -\frac{4}{7} & -\frac{4}{7} \\ 0 & 0 & 0 & 0 & 0 \\ 0 & 0 & 0 & 0 & 0 \end{array}\right)$$

$$\to \left(\begin{array}{cccc:c} 1 & 0 & \frac{3}{7} & \frac{13}{7} & \frac{13}{7} \\ 0 & 1 & -\frac{2}{7} & -\frac{4}{7} & -\frac{4}{7} \\ 0 & 0 & 0 & 0 & 0 \\ 0 & 0 & 0 & 0 & 0 \end{array}\right).$$

因为 $\mathrm{r}(\boldsymbol{A})=\mathrm{r}(\overline{\boldsymbol{A}})=2<4$，所以原方程组有无穷多组解，其一般解为

$$\begin{cases} x_1=\frac{13}{7}-\frac{3}{7}x_3-\frac{13}{7}x_4, \\ x_2=-\frac{4}{7}+\frac{2}{7}x_3+\frac{4}{7}x_4, \end{cases}$$

其中 x_3, x_4 为自由未知量.

例 3.5　设线性方程组为

$$\begin{cases} x_1+x_2+2x_3+3x_4=1, \\ x_1+3x_2+6x_3+x_4=3, \\ 3x_1-x_2-px_3+15x_4=3, \\ x_1-5x_2-10x_3+12x_4=t. \end{cases}$$

当 p,t 取何值时，方程组无解？有唯一解？有无穷多组解？并在方程组有无穷多组解的情况下求出其一般解.

解　对增广矩阵施行初等行变换有

$$\overline{\boldsymbol{A}}=\left(\begin{array}{cccc:c}1&1&2&3&1\\1&3&6&1&3\\3&-1&-p&15&3\\1&-5&-10&12&t\end{array}\right)\to\left(\begin{array}{cccc:c}1&1&2&3&1\\0&2&4&-2&2\\0&-4&-p-6&6&0\\0&-6&-12&9&t-1\end{array}\right)$$

$$\to\left(\begin{array}{cccc:c}1&1&2&3&1\\0&1&2&-1&1\\0&0&-p+2&2&4\\0&0&0&3&t+5\end{array}\right).$$

当 $p\neq 2$ 时，$\mathrm{r}(\boldsymbol{A})=\mathrm{r}(\overline{\boldsymbol{A}})=4$，方程组有唯一解.

当 $p=2$ 时，对增广矩阵继续施行初等行变换有

$$\overline{\boldsymbol{A}}\to\left(\begin{array}{cccc:c}1&1&2&3&1\\0&1&2&-1&1\\0&0&0&2&4\\0&0&0&3&t+5\end{array}\right)\to\left(\begin{array}{cccc:c}1&1&2&3&1\\0&1&2&-1&1\\0&0&0&1&2\\0&0&0&0&t-1\end{array}\right).$$

此时，当 $t\neq 1$ 时，$\mathrm{r}(\boldsymbol{A})=3<\mathrm{r}(\overline{\boldsymbol{A}})=4$，方程组无解；

当 $t=1$ 时，$\mathrm{r}(\boldsymbol{A})=\mathrm{r}(\overline{\boldsymbol{A}})=3<4$，方程组有无穷多组解，对增广矩阵继续施行初等行变换有

$$\overline{\boldsymbol{A}}\to\left(\begin{array}{cccc:c}1&1&2&3&1\\0&1&2&-1&1\\0&0&0&1&2\\0&0&0&0&0\end{array}\right)\to\left(\begin{array}{cccc:c}1&0&0&0&-8\\0&1&2&0&3\\0&0&0&1&2\\0&0&0&0&0\end{array}\right),$$

其一般解为

$$\begin{cases}x_1=-8,\\x_2=3-2x_3,\\x_4=2,\end{cases}$$

其中 x_3 为自由未知量.

将定理 3.1 应用于齐次线性方程组，可得到如下推论.

推论 1 设矩阵 $\boldsymbol{A}=(a_{ij})_{m\times n}$，$n$ 元齐次线性方程组 $\boldsymbol{Ax}=\boldsymbol{0}$ 有非零解的充要条件是系数矩阵 $\boldsymbol{A}$ 的秩 $\mathrm{r}(\boldsymbol{A})<n$.

推论 2 设矩阵 $\boldsymbol{A}=(a_{ij})_{m\times n}$，$m<n$，则 n 元齐次线性方程组 $\boldsymbol{Ax}=\boldsymbol{0}$ 有非零解.

例 3.6 当 λ 取何值时，方程组

$$\begin{cases}x_1+x_2+\lambda x_3=0,\\-x_1+\lambda x_2+x_3=0,\\x_1-x_2+2x_3=0\end{cases}$$

有非零解？并求出其一般解.

解 所给方程组是属于方程个数与未知量个数相同的特殊情形，可以通过判断其系数行列式是否为 0，来确定方程组是否有非零解. 其系数行列式为

$$|\boldsymbol{A}|=\begin{vmatrix}1&1&\lambda\\-1&\lambda&1\\1&-1&2\end{vmatrix}=(\lambda+1)(4-\lambda).$$

当 $|\boldsymbol{A}|=0$,即 $\lambda=-1$ 或 4 时,原方程组有非零解.

将 $\lambda=-1$ 代入原方程组,得

$$\begin{cases} x_1+x_2-\ \ x_3=0, \\ -x_1-x_2+\ \ x_3=0, \\ x_1-x_2+2x_3=0, \end{cases}$$

对方程组的系数矩阵施行初等行变换有

$$\boldsymbol{A}=\begin{pmatrix} 1 & 1 & -1 \\ -1 & -1 & 1 \\ 1 & -1 & 2 \end{pmatrix}\to\begin{pmatrix} 1 & 0 & \frac{1}{2} \\ 0 & 1 & -\frac{3}{2} \\ 0 & 0 & 0 \end{pmatrix},$$

从而原方程组的一般解为

$$\begin{cases} x_1=-\frac{1}{2}x_3, \\ x_2=\frac{3}{2}x_3, \end{cases}$$

其中 x_3 为自由未知量.

同理,当 $\lambda=4$ 时,可求得原方程组的一般解为

$$\begin{cases} x_1=-3x_3, \\ x_2=-x_3, \end{cases}$$

其中 x_3 为自由未知量.

§3.2 向量组及其线性相关性

为了深入讨论线性方程组的问题,下面引入 n 维向量的概念与运算.

3.2.1 n 维向量及其运算

1. n 维向量的概念

定义 3.1 由 n 个数 $a_1,a_2,\cdots,a_n$ 所组成的有序数组

$$(a_1,a_2,\cdots,a_n) \quad 或 \quad \begin{pmatrix} a_1 \\ a_2 \\ \vdots \\ a_n \end{pmatrix}$$

称为 n **维向量**,简称**向量**.

一般我们用黑体小写希腊字母 $\boldsymbol{\alpha},\boldsymbol{\beta},\boldsymbol{\gamma},\cdots$ 来表示向量.数 $a_i(i=1,2,\cdots,n)$ 称为该向量的第 i 个**分量**或**坐标**,n 称为该向量的**维数**.分量是实数的向量称为实向量,分量是复数的向量称为复向量.

n 维向量可写成一行,也可写成一列,分别称为 n **维行向量**或 n **维列向量**,简称**行向量**或**列**

向量. n 维行向量可以看作 $1\times n$ 矩阵,n 维列向量也可以看作 $n\times 1$ 矩阵. 显然,n 维行(列)向量的转置即为 n 维列(行)向量.

令

$$\mathbf{R}^n=\{(x_1,x_2,\cdots,x_n)\mid x_i\in\mathbf{R}(i=1,2,\cdots,n)\},$$

则$\mathbf{R}^n$ 表示一切 n 维实向量组成的集合,n 维实向量 $\boldsymbol{\alpha}$ 可简记作 $\boldsymbol{\alpha}\in\mathbf{R}^n$.

例 3.7 在解析几何中,向量 $\boldsymbol{\alpha}=(x_1,x_2,x_3)$表示空间坐标系中以原点为起点,$(x_1,x_2,x_3)$为终点的矢量.

例 3.8 设矩阵 $\boldsymbol{A}=(a_{ij})_{m\times n}$,则 $\boldsymbol{A}$ 的每一行可看成一个 n 维行向量,$\boldsymbol{A}$ 的每一列可看成一个 m 维列向量. 若记 $\boldsymbol{\alpha}_i=(a_{i1},a_{i2},\cdots,a_{in})$,$i=1,2,\cdots,m$,则矩阵 $\boldsymbol{A}$ 可写成

$$\boldsymbol{A}=\begin{pmatrix}\boldsymbol{\alpha}_1\\\boldsymbol{\alpha}_2\\\vdots\\\boldsymbol{\alpha}_m\end{pmatrix}.$$

同样,若记

$$\boldsymbol{\beta}_j=\begin{pmatrix}a_{1j}\\a_{2j}\\\vdots\\a_{mj}\end{pmatrix},\quad j=1,2,\cdots,n,$$

则矩阵 $\boldsymbol{A}$ 可写成

$$\boldsymbol{A}=(\boldsymbol{\beta}_1,\boldsymbol{\beta}_2,\cdots,\boldsymbol{\beta}_n).$$

称 $\boldsymbol{\alpha}_i(i=1,2,\cdots,m)$为矩阵$\boldsymbol{A}$ 的行向量,$\boldsymbol{\beta}_j(j=1,2,\cdots,n)$为矩阵 $\boldsymbol{A}$ 的列向量.

2. 向量的线性运算

与矩阵的运算相类似,我们接下来介绍向量的加法与数乘运算.

定义 3.2 若 n 维向量 $\boldsymbol{\alpha}=(a_1,a_2,\cdots,a_n)$ 与 $\boldsymbol{\beta}=(b_1,b_2,\cdots,b_n)$ 对应的分量都相等,即

$$a_i=b_i,\quad i=1,2,\cdots,n,$$

则称向量 $\boldsymbol{\alpha}$ 与 $\boldsymbol{\beta}$ **相等**,记作 $\boldsymbol{\alpha}=\boldsymbol{\beta}$.

定义 3.3 设 n 维向量 $\boldsymbol{\alpha}=(a_1,a_2,\cdots,a_n)$,$\boldsymbol{\beta}=(b_1,b_2,\cdots,b_n)$,$\boldsymbol{\alpha}$ 与 $\boldsymbol{\beta}$ 对应分量之和构成的向量称为 $\boldsymbol{\alpha}$ 与 $\boldsymbol{\beta}$ 的**和**,记作 $\boldsymbol{\alpha}+\boldsymbol{\beta}$,即

$$\boldsymbol{\alpha}+\boldsymbol{\beta}=(a_1+b_1,a_2+b_2,\cdots,a_n+b_n).$$

定义 3.4 设有数 k 与向量$\boldsymbol{\alpha}=(a_1,a_2,\cdots,a_n)$,数 k 与$\boldsymbol{\alpha}$ 的每个分量的乘积构成的向量称为数 k 与向量 $\boldsymbol{\alpha}$ 的**数乘**,记作 $k\boldsymbol{\alpha}$,即

$$k\boldsymbol{\alpha}=(ka_1,ka_2,\cdots,ka_n).$$

向量的加法与数乘运算统称为向量的**线性运算**.

定义 3.5 分量全为 0 的向量称为**零向量**,记作 $\mathbf{0}$,即

$$\mathbf{0}=(0,0,\cdots,0).$$

定义 3.6 设 n 维向量 $\boldsymbol{\alpha}=(a_1,a_2,\cdots,a_n)$,它的每个分量均取相反数构成的向量称为 $\boldsymbol{\alpha}$ 的**负向量**,记作 $-\boldsymbol{\alpha}$,即

$$-\boldsymbol{\alpha}=(-a_1,-a_2,\cdots,-a_n).$$

显然，$-\boldsymbol{\alpha}=(-1)\boldsymbol{\alpha}$.

由向量的加法与负向量的定义，还可以定义向量 $\boldsymbol{\alpha}=(a_1,a_2,\cdots,a_n)$ 与 $\boldsymbol{\beta}=(b_1,b_2,\cdots,b_n)$ 的差，记作 $\boldsymbol{\alpha}-\boldsymbol{\beta}$，即

$$\boldsymbol{\alpha}-\boldsymbol{\beta}=\boldsymbol{\alpha}+(-\boldsymbol{\beta})=(a_1-b_1,a_2-b_2,\cdots,a_n-b_n).$$

根据向量的线性运算的定义，不难验证向量的线性运算满足以下性质（设 $\boldsymbol{\alpha},\boldsymbol{\beta},\boldsymbol{\gamma}$ 是 n 维向量，k,l 是常数）：

(1) $\boldsymbol{\alpha}+\boldsymbol{\beta}=\boldsymbol{\beta}+\boldsymbol{\alpha}$；

(2) $(\boldsymbol{\alpha}+\boldsymbol{\beta})+\boldsymbol{\gamma}=\boldsymbol{\alpha}+(\boldsymbol{\beta}+\boldsymbol{\gamma})$；

(3) $\boldsymbol{\alpha}+\boldsymbol{0}=\boldsymbol{\alpha}$；

(4) $\boldsymbol{\alpha}+(-\boldsymbol{\alpha})=\boldsymbol{0}$；

(5) $k(\boldsymbol{\alpha}+\boldsymbol{\beta})=k\boldsymbol{\alpha}+k\boldsymbol{\beta}$；

(6) $(k+l)\boldsymbol{\alpha}=k\boldsymbol{\alpha}+l\boldsymbol{\alpha}$；

(7) $k(l\boldsymbol{\alpha})=(kl)\boldsymbol{\alpha}=l(k\boldsymbol{\alpha})$；

(8) $1\boldsymbol{\alpha}=\boldsymbol{\alpha}$.

显然，n 维行向量的加法、数乘运算与把它们看作行矩阵时的加法、数乘运算的定义是一致的. 对应地，我们也可以定义 n 维列向量的加法与数乘运算，并且同样具有(1)～(8)的性质.

例 3.9　设向量 $\boldsymbol{\alpha}=(1,0,-1,2)$，$\boldsymbol{\beta}=(-1,1,1,4)$. 若向量 $\boldsymbol{\gamma}$ 满足 $4\boldsymbol{\alpha}+3\boldsymbol{\beta}-2\boldsymbol{\gamma}=\boldsymbol{0}$，求 $\boldsymbol{\gamma}$.

解　由 $4\boldsymbol{\alpha}+3\boldsymbol{\beta}-2\boldsymbol{\gamma}=\boldsymbol{0}$，得

$$\boldsymbol{\gamma}=2\boldsymbol{\alpha}+\frac{3}{2}\boldsymbol{\beta}=(2,0,-2,4)+\left(-\frac{3}{2},\frac{3}{2},\frac{3}{2},6\right)=\left(\frac{1}{2},\frac{3}{2},-\frac{1}{2},10\right).$$

3.2.2　向量组的线性相关性

向量组的线性相关性是在一组 n 维向量中建立的向量之间的一种关系.

1. 线性组合

定义 3.7　给定一组 n 维向量 $\boldsymbol{\alpha}_1,\boldsymbol{\alpha}_2,\cdots,\boldsymbol{\alpha}_m$，对于任何一组数 $k_1,k_2,\cdots,k_m$，称

$$k_1\boldsymbol{\alpha}_1+k_2\boldsymbol{\alpha}_2+\cdots+k_m\boldsymbol{\alpha}_m$$

为向量组 $\boldsymbol{\alpha}_1,\boldsymbol{\alpha}_2,\cdots,\boldsymbol{\alpha}_m$ 的一个**线性组合**.

若存在 n 维向量 $\boldsymbol{\beta}$，使得

$$\boldsymbol{\beta}=k_1\boldsymbol{\alpha}_1+k_2\boldsymbol{\alpha}_2+\cdots+k_m\boldsymbol{\alpha}_m,$$

则称向量 $\boldsymbol{\beta}$ 是向量组 $\boldsymbol{\alpha}_1,\boldsymbol{\alpha}_2,\cdots,\boldsymbol{\alpha}_m$ 的线性组合，或称向量 $\boldsymbol{\beta}$ 可由向量组 $\boldsymbol{\alpha}_1,\boldsymbol{\alpha}_2,\cdots,\boldsymbol{\alpha}_m$ **线性表示**.

例 3.10　任何一个 n 维向量 $\boldsymbol{\alpha}=(a_1,a_2,\cdots,a_n)$ 都是 n **维单位向量组** $\boldsymbol{\varepsilon}_1=(1,0,\cdots,0)$，$\boldsymbol{\varepsilon}_2=(0,1,\cdots,0)$，$\cdots$，$\boldsymbol{\varepsilon}_n=(0,0,\cdots,1)$ 的线性组合.

例 3.11　n 维零向量是任何一组 n 维向量的线性组合.

例 3.12　n 维向量组 $\boldsymbol{\alpha}_1,\boldsymbol{\alpha}_2,\cdots,\boldsymbol{\alpha}_s$ 中任一向量 $\boldsymbol{\alpha}_j$ $(1\leqslant j\leqslant s)$ 都是此向量组的线性组合.

例 3.13 考察线性方程组

$$\begin{cases} a_{11}x_1 + a_{12}x_2 + \cdots + a_{1n}x_n = b_1, \\ a_{21}x_1 + a_{22}x_2 + \cdots + a_{2n}x_n = b_2, \\ \qquad\qquad \cdots\cdots \\ a_{m1}x_1 + a_{m2}x_2 + \cdots + a_{mn}x_n = b_m, \end{cases} \tag{3.6}$$

令系数矩阵 $\boldsymbol{A}$ 的列向量为 $\boldsymbol{\beta}_j(j=1,2,\cdots,n)$，常数项构成的列向量为 $\boldsymbol{b}$，即

$$\boldsymbol{\beta}_j = \begin{pmatrix} a_{1j} \\ a_{2j} \\ \vdots \\ a_{mj} \end{pmatrix} \quad (j=1,2,\cdots,n), \quad \boldsymbol{b} = \begin{pmatrix} b_1 \\ b_2 \\ \vdots \\ b_m \end{pmatrix}.$$

于是，线性方程组(3.6)可表示为如下向量形式：

$$x_1\boldsymbol{\beta}_1 + x_2\boldsymbol{\beta}_2 + \cdots + x_n\boldsymbol{\beta}_n = \boldsymbol{b}. \tag{3.7}$$

因此，线性方程组(3.6)是否有解，就相当于是否存在一组数 $k_1,k_2,\cdots,k_n$，使得下列线性关系式成立：

$$\boldsymbol{b} = k_1\boldsymbol{\beta}_1 + k_2\boldsymbol{\beta}_2 + \cdots + k_n\boldsymbol{\beta}_n.$$

综上所述，我们得到如下结论：

(1) $\boldsymbol{b}$ 能由向量组 $\boldsymbol{\beta}_1,\boldsymbol{\beta}_2,\cdots,\boldsymbol{\beta}_n$ 唯一线性表示的充要条件是线性方程组(3.6)有唯一解；

(2) $\boldsymbol{b}$ 能由向量组 $\boldsymbol{\beta}_1,\boldsymbol{\beta}_2,\cdots,\boldsymbol{\beta}_n$ 线性表示且表示法不唯一的充要条件是线性方程组(3.6)有无穷多组解；

(3) $\boldsymbol{b}$ 不能由向量组 $\boldsymbol{\beta}_1,\boldsymbol{\beta}_2,\cdots,\boldsymbol{\beta}_n$ 线性表示的充要条件是线性方程组(3.6)无解.

例 3.14 设四维列向量

$$\boldsymbol{\alpha}_1 = \begin{pmatrix} 1 \\ 0 \\ 2 \\ 3 \end{pmatrix}, \quad \boldsymbol{\alpha}_2 = \begin{pmatrix} 1 \\ 1 \\ 3 \\ 5 \end{pmatrix}, \quad \boldsymbol{\alpha}_3 = \begin{pmatrix} 1 \\ -1 \\ a+2 \\ 1 \end{pmatrix}, \quad \boldsymbol{\alpha}_4 = \begin{pmatrix} 1 \\ 2 \\ 4 \\ a+8 \end{pmatrix}, \quad \boldsymbol{\beta} = \begin{pmatrix} 1 \\ 1 \\ b+3 \\ 5 \end{pmatrix},$$

试问当 a,b 为何值时，

(1) $\boldsymbol{\beta}$ 不能由 $\boldsymbol{\alpha}_1,\boldsymbol{\alpha}_2,\boldsymbol{\alpha}_3,\boldsymbol{\alpha}_4$ 线性表示？

(2) $\boldsymbol{\beta}$ 能由 $\boldsymbol{\alpha}_1,\boldsymbol{\alpha}_2,\boldsymbol{\alpha}_3,\boldsymbol{\alpha}_4$ 唯一线性表示？并写出表达式.

解 将向量写成矩阵形式，再施行矩阵的初等行变换有

$$\left(\begin{array}{cccc:c} 1 & 1 & 1 & 1 & 1 \\ 0 & 1 & -1 & 2 & 1 \\ 2 & 3 & a+2 & 4 & b+3 \\ 3 & 5 & 1 & a+8 & 5 \end{array}\right) \to \left(\begin{array}{cccc:c} 1 & 1 & 1 & 1 & 1 \\ 0 & 1 & -1 & 2 & 1 \\ 0 & 1 & a & 2 & b+1 \\ 0 & 2 & -2 & a+5 & 2 \end{array}\right)$$

$$\to \left(\begin{array}{cccc:c} 1 & 1 & 1 & 1 & 1 \\ 0 & 1 & -1 & 2 & 1 \\ 0 & 0 & a+1 & 0 & b \\ 0 & 0 & 0 & a+1 & 0 \end{array}\right). \tag{3.8}$$

(1) 当 $a=-1$ 且 $b\neq 0$ 时，$\boldsymbol{\beta}$ 不能由 $\boldsymbol{\alpha}_1,\boldsymbol{\alpha}_2,\boldsymbol{\alpha}_3,\boldsymbol{\alpha}_4$ 线性表示.

(2) 当 $a \neq -1$ 时，由矩阵(3.8)作为增广矩阵的线性方程组有唯一解

$$x_1 = -\frac{2b}{a+1},\quad x_2 = \frac{a+b+1}{a+1},\quad x_3 = \frac{b}{a+1},\quad x_4 = 0,$$

因而 $\boldsymbol{\beta}$ 能由 $\boldsymbol{\alpha}_1,\boldsymbol{\alpha}_2,\boldsymbol{\alpha}_3,\boldsymbol{\alpha}_4$ 唯一线性表示，且表达式为

$$\boldsymbol{\beta} = -\frac{2b}{a+1}\boldsymbol{\alpha}_1 + \frac{a+b+1}{a+1}\boldsymbol{\alpha}_2 + \frac{b}{a+1}\boldsymbol{\alpha}_3 + 0\boldsymbol{\alpha}_4.$$

2. 向量组的线性相关性

定义 3.8 设有向量组 $\boldsymbol{\alpha}_1,\boldsymbol{\alpha}_2,\cdots,\boldsymbol{\alpha}_s$，如果存在不全为 0 的数 $k_1,k_2,\cdots,k_s$，使得

$$k_1\boldsymbol{\alpha}_1 + k_2\boldsymbol{\alpha}_2 + \cdots + k_s\boldsymbol{\alpha}_s = \mathbf{0}, \tag{3.9}$$

则称向量组 $\boldsymbol{\alpha}_1,\boldsymbol{\alpha}_2,\cdots,\boldsymbol{\alpha}_s$ **线性相关**；否则，称向量组 $\boldsymbol{\alpha}_1,\boldsymbol{\alpha}_2,\cdots,\boldsymbol{\alpha}_s$ **线性无关**.

由定义 3.8 可知，向量组 $\boldsymbol{\alpha}_1,\boldsymbol{\alpha}_2,\cdots,\boldsymbol{\alpha}_s$ 线性无关指的是：当且仅当 $k_1 = k_2 = \cdots = k_s = 0$ 时，(3.9) 式成立.

显然，单个零向量构成的向量组线性相关，单个非零向量构成的向量组线性无关.

例 3.15 判断 n 维单位向量组 $\boldsymbol{\varepsilon}_1 = (1,0,\cdots,0),\boldsymbol{\varepsilon}_2 = (0,1,\cdots,0),\cdots,\boldsymbol{\varepsilon}_n = (0,0,\cdots,1)$ 的线性相关性.

解 因为对任意常数 $k_1,k_2,\cdots,k_n$，都有

$$k_1\boldsymbol{\varepsilon}_1 + k_2\boldsymbol{\varepsilon}_2 + \cdots + k_n\boldsymbol{\varepsilon}_n = (k_1,k_2,\cdots,k_n),$$

所以当且仅当 $k_1 = k_2 = \cdots = k_n = 0$ 时，才有

$$k_1\boldsymbol{\varepsilon}_1 + k_2\boldsymbol{\varepsilon}_2 + \cdots + k_n\boldsymbol{\varepsilon}_n = \mathbf{0}.$$

因此，向量组 $\boldsymbol{\varepsilon}_1,\boldsymbol{\varepsilon}_2,\cdots,\boldsymbol{\varepsilon}_n$ 线性无关.

例 3.16 判断向量组 $\boldsymbol{\alpha}_1 = (1,-3,-1),\boldsymbol{\alpha}_2 = (2,1,0),\boldsymbol{\alpha}_3 = (1,4,1)$ 的线性相关性.

解 因为对任意常数 k_1,k_2,k_3，都有

$$k_1\boldsymbol{\alpha}_1 + k_2\boldsymbol{\alpha}_2 + k_3\boldsymbol{\alpha}_3 = (k_1 + 2k_2 + k_3, -3k_1 + k_2 + 4k_3, -k_1 + k_3),$$

所以当且仅当

$$\begin{cases} k_1 + 2k_2 + k_3 = 0, \\ -3k_1 + k_2 + 4k_3 = 0, \\ -k_1 + k_3 = 0, \end{cases}$$

才有

$$k_1\boldsymbol{\alpha}_1 + k_2\boldsymbol{\alpha}_2 + k_3\boldsymbol{\alpha}_3 = \mathbf{0}.$$

由于 $k_1 = 1,k_2 = -1,k_3 = 1$ 满足上述方程组，即

$$1\boldsymbol{\alpha}_1 + (-1)\boldsymbol{\alpha}_2 + 1\boldsymbol{\alpha}_3 = \boldsymbol{\alpha}_1 - \boldsymbol{\alpha}_2 + \boldsymbol{\alpha}_3 = \mathbf{0},$$

因此 $\boldsymbol{\alpha}_1,\boldsymbol{\alpha}_2,\boldsymbol{\alpha}_3$ 线性相关.

例 3.17 已知向量组 $\boldsymbol{\alpha}_1,\boldsymbol{\alpha}_2,\boldsymbol{\alpha}_3$ 线性无关，证明：向量组 $\boldsymbol{\alpha}_1 + \boldsymbol{\alpha}_2,\boldsymbol{\alpha}_2 + \boldsymbol{\alpha}_3,\boldsymbol{\alpha}_3 + \boldsymbol{\alpha}_1$ 也线性无关.

证 设有一组数 k_1,k_2,k_3，使得

$$k_1(\boldsymbol{\alpha}_1 + \boldsymbol{\alpha}_2) + k_2(\boldsymbol{\alpha}_2 + \boldsymbol{\alpha}_3) + k_3(\boldsymbol{\alpha}_3 + \boldsymbol{\alpha}_1) = \mathbf{0},$$

即

$$(k_1 + k_3)\boldsymbol{\alpha}_1 + (k_1 + k_2)\boldsymbol{\alpha}_2 + (k_2 + k_3)\boldsymbol{\alpha}_3 = \mathbf{0}.$$

因为 $\boldsymbol{\alpha}_1,\boldsymbol{\alpha}_2,\boldsymbol{\alpha}_3$ 线性无关，所以

$$\begin{cases}k_1+k_3=0,\\k_1+k_2=0,\\k_2+k_3=0.\end{cases}$$

由于满足上述方程组的 k_1,k_2,k_3 的取值只有

$$k_1=k_2=k_3=0,$$

因此 $\boldsymbol{\alpha}_1+\boldsymbol{\alpha}_2,\boldsymbol{\alpha}_2+\boldsymbol{\alpha}_3,\boldsymbol{\alpha}_3+\boldsymbol{\alpha}_1$ 线性无关.

下面我们由定义 3.8 给出两个简单定理.

定理 3.2 **向量组 $\boldsymbol{\alpha}_1,\boldsymbol{\alpha}_2,\cdots,\boldsymbol{\alpha}_s(s\geqslant 2)$ 线性相关的充要条件是该向量组中至少有一个向量能由其余向量线性表示.**

证 若向量组 $\boldsymbol{\alpha}_1,\boldsymbol{\alpha}_2,\cdots,\boldsymbol{\alpha}_s$ 中有一个向量能由其余向量线性表示，不妨设

$$\boldsymbol{\alpha}_1=k_2\boldsymbol{\alpha}_2+k_3\boldsymbol{\alpha}_3+\cdots+k_s\boldsymbol{\alpha}_s,$$

则

$$-\boldsymbol{\alpha}_1+k_2\boldsymbol{\alpha}_2+k_3\boldsymbol{\alpha}_3+\cdots+k_s\boldsymbol{\alpha}_s=\mathbf{0}.$$

因为 $-1,k_2,k_3,\cdots,k_s$ 不全为 0，所以 $\boldsymbol{\alpha}_1,\boldsymbol{\alpha}_2,\cdots,\boldsymbol{\alpha}_s$ 线性相关.

反之，如果向量组 $\boldsymbol{\alpha}_1,\boldsymbol{\alpha}_2,\cdots,\boldsymbol{\alpha}_s$ 线性相关，则有不全为 0 的数 $k_1,k_2,\cdots,k_s$，使得

$$k_1\boldsymbol{\alpha}_1+k_2\boldsymbol{\alpha}_2+\cdots+k_s\boldsymbol{\alpha}_s=\mathbf{0}.$$

不妨设 $k_1\neq 0$，则

$$\boldsymbol{\alpha}_1=-\frac{k_2}{k_1}\boldsymbol{\alpha}_2-\frac{k_3}{k_1}\boldsymbol{\alpha}_3-\cdots-\frac{k_s}{k_1}\boldsymbol{\alpha}_s,$$

即 $\boldsymbol{\alpha}_1$ 能由 $\boldsymbol{\alpha}_2,\boldsymbol{\alpha}_3,\cdots,\boldsymbol{\alpha}_s$ 线性表示.

推论 1 向量组 $\boldsymbol{\alpha}_1,\boldsymbol{\alpha}_2,\cdots,\boldsymbol{\alpha}_s(s\geqslant 2)$ 线性无关的充要条件是该向量组中任一向量都不能由其余向量线性表示.

根据定理 3.2，由两个向量构成的向量组线性相关的充要条件是存在常数 k，使得 $\boldsymbol{\alpha}_1=k\boldsymbol{\alpha}_2$（或 $\boldsymbol{\alpha}_2=k\boldsymbol{\alpha}_1$），此时两向量的对应分量成比例. 在平面解析几何中，2 个二维向量 $\boldsymbol{\alpha}_1$ 与 $\boldsymbol{\alpha}_2$ 构成的向量组线性相关的几何意义是它们共线. 在空间解析几何中，3 个三维向量 $\boldsymbol{\alpha}_1,\boldsymbol{\alpha}_2,\boldsymbol{\alpha}_3$ 构成的向量组线性相关的几何意义是它们共面.

定理 3.3 **设向量组 $\boldsymbol{\alpha}_1,\boldsymbol{\alpha}_2,\cdots,\boldsymbol{\alpha}_s$ 线性无关，而向量组 $\boldsymbol{\alpha}_1,\boldsymbol{\alpha}_2,\cdots,\boldsymbol{\alpha}_s,\boldsymbol{\beta}$ 线性相关，则 $\boldsymbol{\beta}$ 可由向量组 $\boldsymbol{\alpha}_1,\boldsymbol{\alpha}_2,\cdots,\boldsymbol{\alpha}_s$ 线性表示，并且表示法唯一.**

证 因为向量组 $\boldsymbol{\alpha}_1,\boldsymbol{\alpha}_2,\cdots,\boldsymbol{\alpha}_s,\boldsymbol{\beta}$ 线性相关，所以存在一组不全为 0 的数 $k_1,k_2,\cdots,k_s,k$，使得

$$k_1\boldsymbol{\alpha}_1+k_2\boldsymbol{\alpha}_2+\cdots+k_s\boldsymbol{\alpha}_s+k\boldsymbol{\beta}=\mathbf{0}.$$

假设 $k=0$，则 $k_1,k_2,\cdots,k_s$ 中有不为 0 的数，且有

$$k_1\boldsymbol{\alpha}_1+k_2\boldsymbol{\alpha}_2+\cdots+k_s\boldsymbol{\alpha}_s=\mathbf{0}.$$

于是向量组 $\boldsymbol{\alpha}_1,\boldsymbol{\alpha}_2,\cdots,\boldsymbol{\alpha}_s$ 线性相关，这与假设矛盾，所以 $k\neq 0$，从而

$$\boldsymbol{\beta}=-\frac{k_1}{k}\boldsymbol{\alpha}_1-\frac{k_2}{k}\boldsymbol{\alpha}_2-\cdots-\frac{k_s}{k}\boldsymbol{\alpha}_s,$$

即 $\boldsymbol{\beta}$ 可由向量组 $\boldsymbol{\alpha}_1,\boldsymbol{\alpha}_2,\cdots,\boldsymbol{\alpha}_s$ 线性表示.

下面证明表示法唯一.

设存在两种表示法，即

$$\boldsymbol{\beta} = l_1\boldsymbol{\alpha}_1 + l_2\boldsymbol{\alpha}_2 + \cdots + l_s\boldsymbol{\alpha}_s = h_1\boldsymbol{\alpha}_1 + h_2\boldsymbol{\alpha}_2 + \cdots + h_s\boldsymbol{\alpha}_s,$$

则

$$(l_1 - h_1)\boldsymbol{\alpha}_1 + (l_2 - h_2)\boldsymbol{\alpha}_2 + \cdots + (l_s - h_s)\boldsymbol{\alpha}_s = \mathbf{0}.$$

由于向量组 $\boldsymbol{\alpha}_1,\boldsymbol{\alpha}_2,\cdots,\boldsymbol{\alpha}_s$ 线性无关，因此

$$l_1 - h_1 = l_2 - h_2 = \cdots = l_s - h_s = 0,$$

即

$$l_i = h_i \quad (i = 1,2,\cdots,s),$$

这表示 $\boldsymbol{\beta}$ 由向量组 $\boldsymbol{\alpha}_1,\boldsymbol{\alpha}_2,\cdots,\boldsymbol{\alpha}_s$ 线性表示的表示法唯一.

现在假设 $\boldsymbol{\alpha}_1,\boldsymbol{\alpha}_2,\cdots,\boldsymbol{\alpha}_s$ 为 n 维列向量组，令矩阵 $\boldsymbol{A} = (\boldsymbol{\alpha}_1,\boldsymbol{\alpha}_2,\cdots,\boldsymbol{\alpha}_s)$. 由定义 3.8 可知，向量组 $\boldsymbol{\alpha}_1,\boldsymbol{\alpha}_2,\cdots,\boldsymbol{\alpha}_s$ 线性相关的充要条件是齐次线性方程组 $\boldsymbol{Ax} = \mathbf{0}$ 有非零解，其中 $\boldsymbol{x} = (x_1,x_2,\cdots,x_s)^{\mathrm{T}}$.

类似地，若 $\boldsymbol{\alpha}_1,\boldsymbol{\alpha}_2,\cdots,\boldsymbol{\alpha}_s$ 为 n 维行向量组，令矩阵 $\boldsymbol{A} = \begin{pmatrix}\boldsymbol{\alpha}_1\\ \boldsymbol{\alpha}_2\\ \vdots\\ \boldsymbol{\alpha}_s\end{pmatrix}$，则向量组 $\boldsymbol{\alpha}_1,\boldsymbol{\alpha}_2,\cdots,\boldsymbol{\alpha}_s$ 线性相关的充要条件是齐次线性方程组 $\boldsymbol{A}^{\mathrm{T}}\boldsymbol{x} = \mathbf{0}$ 有非零解，其中 $\boldsymbol{x} = (x_1,x_2,\cdots,x_s)^{\mathrm{T}}$.

3.2.3　向量组线性相关性的理论

利用定义判断向量组的线性相关性往往比较复杂，有时我们可以直接根据向量组的某些特点来判断它的线性相关性. 以下我们将针对列向量组给出几个向量组线性相关性的判定定理，对行向量组可得到类似结论.

定理 3.4　**若向量组中有部分向量组线性相关，则整个向量组线性相关.**

证　若向量组 $\boldsymbol{\alpha}_1,\boldsymbol{\alpha}_2,\cdots,\boldsymbol{\alpha}_s$ 中有部分向量组线性相关，不妨设向量组 $\boldsymbol{\alpha}_1,\boldsymbol{\alpha}_2,\cdots,\boldsymbol{\alpha}_r(r \leqslant s)$ 线性相关，则存在不全为 0 的数 $k_1,k_2,\cdots,k_r$，使得

$$k_1\boldsymbol{\alpha}_1 + k_2\boldsymbol{\alpha}_2 + \cdots + k_r\boldsymbol{\alpha}_r = \mathbf{0},$$

从而

$$k_1\boldsymbol{\alpha}_1 + k_2\boldsymbol{\alpha}_2 + \cdots + k_r\boldsymbol{\alpha}_r + 0\boldsymbol{\alpha}_{r+1} + 0\boldsymbol{\alpha}_{r+2}\cdots + 0\boldsymbol{\alpha}_s = \mathbf{0}.$$

因此，向量组 $\boldsymbol{\alpha}_1,\boldsymbol{\alpha}_2,\cdots,\boldsymbol{\alpha}_s$ 线性相关.

推论 2　线性无关的向量组中的任一部分向量组都线性无关.

定理 3.5　**在 r 维向量组 $\boldsymbol{\alpha}_1,\boldsymbol{\alpha}_2,\cdots,\boldsymbol{\alpha}_s$ 的各向量中，添上 $n-r$ 个分量变成 n 维向量组 $\boldsymbol{\beta}_1,\boldsymbol{\beta}_2,\cdots,\boldsymbol{\beta}_s$，则**

(1) 如果向量组 $\boldsymbol{\beta}_1,\boldsymbol{\beta}_2,\cdots,\boldsymbol{\beta}_s$ 线性相关，那么向量组 $\boldsymbol{\alpha}_1,\boldsymbol{\alpha}_2,\cdots,\boldsymbol{\alpha}_s$ 也线性相关；

(2) 如果向量组 $\boldsymbol{\alpha}_1,\boldsymbol{\alpha}_2,\cdots,\boldsymbol{\alpha}_s$ 线性无关，那么向量组 $\boldsymbol{\beta}_1,\boldsymbol{\beta}_2,\cdots,\boldsymbol{\beta}_s$ 也线性无关.

证　显然(1) 与(2) 是等价命题，因而只需证明(1).

设矩阵 $\boldsymbol{A}_1 = (\boldsymbol{\alpha}_1,\boldsymbol{\alpha}_2,\cdots,\boldsymbol{\alpha}_s)$，则 $(\boldsymbol{\beta}_1,\boldsymbol{\beta}_2,\cdots,\boldsymbol{\beta}_s) = \begin{pmatrix}\boldsymbol{A}_1\\ \boldsymbol{A}_2\end{pmatrix}$，其中 $\boldsymbol{A}_2$ 是由向量 $\boldsymbol{\alpha}_1,\boldsymbol{\alpha}_2,\cdots,\boldsymbol{\alpha}_s$ 添加的各 $n-r$ 个分量构成的矩阵.

如果向量组 $\boldsymbol{\beta}_1,\boldsymbol{\beta}_2,\cdots,\boldsymbol{\beta}_s$ 线性相关，则存在非零的 $s\times 1$ 矩阵 $\boldsymbol{X}$，使得

$$\begin{pmatrix}\boldsymbol{A}_1\\ \boldsymbol{A}_2\end{pmatrix}\boldsymbol{X}=\boldsymbol{0},$$

从而 $\boldsymbol{A}_1\boldsymbol{X}=\boldsymbol{0}$，即向量组 $\boldsymbol{\alpha}_1,\boldsymbol{\alpha}_2,\cdots,\boldsymbol{\alpha}_s$ 也线性相关.

定理 3.6 **设 $\boldsymbol{A}$ 是一个 n 阶方阵，则 $\boldsymbol{A}$ 的列向量组线性相关的充要条件是 $|\boldsymbol{A}|=0$.**

证 设矩阵 $\boldsymbol{A}=(a_{ij})_{n\times n}$，$\boldsymbol{\beta}_1,\boldsymbol{\beta}_2,\cdots,\boldsymbol{\beta}_n$ 为 $\boldsymbol{A}$ 的列向量组，则列向量组 $\boldsymbol{\beta}_1,\boldsymbol{\beta}_2,\cdots,\boldsymbol{\beta}_n$ 线性相关的充要条件是齐次线性方程组 $\boldsymbol{Ax}=\boldsymbol{0}$ 有非零解. 由克拉默法则，齐次线性方程组 $\boldsymbol{Ax}=\boldsymbol{0}$ 有非零解的充要条件是 $|\boldsymbol{A}|=0$.

所以，$\boldsymbol{A}$ 的列向量组线性相关的充要条件是 $|\boldsymbol{A}|=0$.

推论 3 n 阶方阵 $\boldsymbol{A}$ 可逆的充要条件是 $\boldsymbol{A}$ 的列向量组线性无关.

定理 3.7 **$n+1$ 个 n 维向量 $\boldsymbol{\alpha}_1,\boldsymbol{\alpha}_2,\cdots,\boldsymbol{\alpha}_{n+1}$ 必线性相关.**

证 对每个向量 $\boldsymbol{\alpha}_s(s=1,2,\cdots,n+1)$ 添加等于 0 的第 $n+1$ 个分量，得到 $n+1$ 个 $n+1$ 维向量 $\boldsymbol{\beta}_1,\boldsymbol{\beta}_2,\cdots,\boldsymbol{\beta}_{n+1}$. 令矩阵 $\boldsymbol{B}=(\boldsymbol{\beta}_1,\boldsymbol{\beta}_2,\cdots,\boldsymbol{\beta}_{n+1})$，则 $|\boldsymbol{B}|=0$. 由定理 3.6 知，向量组 $\boldsymbol{\beta}_1,\boldsymbol{\beta}_2,\cdots,\boldsymbol{\beta}_{n+1}$ 线性相关，再由定理 3.5 知，向量组 $\boldsymbol{\alpha}_1,\boldsymbol{\alpha}_2,\cdots,\boldsymbol{\alpha}_{n+1}$ 线性相关.

推论 4 当 $m>n$ 时，m 个 n 维向量必线性相关.

例 3.18 判断下列向量组的线性相关性：

(1) $\boldsymbol{\alpha}_1=(1,2)$，$\boldsymbol{\alpha}_2=(2,3)$，$\boldsymbol{\alpha}_3=(4,3)$；

(2) $\boldsymbol{\alpha}_1=(1,1,3,1)$，$\boldsymbol{\alpha}_2=(4,1,-3,2)$，$\boldsymbol{\alpha}_3=(1,0,-1,2)$.

解 (1) 由于向量个数 $m=3$，向量维数 $n=2$，$m>n$，由推论 4，向量组 $\boldsymbol{\alpha}_1,\boldsymbol{\alpha}_2,\boldsymbol{\alpha}_3$ 线性相关.

(2) 设向量 $\boldsymbol{\beta}_1=(1,1,3)$，$\boldsymbol{\beta}_2=(4,1,-3)$，$\boldsymbol{\beta}_3=(1,0,-1)$，令矩阵 $\boldsymbol{B}=\begin{pmatrix}\boldsymbol{\beta}_1\\ \boldsymbol{\beta}_2\\ \boldsymbol{\beta}_3\end{pmatrix}$，则

$$|\boldsymbol{B}|=\begin{vmatrix}1&1&3\\4&1&-3\\1&0&-1\end{vmatrix}=-3\neq 0.$$

因此，向量组 $\boldsymbol{\beta}_1,\boldsymbol{\beta}_2,\boldsymbol{\beta}_3$ 线性无关，由定理 3.5 知，向量组 $\boldsymbol{\alpha}_1,\boldsymbol{\alpha}_2,\boldsymbol{\alpha}_3$ 也线性无关.

例 3.19 当 a 为何值时，向量组 $\boldsymbol{\alpha}_1=(1,a,3)$，$\boldsymbol{\alpha}_2=(2,1,0)$，$\boldsymbol{\alpha}_3=(-3,2,1)$ 线性相关？

解 令矩阵 $\boldsymbol{A}=\begin{pmatrix}1&a&3\\2&1&0\\-3&2&1\end{pmatrix}$，则

$$|\boldsymbol{A}|=22-2a.$$

由定理 3.6 知，向量组 $\boldsymbol{\alpha}_1,\boldsymbol{\alpha}_2,\boldsymbol{\alpha}_3$ 线性相关的充要条件是 $|\boldsymbol{A}|=22-2a=0$，即 $a=11$.

定义 3.9 如果向量组 $\boldsymbol{\alpha}_1,\boldsymbol{\alpha}_2,\cdots,\boldsymbol{\alpha}_s$ 中每个向量都可由向量组 $\boldsymbol{\beta}_1,\boldsymbol{\beta}_2,\cdots,\boldsymbol{\beta}_t$ 线性表示，则称向量组 $\boldsymbol{\alpha}_1,\boldsymbol{\alpha}_2,\cdots,\boldsymbol{\alpha}_s$ 可由向量组 $\boldsymbol{\beta}_1,\boldsymbol{\beta}_2,\cdots,\boldsymbol{\beta}_t$ 线性表示. 如果两个向量组可以相互线性表示，则称这两个向量组**等价**.

显然，每一个向量组都可以由它自身线性表示. 同时，如果向量组 $\boldsymbol{\alpha}_1,\boldsymbol{\alpha}_2,\cdots,\boldsymbol{\alpha}_s$ 可以由向

量组$\boldsymbol{\beta}_1,\boldsymbol{\beta}_2,\cdots,\boldsymbol{\beta}_t$线性表示，向量组$\boldsymbol{\beta}_1,\boldsymbol{\beta}_2,\cdots,\boldsymbol{\beta}_t$可以由向量组$\boldsymbol{\gamma}_1,\boldsymbol{\gamma}_2,\cdots,\boldsymbol{\gamma}_p$线性表示，那么向量组$\boldsymbol{\alpha}_1,\boldsymbol{\alpha}_2,\cdots,\boldsymbol{\alpha}_s$可以由向量组$\boldsymbol{\gamma}_1,\boldsymbol{\gamma}_2,\cdots,\boldsymbol{\gamma}_p$线性表示.

事实上，如果

$$\boldsymbol{\alpha}_i=\sum_{j=1}^{t}k_{ij}\boldsymbol{\beta}_j\quad(i=1,2,\cdots,s),\quad \boldsymbol{\beta}_j=\sum_{m=1}^{p}l_{jm}\boldsymbol{\gamma}_m\quad(j=1,2,\cdots,t),$$

则

$$\boldsymbol{\alpha}_i=\sum_{j=1}^{t}k_{ij}\left(\sum_{m=1}^{p}l_{jm}\boldsymbol{\gamma}_m\right)=\sum_{j=1}^{t}\sum_{m=1}^{p}k_{ij}l_{jm}\boldsymbol{\gamma}_m=\sum_{m=1}^{p}\left(\sum_{j=1}^{t}k_{ij}l_{jm}\right)\boldsymbol{\gamma}_m.$$

因此，向量组$\boldsymbol{\alpha}_1,\boldsymbol{\alpha}_2,\cdots,\boldsymbol{\alpha}_s$可以由向量组$\boldsymbol{\gamma}_1,\boldsymbol{\gamma}_2,\cdots,\boldsymbol{\gamma}_p$线性表示.

由上述结论，得到向量组的等价具有以下性质：

(1) 自反性：向量组$\boldsymbol{\alpha}_1,\boldsymbol{\alpha}_2,\cdots,\boldsymbol{\alpha}_s$与它自身等价；

(2) 对称性：如果向量组$\boldsymbol{\alpha}_1,\boldsymbol{\alpha}_2,\cdots,\boldsymbol{\alpha}_s$与向量组$\boldsymbol{\beta}_1,\boldsymbol{\beta}_2,\cdots,\boldsymbol{\beta}_t$等价，则向量组$\boldsymbol{\beta}_1,\boldsymbol{\beta}_2,\cdots,\boldsymbol{\beta}_t$也与向量组$\boldsymbol{\alpha}_1,\boldsymbol{\alpha}_2,\cdots,\boldsymbol{\alpha}_s$等价；

(3) 传递性：如果向量组$\boldsymbol{\alpha}_1,\boldsymbol{\alpha}_2,\cdots,\boldsymbol{\alpha}_s$与向量组$\boldsymbol{\beta}_1,\boldsymbol{\beta}_2,\cdots,\boldsymbol{\beta}_t$等价，而向量组$\boldsymbol{\beta}_1,\boldsymbol{\beta}_2,\cdots,\boldsymbol{\beta}_t$又与向量组$\boldsymbol{\gamma}_1,\boldsymbol{\gamma}_2,\cdots,\boldsymbol{\gamma}_p$等价，那么向量组$\boldsymbol{\alpha}_1,\boldsymbol{\alpha}_2,\cdots,\boldsymbol{\alpha}_s$与向量组$\boldsymbol{\gamma}_1,\boldsymbol{\gamma}_2,\cdots,\boldsymbol{\gamma}_p$等价.

定理 3.8　**如果向量组$\boldsymbol{\alpha}_1,\boldsymbol{\alpha}_2,\cdots,\boldsymbol{\alpha}_s$可由向量组$\boldsymbol{\beta}_1,\boldsymbol{\beta}_2,\cdots,\boldsymbol{\beta}_t$线性表示，且$s>t$，则向量组$\boldsymbol{\alpha}_1,\boldsymbol{\alpha}_2,\cdots,\boldsymbol{\alpha}_s$线性相关.**

证　若向量组$\boldsymbol{\alpha}_1,\boldsymbol{\alpha}_2,\cdots,\boldsymbol{\alpha}_s$可由向量组$\boldsymbol{\beta}_1,\boldsymbol{\beta}_2,\cdots,\boldsymbol{\beta}_t$线性表示，令

$$\boldsymbol{\alpha}_i=a_{1i}\boldsymbol{\beta}_1+a_{2i}\boldsymbol{\beta}_2+\cdots+a_{ti}\boldsymbol{\beta}_t=(\boldsymbol{\beta}_1,\boldsymbol{\beta}_2,\cdots,\boldsymbol{\beta}_t)\begin{pmatrix}a_{1i}\\a_{2i}\\\vdots\\a_{ti}\end{pmatrix}\quad(i=1,2,\cdots,s),$$

则

$$(\boldsymbol{\alpha}_1,\boldsymbol{\alpha}_2,\cdots,\boldsymbol{\alpha}_s)=(\boldsymbol{\beta}_1,\boldsymbol{\beta}_2,\cdots,\boldsymbol{\beta}_t)\boldsymbol{A},$$

其中矩阵$\boldsymbol{A}=(a_{ij})_{t\times s}$.

设$\boldsymbol{\gamma}_1,\boldsymbol{\gamma}_2,\cdots,\boldsymbol{\gamma}_s$为$\boldsymbol{A}$的列向量组，显然$\boldsymbol{\gamma}_j(j=1,2,\cdots,s)$为$t$维向量. 由于$s>t$，根据推论4，向量组$\boldsymbol{\gamma}_1,\boldsymbol{\gamma}_2,\cdots,\boldsymbol{\gamma}_s$线性相关，从而齐次线性方程组$\boldsymbol{Ax}=\boldsymbol{0}$有非零解. 设$\boldsymbol{X}=(k_1,k_2,\cdots,k_s)^{\mathrm{T}}$为$\boldsymbol{Ax}=\boldsymbol{0}$的一个非零解，则

$$k_1\boldsymbol{\alpha}_1+k_2\boldsymbol{\alpha}_2+\cdots+k_s\boldsymbol{\alpha}_s=(\boldsymbol{\alpha}_1,\boldsymbol{\alpha}_2,\cdots,\boldsymbol{\alpha}_s)\begin{pmatrix}k_1\\k_2\\\vdots\\k_s\end{pmatrix}=(\boldsymbol{\beta}_1,\boldsymbol{\beta}_2,\cdots,\boldsymbol{\beta}_t)\boldsymbol{A}\begin{pmatrix}k_1\\k_2\\\vdots\\k_s\end{pmatrix}=\boldsymbol{0}.$$

因此，向量组$\boldsymbol{\alpha}_1,\boldsymbol{\alpha}_2,\cdots,\boldsymbol{\alpha}_s$线性相关.

推论 5　如果向量组$\boldsymbol{\alpha}_1,\boldsymbol{\alpha}_2,\cdots,\boldsymbol{\alpha}_s$可由向量组$\boldsymbol{\beta}_1,\boldsymbol{\beta}_2,\cdots,\boldsymbol{\beta}_t$线性表示，且向量组$\boldsymbol{\alpha}_1,\boldsymbol{\alpha}_2,\cdots,\boldsymbol{\alpha}_s$线性无关，则$s\leqslant t$.

推论 6　两个等价的线性无关向量组含有相同个数的向量.

§3.3 向量组的秩

3.3.1 向量组的极大无关组

定义 3.10 若向量组 $\boldsymbol{\alpha}_1,\boldsymbol{\alpha}_2,\cdots,\boldsymbol{\alpha}_s$ 的一个部分组 $\boldsymbol{\alpha}_{i_1},\boldsymbol{\alpha}_{i_2},\cdots,\boldsymbol{\alpha}_{i_r}$ 满足：

(1) 向量组 $\boldsymbol{\alpha}_{i_1},\boldsymbol{\alpha}_{i_2},\cdots,\boldsymbol{\alpha}_{i_r}$ 线性无关；

(2) 对任意的 $\boldsymbol{\alpha}_i(i=1,2,\cdots,s)$，向量组 $\boldsymbol{\alpha}_{i_1},\boldsymbol{\alpha}_{i_2},\cdots,\boldsymbol{\alpha}_{i_r},\boldsymbol{\alpha}_i$ 线性相关，

则称部分组 $\boldsymbol{\alpha}_{i_1},\boldsymbol{\alpha}_{i_2},\cdots,\boldsymbol{\alpha}_{i_r}$ 为向量组 $\boldsymbol{\alpha}_1,\boldsymbol{\alpha}_2,\cdots,\boldsymbol{\alpha}_s$ 的一个**极大线性无关部分组**，简称**极大无关组**.

根据定义 3.10 及定理 3.3，我们可以给出极大无关组的另一个等价定义.

定义 3.11 若向量组 $\boldsymbol{\alpha}_1,\boldsymbol{\alpha}_2,\cdots,\boldsymbol{\alpha}_s$ 的一个部分组 $\boldsymbol{\alpha}_{i_1},\boldsymbol{\alpha}_{i_2},\cdots,\boldsymbol{\alpha}_{i_r}$ 满足：

(1) $\boldsymbol{\alpha}_{i_1},\boldsymbol{\alpha}_{i_2},\cdots,\boldsymbol{\alpha}_{i_r}$ 线性无关；

(2) 对任意的 $\boldsymbol{\alpha}_i(i=1,2,\cdots,s)$，$\boldsymbol{\alpha}_i$ 可由 $\boldsymbol{\alpha}_{i_1},\boldsymbol{\alpha}_{i_2},\cdots,\boldsymbol{\alpha}_{i_r}$ 线性表示，

则称部分组 $\boldsymbol{\alpha}_{i_1},\boldsymbol{\alpha}_{i_2},\cdots,\boldsymbol{\alpha}_{i_r}$ 为向量组 $\boldsymbol{\alpha}_1,\boldsymbol{\alpha}_2,\cdots,\boldsymbol{\alpha}_s$ 的一个极大无关组.

例 3.20 在向量组 $\boldsymbol{\alpha}_1=(1,2,-1,3),\boldsymbol{\alpha}_2=(2,1,0,1),\boldsymbol{\alpha}_3=(3,3,-1,4)$ 中，向量组 $\boldsymbol{\alpha}_1,\boldsymbol{\alpha}_2$ 为它的一个极大无关组. 首先，因为 $\boldsymbol{\alpha}_1$ 与 $\boldsymbol{\alpha}_2$ 的分量不成比例，所以向量组 $\boldsymbol{\alpha}_1,\boldsymbol{\alpha}_2$ 线性无关. 其次，向量组 $\boldsymbol{\alpha}_3=\boldsymbol{\alpha}_1+\boldsymbol{\alpha}_2$，因而向量组 $\boldsymbol{\alpha}_1,\boldsymbol{\alpha}_2,\boldsymbol{\alpha}_3$ 线性相关，故向量组 $\boldsymbol{\alpha}_1,\boldsymbol{\alpha}_2$ 为原向量组的一个极大无关组. 不难验证，向量组 $\boldsymbol{\alpha}_1,\boldsymbol{\alpha}_3$ 与向量组 $\boldsymbol{\alpha}_2,\boldsymbol{\alpha}_3$ 也是向量组 $\boldsymbol{\alpha}_1,\boldsymbol{\alpha}_2,\boldsymbol{\alpha}_3$ 的极大无关组.

由定义 3.10 可知，向量组的极大无关组是在该向量组中能取到的含向量数目最大的线性无关的部分向量组. 而由定义 3.11 可知，一个向量组和它的极大无关组是等价的，因而极大无关组就是与原向量组等价的线性无关的部分向量组.

3.3.2 向量组的秩

从例 3.20 可以发现，向量组的极大无关组可能不唯一. 但是，我们可以得到这样的结论：如果向量组含多个极大无关组，则这些极大无关组所含向量的个数相同. 这是因为，向量组与它的任意极大无关组等价，从而根据向量组等价的传递性，向量组的任意极大无关组等价. 由上一节推论 6 知，向量组的任意极大无关组含有相同个数的向量.

定义 3.12 向量组 $\boldsymbol{\alpha}_1,\boldsymbol{\alpha}_2,\cdots,\boldsymbol{\alpha}_s$ 的极大无关组所含向量的个数称为该**向量组的秩**，记作 $\mathrm{r}(\boldsymbol{\alpha}_1,\boldsymbol{\alpha}_2,\cdots,\boldsymbol{\alpha}_s)$.

规定仅由零向量组成的向量组的秩为 0.

对于线性无关的向量组，它的极大无关组就是其本身，从而利用定义 3.12，上一节推论 6 可重新表述为：两个等价的线性无关向量组的秩相等. 一个向量组等价于它的极大无关组，再由等价的传递性，两个等价的向量组各自的极大无关组也是等价的向量组，从而得到如下更一般的定理.

定理 3.9 **两个等价的向量组的秩相等.**

下面我们将讨论向量组的秩与矩阵的秩的关系.

设矩阵 $\boldsymbol{A}$ 的列向量为 $\boldsymbol{\beta}_1,\boldsymbol{\beta}_2,\cdots,\boldsymbol{\beta}_s$,即 $\boldsymbol{A}=(\boldsymbol{\beta}_1,\boldsymbol{\beta}_2,\cdots,\boldsymbol{\beta}_s)$. 现在我们讨论 $\boldsymbol{A}$ 的列向量之间的线性关系,以及 $\mathrm{r}(\boldsymbol{\beta}_1,\boldsymbol{\beta}_2,\cdots,\boldsymbol{\beta}_s)$ 与 $\mathrm{r}(\boldsymbol{A})$ 的关系.

设矩阵 $\boldsymbol{A}$ 经一系列初等行变换化为矩阵 $\boldsymbol{B}$,即

$$\boldsymbol{A}=(\boldsymbol{\beta}_1,\boldsymbol{\beta}_2,\cdots,\boldsymbol{\beta}_s)\xrightarrow{\text{初等行变换}}\boldsymbol{B}=(\boldsymbol{\gamma}_1,\boldsymbol{\gamma}_2,\cdots,\boldsymbol{\gamma}_s),$$

则存在可逆矩阵 $\boldsymbol{P}$,使得 $\boldsymbol{PA}=\boldsymbol{B}$,从而有

$$\boldsymbol{P\beta}_i=\boldsymbol{\gamma}_i\quad(i=1,2,\cdots,s).$$

(1) 若有不全为 0 的数 $k_1,k_2,\cdots,k_s$,使得 $\sum\limits_{i=1}^{s}k_i\boldsymbol{\beta}_i=\boldsymbol{0}$,等式两边左乘矩阵 $\boldsymbol{P}$,有

$$\sum_{i=1}^{s}k_i\boldsymbol{P\beta}_i=\boldsymbol{0},\quad 即\quad \sum_{i=1}^{s}k_i\boldsymbol{\gamma}_i=\boldsymbol{0}.$$

反之,若有不全为 0 的数 $k_1,k_2,\cdots,k_s$,使得 $\sum\limits_{i=1}^{s}k_i\boldsymbol{\gamma}_i=\boldsymbol{0}$,等式两边左乘 $\boldsymbol{P}^{-1}$,有

$$\sum_{i=1}^{s}k_i\boldsymbol{P}^{-1}\boldsymbol{\gamma}_i=\boldsymbol{0},\quad 即\quad \sum_{i=1}^{s}k_i\boldsymbol{\beta}_i=\boldsymbol{0}.$$

因此,向量组 $\boldsymbol{\beta}_1,\boldsymbol{\beta}_2,\cdots,\boldsymbol{\beta}_s$ 线性相关等价于向量组$\boldsymbol{\gamma}_1,\boldsymbol{\gamma}_2,\cdots,\boldsymbol{\gamma}_s$ 线性相关.

(2) 若矩阵 $\boldsymbol{A}$ 的列向量之间存在某种线性关系,如一个列向量是其余列向量的线性组合,它的一般形式是存在列向量 $\boldsymbol{X}$,使得

$$\boldsymbol{AX}=\boldsymbol{0}.$$

上式两边左乘矩阵 $\boldsymbol{P}$,有

$$\boldsymbol{PAX}=\boldsymbol{0},\quad 即\quad \boldsymbol{BX}=\boldsymbol{0},$$

从而 $\boldsymbol{B}$ 的列向量之间也具有同样的线性组合关系. 反之也成立. 由此得到以下定理.

定理 3.10 **初等行变换不改变列向量组的线性关系.**

定理 3.11 **矩阵 $\boldsymbol{A}$ 的秩等于 $\boldsymbol{A}$ 的列(行)向量组的秩.**

证 设 $\boldsymbol{A}$ 为 $m\times n$ 矩阵,$\mathrm{r}(\boldsymbol{A})=r$,用初等行变换把 $\boldsymbol{A}$ 化为行最简形矩阵:

$$\boldsymbol{A}=(\boldsymbol{\beta}_1,\boldsymbol{\beta}_2,\cdots,\boldsymbol{\beta}_n)\xrightarrow{\text{初等行变换}}\boldsymbol{B}=(\boldsymbol{\gamma}_1,\boldsymbol{\gamma}_2,\cdots,\boldsymbol{\gamma}_n),$$

则 $\mathrm{r}(\boldsymbol{B})=\mathrm{r}(\boldsymbol{A})=r$. 于是 $\boldsymbol{B}$ 的列向量组中含 r 个 m 维单位向量 $\boldsymbol{\varepsilon}_1,\boldsymbol{\varepsilon}_2,\cdots,\boldsymbol{\varepsilon}_r$,它们位于非零首元所在的列,$\boldsymbol{B}$ 的其余列向量至多只有前 r 个分量不为 0,因而$\boldsymbol{\gamma}_i\,(i=1,2,\cdots,n)$可表示为$\boldsymbol{\varepsilon}_1$,$\boldsymbol{\varepsilon}_2,\cdots,\boldsymbol{\varepsilon}_r$ 的线性组合. 于是 $\boldsymbol{\varepsilon}_1,\boldsymbol{\varepsilon}_2,\cdots,\boldsymbol{\varepsilon}_r$ 是 $\boldsymbol{B}$ 的列向量组的极大无关组,从而

$$\mathrm{r}(\boldsymbol{\gamma}_1,\boldsymbol{\gamma}_2,\cdots,\boldsymbol{\gamma}_n)=r=\mathrm{r}(\boldsymbol{B}).$$

由定理 3.10,$\boldsymbol{A}$ 的列向量组的秩与 $\boldsymbol{B}$ 的列向量组的秩相等,即

$$\mathrm{r}(\boldsymbol{\beta}_1,\boldsymbol{\beta}_2,\cdots,\boldsymbol{\beta}_n)=\mathrm{r}(\boldsymbol{\gamma}_1,\boldsymbol{\gamma}_2,\cdots,\boldsymbol{\gamma}_n)=r=\mathrm{r}(\boldsymbol{A}).$$

由于 $\mathrm{r}(\boldsymbol{A})=\mathrm{r}(\boldsymbol{A}^{\mathrm{T}})$,类似可得矩阵 $\boldsymbol{A}$ 的秩等于 $\boldsymbol{A}$ 的行向量组的秩.

推论 1 设 $\boldsymbol{A}$ 为 $m\times n$ 矩阵,$\mathrm{r}(\boldsymbol{A})=r$,则

(1) 当 $r=m$ 时,$\boldsymbol{A}$ 的行向量组线性无关;当 $r<m$ 时,$\boldsymbol{A}$ 的行向量组线性相关.

(2) 当 $r=n$ 时,$\boldsymbol{A}$ 的列向量组线性无关;当 $r<n$ 时,$\boldsymbol{A}$ 的列向量组线性相关.

推论 1 是我们讨论一个向量组线性相关性的有效方法. 结合定理 3.10,就可以讨论向量组

的各种线性相关性问题.

例 3.21 设向量组

$$\boldsymbol{\alpha}_1=\begin{pmatrix}1\\4\\1\\0\\2\end{pmatrix},\quad \boldsymbol{\alpha}_2=\begin{pmatrix}2\\5\\-1\\-3\\2\end{pmatrix},\quad \boldsymbol{\alpha}_3=\begin{pmatrix}-1\\2\\5\\6\\2\end{pmatrix},\quad \boldsymbol{\alpha}_4=\begin{pmatrix}0\\2\\2\\-1\\0\end{pmatrix}.$$

(1) 讨论向量组 $\boldsymbol{\alpha}_1,\boldsymbol{\alpha}_2,\boldsymbol{\alpha}_3,\boldsymbol{\alpha}_4$ 的线性相关性；

(2) 求向量组 $\boldsymbol{\alpha}_1,\boldsymbol{\alpha}_2,\boldsymbol{\alpha}_3,\boldsymbol{\alpha}_4$ 的一个极大无关组；

(3) 把其余向量表示成由(2)求得的极大无关组的线性组合.

解 令矩阵 $\boldsymbol{A}=(\boldsymbol{\alpha}_1,\boldsymbol{\alpha}_2,\boldsymbol{\alpha}_3,\boldsymbol{\alpha}_4)$，用初等行变换将 $\boldsymbol{A}$ 化为行最简形矩阵有

$$\boldsymbol{A}=\begin{pmatrix}1&2&-1&0\\4&5&2&2\\1&-1&5&2\\0&-3&6&-1\\2&2&2&0\end{pmatrix}\to\begin{pmatrix}1&2&-1&0\\0&-1&2&0\\0&0&0&1\\0&0&0&0\\0&0&0&0\end{pmatrix}\to\begin{pmatrix}1&0&3&0\\0&1&-2&0\\0&0&0&1\\0&0&0&0\\0&0&0&0\end{pmatrix}.$$

(1) 因为 $\mathrm{r}(\boldsymbol{A})=3<4$，所以向量组 $\boldsymbol{\alpha}_1,\boldsymbol{\alpha}_2,\boldsymbol{\alpha}_3,\boldsymbol{\alpha}_4$ 线性相关.

(2) 矩阵 $\boldsymbol{A}$ 的行最简形矩阵中，单位向量 $\boldsymbol{\varepsilon}_1,\boldsymbol{\varepsilon}_2,\boldsymbol{\varepsilon}_3$ 在第 1,2,4 列，故向量组 $\boldsymbol{\alpha}_1,\boldsymbol{\alpha}_2,\boldsymbol{\alpha}_3,\boldsymbol{\alpha}_4$ 的一个极大无关组为 $\boldsymbol{\alpha}_1,\boldsymbol{\alpha}_2,\boldsymbol{\alpha}_4$.

(3) 由 $\boldsymbol{A}$ 的行最简形矩阵可知，

$$\boldsymbol{\alpha}_3=3\boldsymbol{\alpha}_1-2\boldsymbol{\alpha}_2.$$

§3.4 向量空间

3.4.1 向量空间的概念

定义 3.13 设 V 是 n 维向量组成的集合. 如果 V 非空，且对于向量的加法及数乘运算封闭，即

(1) 对于任意的 $\boldsymbol{\alpha},\boldsymbol{\beta}\in V$，$\boldsymbol{\alpha}+\boldsymbol{\beta}\in V$；

(2) 对于任意的 $\boldsymbol{\alpha}\in V$ 及任意常数 k，$k\boldsymbol{\alpha}\in V$，

则称向量集合 V 是一个**向量空间**.

例 3.22 n 维向量的全体 $\mathbf{R}^n$ 构成一个向量空间；单独一个零向量构成的集合 $\{\mathbf{0}\}$ 是一个向量空间.

例 3.23 证明：向量集合 $V=\{(0,x_2,x_3,\cdots,x_n)\mid x_2,x_3,\cdots,x_n\in\mathbf{R}\}$ 是一个向量空间.

证 任取 V 中的两个向量 $\boldsymbol{\alpha}=(0,x_2,x_3,\cdots,x_n)$，$\boldsymbol{\beta}=(0,y_2,y_3,\cdots,y_n)$，以及常数 k，有

$$\boldsymbol{\alpha}+\boldsymbol{\beta}=(0,x_2+y_2,x_3+y_3,\cdots,x_n+y_n)\in V,$$

$$k\boldsymbol{\alpha} = (0, kx_2, kx_3, \cdots, kx_n) \in V,$$

则 V 是一个向量空间.

例 3.24 向量集合 $V = \{(x_1, x_2, \cdots, x_n) \mid x_1 + x_2 + \cdots + x_n = 1\}$ 不是一个向量空间，因为对于任意的 $\boldsymbol{\alpha}, \boldsymbol{\beta} \in V, \boldsymbol{\alpha} + \boldsymbol{\beta} \notin V$.

例 3.25 设 $\boldsymbol{\alpha}_1, \boldsymbol{\alpha}_2, \cdots, \boldsymbol{\alpha}_r$ 是一个 n 维向量组，证明：它们的一切线性组合所组成的集合

$$L(\boldsymbol{\alpha}_1, \boldsymbol{\alpha}_2, \cdots, \boldsymbol{\alpha}_r) = \{k_1\boldsymbol{\alpha}_1 + k_2\boldsymbol{\alpha}_2 + \cdots + k_r\boldsymbol{\alpha}_r \mid k_1, k_2, \cdots, k_r \in \mathbf{R}\}$$

是一个向量空间.

证 任取 $L(\boldsymbol{\alpha}_1, \boldsymbol{\alpha}_2, \cdots, \boldsymbol{\alpha}_r)$ 中的两个向量 $\boldsymbol{\alpha}, \boldsymbol{\beta}$ 及常数 k，令

$$\boldsymbol{\alpha} = k_1\boldsymbol{\alpha}_1 + k_2\boldsymbol{\alpha}_2 + \cdots + k_r\boldsymbol{\alpha}_r,$$
$$\boldsymbol{\beta} = l_1\boldsymbol{\alpha}_1 + l_2\boldsymbol{\alpha}_2 + \cdots + l_r\boldsymbol{\alpha}_r,$$

则

$$\boldsymbol{\alpha} + \boldsymbol{\beta} = (k_1 + l_1)\boldsymbol{\alpha}_1 + (k_2 + l_2)\boldsymbol{\alpha}_2 + \cdots + (k_r + l_r)\boldsymbol{\alpha}_r \in L(\boldsymbol{\alpha}_1, \boldsymbol{\alpha}_2, \cdots, \boldsymbol{\alpha}_r),$$
$$k\boldsymbol{\alpha} = kk_1\boldsymbol{\alpha}_1 + kk_2\boldsymbol{\alpha}_2 + \cdots + kk_r\boldsymbol{\alpha}_r \in L(\boldsymbol{\alpha}_1, \boldsymbol{\alpha}_2, \cdots, \boldsymbol{\alpha}_r),$$

从而 $L(\boldsymbol{\alpha}_1, \boldsymbol{\alpha}_2, \cdots, \boldsymbol{\alpha}_r)$ 是一个向量空间.

我们称 $L(\boldsymbol{\alpha}_1, \boldsymbol{\alpha}_2, \cdots, \boldsymbol{\alpha}_r)$ 为**由 $\boldsymbol{\alpha}_1, \boldsymbol{\alpha}_2, \cdots, \boldsymbol{\alpha}_r$ 生成的向量空间**.

定义 3.14 设 V_1, V_2 都是向量空间，如果 $V_1 \subseteq V_2$，则称 V_1 是 V_2 的**子空间**.

显然，任何由 n 维向量生成的向量空间都是 $\mathbf{R}^n$ 的子空间. V 和 $\{\mathbf{0}\}$ 称为 V 的**平凡子空间**，其他子空间称为 V 的**非平凡子空间**.

3.4.2 向量空间的基和维数

定义 3.15 设 V 是一个向量空间，如果向量组 $\boldsymbol{\alpha}_1, \boldsymbol{\alpha}_2, \cdots, \boldsymbol{\alpha}_r \in V$，且满足：

(1) $\boldsymbol{\alpha}_1, \boldsymbol{\alpha}_2, \cdots, \boldsymbol{\alpha}_r$ 线性无关；

(2) V 中任一向量都可由 $\boldsymbol{\alpha}_1, \boldsymbol{\alpha}_2, \cdots, \boldsymbol{\alpha}_r$ 线性表示，

则称向量组 $\boldsymbol{\alpha}_1, \boldsymbol{\alpha}_2, \cdots, \boldsymbol{\alpha}_r$ 为向量空间 V 的一个**基**，r 称为 V 的**维数**，记作 $\dim(V)$，即 $\dim(V) = r$，并称 V 是一个 r 维向量空间.

向量空间 $\{\mathbf{0}\}$ 的维数规定为 0.

如果把向量空间 V 看作向量组，则 V 的基就是向量组的一个极大无关组，$\dim(V)$ 就是向量组的秩. 由于向量组的极大无关组一般不是唯一的，因此向量空间的基也不是唯一的，从而有下面的定理.

定理 3.12 **若向量空间 V 的维数 $\dim(V) = r$，则 V 中任意 r 个线性无关的向量都是 V 的基.**

例 3.26 设向量空间 $V = \{(0, x_2, x_3, x_4) \mid x_2, x_3, x_4 \in \mathbf{R}\}$，求 V 的维数和一个基.

解 对于取定的 $\boldsymbol{\varepsilon}_2 = (0,1,0,0), \boldsymbol{\varepsilon}_3 = (0,0,1,0), \boldsymbol{\varepsilon}_4 = (0,0,0,1) \in V$，向量组 $\boldsymbol{\varepsilon}_2, \boldsymbol{\varepsilon}_3, \boldsymbol{\varepsilon}_4$ 线性无关，且对任意的 $\boldsymbol{\alpha} = (0, x_2, x_3, x_4) \in V$，有

$$\boldsymbol{\alpha} = x_2\boldsymbol{\varepsilon}_2 + x_3\boldsymbol{\varepsilon}_3 + x_4\boldsymbol{\varepsilon}_4,$$

因此向量组 $\boldsymbol{\varepsilon}_2, \boldsymbol{\varepsilon}_3, \boldsymbol{\varepsilon}_4$ 是 V 的一个基，$\dim(V) = 3$，即 V 是一个三维向量空间.

3.4.3 向量的坐标

设 $\boldsymbol{\alpha}_1,\boldsymbol{\alpha}_2,\cdots,\boldsymbol{\alpha}_r$ 是向量空间 V 的一个基，则任取 $\boldsymbol{\alpha}\in V$，由定义 3.15 及定理 3.3 可知，$\boldsymbol{\alpha}$ 可由基 $\boldsymbol{\alpha}_1,\boldsymbol{\alpha}_2,\cdots,\boldsymbol{\alpha}_r$ 唯一地线性表示. 设

$$\boldsymbol{\alpha}=x_1\boldsymbol{\alpha}_1+x_2\boldsymbol{\alpha}_2+\cdots+x_r\boldsymbol{\alpha}_r,$$

称有序数组 $(x_1,x_2,\cdots,x_r)$ 为向量 $\boldsymbol{\alpha}$ 在基 $\boldsymbol{\alpha}_1,\boldsymbol{\alpha}_2,\cdots,\boldsymbol{\alpha}_r$ 下的坐标.

例 3.27 设向量 $\boldsymbol{\alpha}_1=(1,0,2,1)$，$\boldsymbol{\alpha}_2=(0,1,0,1)$，$\boldsymbol{\alpha}_3=(-1,2,0,1)$，$\boldsymbol{\alpha}_4=(0,0,0,1)$.

(1) 证明：向量组 $\boldsymbol{\alpha}_1,\boldsymbol{\alpha}_2,\boldsymbol{\alpha}_3,\boldsymbol{\alpha}_4$ 是向量空间 $\mathbf{R}^4$ 的一个基；

(2) 求 $\mathbf{R}^4$ 中向量 $\boldsymbol{\alpha}=(1,-1,4,5)$ 在基 $\boldsymbol{\alpha}_1,\boldsymbol{\alpha}_2,\boldsymbol{\alpha}_3,\boldsymbol{\alpha}_4$ 下的坐标.

证 (1) 令矩阵

$$\boldsymbol{A}=\begin{pmatrix}1&0&2&1\\0&1&0&1\\-1&2&0&1\\0&0&0&1\end{pmatrix}.$$

因为 $|\boldsymbol{A}|=2\neq0$，所以向量组 $\boldsymbol{\alpha}_1,\boldsymbol{\alpha}_2,\boldsymbol{\alpha}_3,\boldsymbol{\alpha}_4$ 线性无关. 又 $\dim(\mathbf{R}^4)=4$，故向量组 $\boldsymbol{\alpha}_1,\boldsymbol{\alpha}_2,\boldsymbol{\alpha}_3,\boldsymbol{\alpha}_4$ 是 $\mathbf{R}^4$ 的一个基.

(2) 设向量 $\boldsymbol{\alpha}$ 在基 $\boldsymbol{\alpha}_1,\boldsymbol{\alpha}_2,\boldsymbol{\alpha}_3,\boldsymbol{\alpha}_4$ 下的坐标为 (x_1,x_2,x_3,x_4)，即

$$\boldsymbol{\alpha}=x_1\boldsymbol{\alpha}_1+x_2\boldsymbol{\alpha}_2+x_3\boldsymbol{\alpha}_3+x_4\boldsymbol{\alpha}_4,$$

其对应的线性方程组为

$$\begin{pmatrix}1&0&-1&0\\0&1&2&0\\2&0&0&0\\1&1&1&1\end{pmatrix}\begin{pmatrix}x_1\\x_2\\x_3\\x_4\end{pmatrix}=\begin{pmatrix}1\\-1\\4\\5\end{pmatrix}.$$

解得 $x_1=2$，$x_2=-3$，$x_3=1$，$x_4=5$，即向量 $\boldsymbol{\alpha}$ 在基 $\boldsymbol{\alpha}_1,\boldsymbol{\alpha}_2,\boldsymbol{\alpha}_3,\boldsymbol{\alpha}_4$ 下的坐标为 $(2,-3,1,5)$.

§3.5 线性方程组解的结构

3.5.1 齐次线性方程组解的结构

齐次线性方程组 $\boldsymbol{Ax}=\boldsymbol{0}$ 一定有解. 我们将它的所有解构成一个集合 V，即

$$V=\{\boldsymbol{x}\,|\,\boldsymbol{Ax}=\boldsymbol{0}\}.$$

现在来研究齐次线性方程组的解集 V 的特性.

定理 3.13 **设 $\boldsymbol{x}_1,\boldsymbol{x}_2$ 是齐次线性方程组 $\boldsymbol{Ax}=\boldsymbol{0}$ 的两个解，则 $\boldsymbol{x}_1+\boldsymbol{x}_2$ 也是 $\boldsymbol{Ax}=\boldsymbol{0}$ 的解，即对于任意的 $\boldsymbol{x}_1,\boldsymbol{x}_2\in V$，都有 $\boldsymbol{x}_1+\boldsymbol{x}_2\in V$.**

证 因为 $\boldsymbol{x}_1,\boldsymbol{x}_2$ 是齐次线性方程组 $\boldsymbol{Ax}=\boldsymbol{0}$ 的解，即

$$\boldsymbol{Ax}_1=\boldsymbol{0},\quad \boldsymbol{Ax}_2=\boldsymbol{0},$$

所以

$$\boldsymbol{A}(\boldsymbol{x}_1+\boldsymbol{x}_2)=\boldsymbol{A}\boldsymbol{x}_1+\boldsymbol{A}\boldsymbol{x}_2=\boldsymbol{0}+\boldsymbol{0}=\boldsymbol{0},$$

从而 $\boldsymbol{x}_1+\boldsymbol{x}_2$ 是 $\boldsymbol{A}\boldsymbol{x}=\boldsymbol{0}$ 的解.

定理 3.14　**设 $\boldsymbol{x}$ 是齐次线性方程组 $\boldsymbol{A}\boldsymbol{x}=\boldsymbol{0}$ 的解，k 是任意常数，则 $k\boldsymbol{x}$ 也是 $\boldsymbol{A}\boldsymbol{x}=\boldsymbol{0}$ 的解，即对于任意的 $\boldsymbol{x}\in V$，k 为任意常数，都有 $k\boldsymbol{x}\in V$.**

由定理 3.13 与定理 3.14，可得到如下推论.

推论 1　若 $\boldsymbol{x}_1,\boldsymbol{x}_2,\cdots,\boldsymbol{x}_r$ 是齐次线性方程组 $\boldsymbol{A}\boldsymbol{x}=\boldsymbol{0}$ 的 r 个解，$k_1,k_2,\cdots,k_r$ 为任意常数，则 $k_1\boldsymbol{x}_1+k_2\boldsymbol{x}_2+\cdots+k_r\boldsymbol{x}_r$ 也是 $\boldsymbol{A}\boldsymbol{x}=\boldsymbol{0}$ 的解.

由定理 3.13 与定理 3.14 可知，齐次线性方程组的解集 V 对于向量的加法及数乘运算封闭，因而构成一个向量空间，称 V 为齐次线性方程组的**解空间**. 如果能够求出这个解空间的一个基，就能用它来表示齐次线性方程组的全部解.

定义 3.16　设 $\boldsymbol{\alpha}_1,\boldsymbol{\alpha}_2,\cdots,\boldsymbol{\alpha}_r$ 是齐次线性方程组 $\boldsymbol{A}\boldsymbol{x}=\boldsymbol{0}$ 的 r 个解向量，如果向量组 $\boldsymbol{\alpha}_1,\boldsymbol{\alpha}_2,\cdots,\boldsymbol{\alpha}_r$ 满足：

(1) $\boldsymbol{\alpha}_1,\boldsymbol{\alpha}_2,\cdots,\boldsymbol{\alpha}_r$ 线性无关；

(2) 方程组 $\boldsymbol{A}\boldsymbol{x}=\boldsymbol{0}$ 的任意一个解向量 $\boldsymbol{\alpha}$ 都可由 $\boldsymbol{\alpha}_1,\boldsymbol{\alpha}_2,\cdots,\boldsymbol{\alpha}_r$ 线性表示，

则称向量组 $\boldsymbol{\alpha}_1,\boldsymbol{\alpha}_2,\cdots,\boldsymbol{\alpha}_r$ 为齐次线性方程组 $\boldsymbol{A}\boldsymbol{x}=\boldsymbol{0}$ 的一个**基础解系**.

易知，基础解系就是解空间 V 的一个基. 显然，齐次线性方程组的基础解系不是唯一的.

定理 3.15　**若齐次线性方程组 $\boldsymbol{A}_{m\times n}\boldsymbol{x}=\boldsymbol{0}$ 有非零解，则它一定有基础解系，且基础解系所含解向量的个数为 $n-r$，其中 r 是系数矩阵的秩.**

证　设齐次线性方程组 $\boldsymbol{A}_{m\times n}\boldsymbol{x}=\boldsymbol{0}$ 的系数矩阵

$$\boldsymbol{A}_{m\times n}=\begin{pmatrix} a_{11} & a_{12} & \cdots & a_{1n} \\ a_{21} & a_{22} & \cdots & a_{2n} \\ \vdots & \vdots & & \vdots \\ a_{m1} & a_{m2} & \cdots & a_{mn} \end{pmatrix},$$

且 $\mathrm{r}(\boldsymbol{A})=r$，易知 $r<n$.

对矩阵 $\boldsymbol{A}_{m\times n}$ 施行初等行变换，$\boldsymbol{A}_{m\times n}$ 可化为

$$\begin{pmatrix} 1 & 0 & \cdots & 0 & c_{1,r+1} & c_{1,r+2} & \cdots & c_{1n} \\ 0 & 1 & \cdots & 0 & c_{2,r+1} & c_{2,r+2} & \cdots & c_{2n} \\ \vdots & \vdots & & \vdots & \vdots & \vdots & & \vdots \\ 0 & 0 & \cdots & 1 & c_{r,r+1} & c_{r,r+2} & \cdots & c_{rn} \\ 0 & 0 & \cdots & 0 & 0 & 0 & \cdots & 0 \\ 0 & 0 & \cdots & 0 & 0 & 0 & \cdots & 0 \\ \vdots & \vdots & & \vdots & \vdots & \vdots & & \vdots \\ 0 & 0 & \cdots & 0 & 0 & 0 & \cdots & 0 \end{pmatrix},$$

与之对应的方程组为

$$\begin{cases} x_1+c_{1,r+1}x_{r+1}+c_{1,r+2}x_{r+2}+\cdots+c_{1n}x_n=0, \\ x_2+c_{2,r+1}x_{r+1}+c_{2,r+2}x_{r+2}+\cdots+c_{2n}x_n=0, \\ \qquad\cdots\cdots \\ x_r+c_{r,r+1}x_{r+1}+c_{r,r+2}x_{r+2}+\cdots+c_{rn}x_n=0. \end{cases} \tag{3.10}$$

对自由未知量 $x_{r+1},x_{r+2},\cdots,x_n$ 分别取值

$$\begin{pmatrix} x_{r+1} \\ x_{r+2} \\ \vdots \\ x_n \end{pmatrix} = \begin{pmatrix} 1 \\ 0 \\ \vdots \\ 0 \end{pmatrix}, \quad \begin{pmatrix} 0 \\ 1 \\ \vdots \\ 0 \end{pmatrix}, \quad \cdots, \quad \begin{pmatrix} 0 \\ 0 \\ \vdots \\ 1 \end{pmatrix},$$

可求出原方程组的 $n-r$ 个解向量

$$\boldsymbol{\alpha}_1 = \begin{pmatrix} -c_{1,r+1} \\ -c_{2,r+1} \\ \vdots \\ -c_{r,r+1} \\ 1 \\ 0 \\ \vdots \\ 0 \end{pmatrix}, \quad \boldsymbol{\alpha}_2 = \begin{pmatrix} -c_{1,r+2} \\ -c_{2,r+2} \\ \vdots \\ -c_{r,r+2} \\ 0 \\ 1 \\ \vdots \\ 0 \end{pmatrix}, \quad \cdots, \quad \boldsymbol{\alpha}_{n-r} = \begin{pmatrix} -c_{1n} \\ -c_{2n} \\ \vdots \\ -c_{rn} \\ 0 \\ 0 \\ \vdots \\ 1 \end{pmatrix}.$$

下面证明向量组 $\boldsymbol{\alpha}_1,\boldsymbol{\alpha}_2,\cdots,\boldsymbol{\alpha}_{n-r}$ 就是原方程组的基础解系.

首先，这 $n-r$ 个解向量显然线性无关.

其次，设 $(k_1,k_2,\cdots,k_n)^{\mathrm{T}}$ 是原方程组的任一解，代入方程组(3.10)可得

$$\begin{cases} k_1 = -c_{1,r+1}k_{r+1} - c_{1,r+2}k_{r+2} - \cdots - c_{1n}k_n, \\ k_2 = -c_{2,r+1}k_{r+1} - c_{2,r+2}k_{r+2} - \cdots - c_{2n}k_n, \\ \qquad\qquad \cdots\cdots \\ k_r = -c_{r,r+1}k_{r+1} - c_{r,r+2}k_{r+2} - \cdots - c_{rn}k_n, \\ k_{r+1} = k_{r+1}, \\ k_{r+2} = k_{r+2}, \\ \cdots\cdots \\ k_n = k_n, \end{cases}$$

于是

$$\begin{pmatrix} k_1 \\ k_2 \\ \vdots \\ k_n \end{pmatrix} = k_{r+1}\boldsymbol{\alpha}_1 + k_{r+2}\boldsymbol{\alpha}_2 + \cdots + k_n\boldsymbol{\alpha}_{n-r}.$$

因此，方程组 $\boldsymbol{A}_{m\times n}\boldsymbol{x}=\boldsymbol{0}$ 的每一个解向量都可由向量组 $\boldsymbol{\alpha}_1,\boldsymbol{\alpha}_2,\cdots,\boldsymbol{\alpha}_{n-r}$ 线性表示，所以向量组 $\boldsymbol{\alpha}_1,\boldsymbol{\alpha}_2,\cdots,\boldsymbol{\alpha}_{n-r}$ 为原方程组的一个基础解系.

定理 3.15 实际上给出了求齐次线性方程组的基础解系的一种方法.

若齐次线性方程组 $\boldsymbol{Ax}=\boldsymbol{0}$ 有非零解，设向量组 $\boldsymbol{\alpha}_1,\boldsymbol{\alpha}_2,\cdots,\boldsymbol{\alpha}_r$ 为 $\boldsymbol{Ax}=\boldsymbol{0}$ 的一个基础解系，则 $\boldsymbol{Ax}=\boldsymbol{0}$ 的任意一个解 $\boldsymbol{x}$ 都可写成

$$\boldsymbol{x} = k_1\boldsymbol{\alpha}_1 + k_2\boldsymbol{\alpha}_2 + \cdots + k_r\boldsymbol{\alpha}_r, \quad k_1,k_2,\cdots,k_r \text{ 为任意常数}.$$

称上式为齐次线性方程组 $\boldsymbol{Ax}=\boldsymbol{0}$ 的**通解**，这就是齐次线性方程组解的结构.

例 3.28　求齐次线性方程组

$$\begin{cases} x_1+x_2+x_3+x_4=0, \\ 2x_1+2x_2+x_3+3x_4=0, \\ x_1+x_2+2x_3=0 \end{cases}$$

的基础解系和通解.

解　对方程组的系数矩阵 $\boldsymbol{A}$ 施行初等行变换，将 $\boldsymbol{A}$ 化为行最简形矩阵有

$$\boldsymbol{A}=\begin{pmatrix} 1 & 1 & 1 & 1 \\ 2 & 2 & 1 & 3 \\ 1 & 1 & 2 & 0 \end{pmatrix} \to \begin{pmatrix} 1 & 1 & 1 & 1 \\ 0 & 0 & -1 & 1 \\ 0 & 0 & 1 & -1 \end{pmatrix} \to \begin{pmatrix} 1 & 1 & 1 & 1 \\ 0 & 0 & -1 & 1 \\ 0 & 0 & 0 & 0 \end{pmatrix} \to \begin{pmatrix} 1 & 1 & 0 & 2 \\ 0 & 0 & 1 & -1 \\ 0 & 0 & 0 & 0 \end{pmatrix}.$$

取 x_2,x_4 为自由未知量，分别令 $x_2=1,x_4=0$ 及 $x_2=0,x_4=1$，得到原方程组的基础解系

$$\boldsymbol{\alpha}_1=\begin{pmatrix} -1 \\ 1 \\ 0 \\ 0 \end{pmatrix}, \quad \boldsymbol{\alpha}_2=\begin{pmatrix} -2 \\ 0 \\ 1 \\ 1 \end{pmatrix},$$

从而原方程组的通解为

$$\begin{pmatrix} x_1 \\ x_2 \\ x_3 \\ x_4 \end{pmatrix}=k_1\boldsymbol{\alpha}_1+k_2\boldsymbol{\alpha}_2, \quad k_1,k_2 \text{ 为任意常数}.$$

例 3.29　设 $\boldsymbol{B}$ 是一个三阶非零矩阵，它的每一列都是齐次线性方程组

$$\begin{cases} x_1+2x_2-2x_3=0, \\ 2x_1-x_2+\lambda x_3=0, \\ 3x_1+x_2-x_3=0 \end{cases}$$

的解，求 λ 的值和 $|\boldsymbol{B}|$.

解　由于 $\boldsymbol{B}$ 是一个三阶非零矩阵，因此 $\boldsymbol{B}$ 中至少有一列向量不是零向量. 又由于 $\boldsymbol{B}$ 的每一列都是所给齐次线性方程组的解，故该齐次线性方程组有非零解，从而系数矩阵的行列式

$$|\boldsymbol{A}|=\begin{vmatrix} 1 & 2 & -2 \\ 2 & -1 & \lambda \\ 3 & 1 & -1 \end{vmatrix}=5\lambda-5=0,$$

解得 $\lambda=1$.

当 $\lambda=1$ 时，$\mathrm{r}(\boldsymbol{A})=2$，于是原齐次线性方程组的基础解系中只含有一个解向量，则 $\boldsymbol{B}$ 的三个列向量线性相关，因此 $|\boldsymbol{B}|=0$.

3.5.2　非齐次线性方程组解的结构

对于非齐次线性方程组 $\boldsymbol{Ax}=\boldsymbol{b}$，若令 $\boldsymbol{b}=\boldsymbol{0}$，则得到一个相应的齐次线性方程组 $\boldsymbol{Ax}=\boldsymbol{0}$，称 $\boldsymbol{Ax}=\boldsymbol{0}$ 为非齐次线性方程组 $\boldsymbol{Ax}=\boldsymbol{b}$ 的**导出方程组**.

定理 3.1 给出了非齐次线性方程组有解以及解不唯一的充要条件. 由消元法解线性方程组，当解不唯一时，一定有无穷多组解. 这里我们将从非齐次线性方程组解的性质，给出解的

结构.

关于非齐次线性方程组的解有以下定理.

定理 3.16 **非齐次线性方程组 $\boldsymbol{Ax}=\boldsymbol{b}$ 的任意两个解 $\boldsymbol{x}_1,\boldsymbol{x}_2$ 的差 $\boldsymbol{x}_1-\boldsymbol{x}_2$ 是它的导出方程组 $\boldsymbol{Ax}=\boldsymbol{0}$ 的解.**

证 由题意,$\boldsymbol{Ax}_1=\boldsymbol{b},\boldsymbol{Ax}_2=\boldsymbol{b}$,故

$$\boldsymbol{A}(\boldsymbol{x}_1-\boldsymbol{x}_2)=\boldsymbol{Ax}_1-\boldsymbol{Ax}_2=\boldsymbol{b}-\boldsymbol{b}=\boldsymbol{0},$$

从而 $\boldsymbol{x}_1-\boldsymbol{x}_2$ 是导出方程组 $\boldsymbol{Ax}=\boldsymbol{0}$ 的解.

定理 3.17 **设非齐次线性方程组 $\boldsymbol{Ax}=\boldsymbol{b}$ 有一个解 $\boldsymbol{y}$,且 $\boldsymbol{x}_c$ 是导出方程组 $\boldsymbol{Ax}=\boldsymbol{0}$ 的通解,则非齐次线性方程组 $\boldsymbol{Ax}=\boldsymbol{b}$ 的通解 $\boldsymbol{x}$ 可表示为**

$$\boldsymbol{x}=\boldsymbol{x}_c+\boldsymbol{y}. \tag{3.11}$$

证 设 $\boldsymbol{x}$ 是非齐次线性方程组的任意一个解,则由定理 3.16,$\boldsymbol{x}-\boldsymbol{y}$ 是导出方程组 $\boldsymbol{Ax}=\boldsymbol{0}$ 的解.

由 $\boldsymbol{x}$ 的任意性,当 $\boldsymbol{x}$ 取遍 $\boldsymbol{Ax}=\boldsymbol{b}$ 的一切解时,得到 $\boldsymbol{x}-\boldsymbol{y}$ 是 $\boldsymbol{Ax}=\boldsymbol{0}$ 的通解,从而有

$$\boldsymbol{x}_c=\boldsymbol{x}-\boldsymbol{y},$$

即 $\boldsymbol{Ax}=\boldsymbol{b}$ 的通解为

$$\boldsymbol{x}=\boldsymbol{x}_c+\boldsymbol{y}.$$

若设 $\mathrm{r}(\boldsymbol{A})=r$,$\boldsymbol{Ax}=\boldsymbol{b}$ 的一个解为 $\boldsymbol{y}$,向量 $\boldsymbol{\alpha}_1,\boldsymbol{\alpha}_2,\cdots,\boldsymbol{\alpha}_{n-r}$ 为导出方程组 $\boldsymbol{Ax}=\boldsymbol{0}$ 的基础解系,则非齐次线性方程组 $\boldsymbol{Ax}=\boldsymbol{b}$ 的通解可写成

$$\boldsymbol{x}=k_1\boldsymbol{\alpha}_1+k_2\boldsymbol{\alpha}_2+\cdots+k_{n-r}\boldsymbol{\alpha}_{n-r}+\boldsymbol{y},\quad k_1,k_2,\cdots,k_{n-r}\text{ 为任意常数}.$$

例 3.30 求非齐次线性方程组

$$\begin{cases} x_1+x_2-x_3+2x_4=3, \\ 2x_1+x_2-3x_4=1, \\ -2x_1-2x_3+10x_4=4 \end{cases}$$

的通解.

解 对增广矩阵 $(\boldsymbol{A}\mid\boldsymbol{b})$ 施行初等行变换有

$$(\boldsymbol{A}\mid\boldsymbol{b})=\left(\begin{array}{cccc|c} 1 & 1 & -1 & 2 & 3 \\ 2 & 1 & 0 & -3 & 1 \\ -2 & 0 & -2 & 10 & 4 \end{array}\right)\to\left(\begin{array}{cccc|c} 1 & 1 & -1 & 2 & 3 \\ 0 & -1 & 2 & -7 & -5 \\ 0 & 2 & -4 & 14 & 10 \end{array}\right)$$

$$\to\left(\begin{array}{cccc|c} 1 & 1 & -1 & 2 & 3 \\ 0 & -1 & 2 & -7 & -5 \\ 0 & 0 & 0 & 0 & 0 \end{array}\right)\to\left(\begin{array}{cccc|c} 1 & 0 & 1 & -5 & -2 \\ 0 & 1 & -2 & 7 & 5 \\ 0 & 0 & 0 & 0 & 0 \end{array}\right).$$

令 $x_3=x_4=0$,得到原方程组的一个解 $(-2,5,0,0)^{\mathrm{T}}$. 对自由未知量 x_3,x_4 分别取值 $x_3=1,x_4=0$ 及 $x_3=0,x_4=1$,得到导出方程组的基础解系

$$\boldsymbol{\alpha}_1=\begin{pmatrix} -1 \\ 2 \\ 1 \\ 0 \end{pmatrix},\quad \boldsymbol{\alpha}_2=\begin{pmatrix} 5 \\ -7 \\ 0 \\ 1 \end{pmatrix},$$

所以原方程组的通解为

$$x = k_1\begin{pmatrix}-1\\2\\1\\0\end{pmatrix}+k_2\begin{pmatrix}5\\-7\\0\\1\end{pmatrix}+\begin{pmatrix}-2\\5\\0\\0\end{pmatrix},\quad k_1,k_2\text{ 为任意常数}.$$

例 3.31　当 a,b 取何值时，线性方程组

$$\begin{cases}x_1+x_2+x_3+x_4=0,\\ x_2+2x_3+2x_4=1,\\ -x_2+(a-3)x_3-2x_4=b,\\ 3x_1+2x_2+x_3+ax_4=-1\end{cases}$$

(1) 有唯一解？(2) 无解？(3) 有无穷多组解？并在有无穷多组解时求其通解.

解　(1) 方程组有唯一解的充要条件是系数矩阵的行列式 $|\boldsymbol{A}|\neq 0$，又

$$|\boldsymbol{A}|=\begin{vmatrix}1&1&1&1\\0&1&2&2\\0&-1&a-3&-2\\3&2&1&a\end{vmatrix}=(a-1)^2,$$

故 $a\neq 1$ 时，方程组有唯一解.

(2) 当 $a=1$ 时，对增广矩阵施行初等行变换有

$$\overline{\boldsymbol{A}}=\left(\begin{array}{cccc:c}1&1&1&1&0\\0&1&2&2&1\\0&-1&-2&-2&b\\3&2&1&1&-1\end{array}\right)\to\left(\begin{array}{cccc:c}1&1&1&1&0\\0&1&2&2&1\\0&-1&-2&-2&b\\0&-1&-2&-2&-1\end{array}\right)\to\left(\begin{array}{cccc:c}1&1&1&1&0\\0&1&2&2&1\\0&0&0&0&b+1\\0&0&0&0&0\end{array}\right).$$

当 $a=1,b\neq -1$ 时，$\mathrm{r}(\boldsymbol{A})=2<\mathrm{r}(\overline{\boldsymbol{A}})=3$，原方程组无解.

(3) 当 $a=1,b=-1$ 时，$\mathrm{r}(\boldsymbol{A})=\mathrm{r}(\overline{\boldsymbol{A}})=2<4$，原方程组有无穷多组解，此时可将矩阵 $\overline{\boldsymbol{A}}$ 继续化为

$$\overline{\boldsymbol{A}}\to\left(\begin{array}{cccc:c}1&0&-1&-1&-1\\0&1&2&2&1\\0&0&0&0&0\\0&0&0&0&0\end{array}\right),$$

从而原方程组的通解为

$$x = k_1\begin{pmatrix}1\\-2\\1\\0\end{pmatrix}+k_2\begin{pmatrix}1\\-2\\0\\1\end{pmatrix}+\begin{pmatrix}-1\\1\\0\\0\end{pmatrix},\quad k_1,k_2\text{ 为任意常数}.$$

例 3.32　设四元非齐次线性方程组 $\boldsymbol{Ax}=\boldsymbol{b}$ 的系数矩阵 $\boldsymbol{A}$ 的秩为 3，已知该方程组的 3 个解向量分别为 $\boldsymbol{x}_1,\boldsymbol{x}_2,\boldsymbol{x}_3$，其中

$$\boldsymbol{x}_1=\begin{pmatrix}3\\-4\\1\\2\end{pmatrix},\quad \boldsymbol{x}_2+\boldsymbol{x}_3=\begin{pmatrix}4\\6\\8\\0\end{pmatrix},$$

求该方程组的通解.

解 因四元非齐次线性方程组 $\boldsymbol{Ax}=\boldsymbol{b}$ 的系数矩阵 $\boldsymbol{A}$ 的秩为 3,则其导出方程组 $\boldsymbol{Ax}=\boldsymbol{0}$ 的基础解系含有 $4-3=1$ 个向量,因而导出方程组 $\boldsymbol{Ax}=\boldsymbol{0}$ 的任何一个非零解都可作为它的基础解系.易知

$$\boldsymbol{x}_1-\frac{1}{2}(\boldsymbol{x}_2+\boldsymbol{x}_3)=\begin{pmatrix}3\\-4\\1\\2\end{pmatrix}-\frac{1}{2}\begin{pmatrix}4\\6\\8\\0\end{pmatrix}=\begin{pmatrix}1\\-7\\-3\\2\end{pmatrix}\neq\boldsymbol{0}$$

是导出方程组 $\boldsymbol{Ax}=\boldsymbol{0}$ 的一个非零解,故所求方程组的通解为

$$\boldsymbol{x}=k\begin{pmatrix}1\\-7\\-3\\2\end{pmatrix}+\begin{pmatrix}3\\-4\\1\\2\end{pmatrix},\quad k\text{ 为任意常数.}$$

拓展阅读

习 题 三

1. 用消元法求解下列线性方程组:

(1) $\begin{cases}2x_1+x_2-x_3+x_4=1,\\4x_1+2x_2-2x_3+x_4=2,\\2x_1+x_2-x_3-x_4=1;\end{cases}$

(2) $\begin{cases}2x_1+3x_2-x_3+5x_4=0,\\3x_1+x_2+2x_3-7x_4=0,\\4x_1+x_2-3x_3+6x_4=0,\\x_1-2x_2+4x_3-7x_4=0;\end{cases}$

(3) $\begin{cases}x_1+x_2+2x_3+2x_4+7x_5=0,\\2x_1+3x_2+4x_3+5x_4=0,\\3x_1+5x_2+6x_3+8x_4=0.\end{cases}$

2. 当 λ 取何值时,下列线性方程组有唯一解、无解或有无穷多组解?并在有无穷多组解时求出其通解:

(1) $\begin{cases}\lambda x_1+x_2+x_3=1,\\x_1+\lambda x_2+x_3=\lambda,\\x_1+x_2+\lambda x_3=\lambda^2;\end{cases}$

(2) $\begin{cases}(\lambda-2)x_1+2x_2-2x_3=1,\\ 2x_1+(5-\lambda)x_2-4x_3=2,\\ -2x_1-4x_2+(5-\lambda)x_3=-\lambda-1.\end{cases}$

3. 当 a,b 取何值时，齐次线性方程组

$$\begin{cases}ax_1+x_2+x_3=0,\\ x_1+bx_2+x_3=0,\\ x_1+2bx_2+x_3=0\end{cases}$$

有非零解？并求出其通解.

4. 当 a,b 取何值时，线性方程组

$$\begin{cases}x_1+x_2-2x_3+3x_4=0,\\ 2x_1+x_2-6x_3+4x_4=-1,\\ 3x_1+2x_2+ax_3+7x_4=-1,\\ x_1-x_2-6x_3-x_4=b\end{cases}$$

无解、有唯一解或有无穷多组解？并在有无穷多组解时求出其通解.

5. 设向量

$$\boldsymbol{\alpha}_1=(1,-1,0),\quad \boldsymbol{\alpha}_2=(0,1,2),\quad \boldsymbol{\alpha}_3=(2,1,1),$$

求 $\boldsymbol{\alpha}_1-2\boldsymbol{\alpha}_2$ 及 $2\boldsymbol{\alpha}_1-\boldsymbol{\alpha}_2+\boldsymbol{\alpha}_3$.

6. 设向量 $\boldsymbol{\alpha}_1=(2,5,1,3)$，$\boldsymbol{\alpha}_2=(10,1,5,10)$，$\boldsymbol{\alpha}_3=(4,1,-1,1)$，向量 $\boldsymbol{\alpha}$ 满足

$$3(\boldsymbol{\alpha}_1-\boldsymbol{\alpha})+2(\boldsymbol{\alpha}_2+\boldsymbol{\alpha})=5(\boldsymbol{\alpha}_3+\boldsymbol{\alpha}),$$

求 $\boldsymbol{\alpha}$.

7. 将下列向量 $\boldsymbol{\beta}$ 表示为其他向量的线性组合：

(1) $\boldsymbol{\beta}=(3,5,6)$，$\boldsymbol{\alpha}_1=(1,0,1)$，$\boldsymbol{\alpha}_2=(1,1,1)$，$\boldsymbol{\alpha}_3=(0,-1,-1)$；

(2) $\boldsymbol{\beta}=(2,-1,5,1)$，$\boldsymbol{\varepsilon}_1=(1,0,0,0)$，$\boldsymbol{\varepsilon}_2=(0,1,0,0)$，$\boldsymbol{\varepsilon}_3=(0,0,1,0)$，$\boldsymbol{\varepsilon}_4=(0,0,0,1)$.

8. 设有向量组 $\boldsymbol{\alpha}_1=(a,2,10)$，$\boldsymbol{\alpha}_2=(-2,1,5)$，$\boldsymbol{\alpha}_3=(-1,1,4)$，$\boldsymbol{\beta}=(1,b,-1)$，问 a,b 为何值时：

(1) 向量 $\boldsymbol{\beta}$ 不能由向量组 $\boldsymbol{\alpha}_1,\boldsymbol{\alpha}_2,\boldsymbol{\alpha}_3$ 线性表示？

(2) 向量 $\boldsymbol{\beta}$ 能由向量组 $\boldsymbol{\alpha}_1,\boldsymbol{\alpha}_2,\boldsymbol{\alpha}_3$ 线性表示，且表示法唯一？

(3) 向量 $\boldsymbol{\beta}$ 能由向量组 $\boldsymbol{\alpha}_1,\boldsymbol{\alpha}_2,\boldsymbol{\alpha}_3$ 线性表示，且表示法不唯一？

9. 判断下列向量组的线性相关性：

(1) $\boldsymbol{\alpha}_1=(1,-1,2)$，$\boldsymbol{\alpha}_2=(2,3,1)$，$\boldsymbol{\alpha}_3=(0,0,0)$；

(2) $\boldsymbol{\alpha}_1=(1,0,0,2)$，$\boldsymbol{\alpha}_2=(0,1,0,3)$，$\boldsymbol{\alpha}_3=(0,0,1,5)$；

(3) $\boldsymbol{\alpha}_1=(1,2,3)$，$\boldsymbol{\alpha}_2=(2,3,4)$，$\boldsymbol{\alpha}_3=(3,4,5)$，$\boldsymbol{\alpha}_4=(4,5,6)$；

(4) $\boldsymbol{\alpha}_1=(1,2,-1,0)$，$\boldsymbol{\alpha}_2=(2,-1,3,1)$，$\boldsymbol{\alpha}_3=(0,1,2,1)$，$\boldsymbol{\alpha}_4=(1,0,2,-1)$.

10. 问 t 取何值时，向量组 $\boldsymbol{\alpha}_1=(1,2,3)$，$\boldsymbol{\alpha}_2=(2,2,2)$，$\boldsymbol{\alpha}_3=(3,0,t)$ 线性无关？

11. 证明：向量组 $\boldsymbol{\beta}_1=\boldsymbol{\alpha}_1+\boldsymbol{\alpha}_2$，$\boldsymbol{\beta}_2=\boldsymbol{\alpha}_2+\boldsymbol{\alpha}_3$，$\boldsymbol{\beta}_3=\boldsymbol{\alpha}_3+\boldsymbol{\alpha}_4$，$\boldsymbol{\beta}_4=\boldsymbol{\alpha}_4+\boldsymbol{\alpha}_1$ 线性相关，其中 $\boldsymbol{\alpha}_1$，$\boldsymbol{\alpha}_2$，$\boldsymbol{\alpha}_3$，$\boldsymbol{\alpha}_4$ 是任意 n 维向量.

12. 设向量组 $\boldsymbol{\alpha}_1,\boldsymbol{\alpha}_2,\boldsymbol{\alpha}_3$ 线性无关，证明：向量组 $\boldsymbol{\alpha}_1,\boldsymbol{\alpha}_1+\boldsymbol{\alpha}_2,\boldsymbol{\alpha}_1+\boldsymbol{\alpha}_2+\boldsymbol{\alpha}_3$ 也线性无关.

13. 设非零向量 $\boldsymbol{\beta}$ 可由向量组 $\boldsymbol{\alpha}_1,\boldsymbol{\alpha}_2,\cdots,\boldsymbol{\alpha}_r$ 线性表示，但不能由向量组 $\boldsymbol{\alpha}_1,\boldsymbol{\alpha}_2,\cdots,\boldsymbol{\alpha}_{r-1}$ 线性表示，证明：向量组 $\boldsymbol{\alpha}_1,\boldsymbol{\alpha}_2,\cdots,\boldsymbol{\alpha}_{r-1},\boldsymbol{\beta}$ 与向量组 $\boldsymbol{\alpha}_1,\boldsymbol{\alpha}_2,\cdots,\boldsymbol{\alpha}_{r-1},\boldsymbol{\alpha}_r$ 等价.

14. 设三维列向量组 $\boldsymbol{\alpha}_1,\boldsymbol{\alpha}_2,\boldsymbol{\alpha}_3$ 线性无关，$\boldsymbol{A}$ 是三阶方阵，且有

$$\boldsymbol{A}\boldsymbol{\alpha}_1=\boldsymbol{\alpha}_1+2\boldsymbol{\alpha}_2+3\boldsymbol{\alpha}_3,\quad \boldsymbol{A}\boldsymbol{\alpha}_2=2\boldsymbol{\alpha}_2+3\boldsymbol{\alpha}_3,\quad \boldsymbol{A}\boldsymbol{\alpha}_3=3\boldsymbol{\alpha}_2-4\boldsymbol{\alpha}_3,$$

试求 $|\boldsymbol{A}|$.

15. 求下列向量组的秩与一个极大无关组：

(1) $\boldsymbol{\alpha}_1=(1,2,1,3),\boldsymbol{\alpha}_2=(4,-1,-5,-6),\boldsymbol{\alpha}_3=(1,-3,-4,-7)$;

(2) $\boldsymbol{\alpha}_1=(1,1,1),\boldsymbol{\alpha}_2=(1,1,0),\boldsymbol{\alpha}_3=(1,0,0),\boldsymbol{\alpha}_4=(1,2,-3)$;

(3) $\boldsymbol{\alpha}_1=(1,1,3,1),\boldsymbol{\alpha}_2=(-1,1,-1,3),\boldsymbol{\alpha}_3=(5,-2,8,-9),\boldsymbol{\alpha}_4=(-1,3,1,7)$;

(4) $\boldsymbol{\alpha}_1=(1,-1,2,4),\boldsymbol{\alpha}_2=(0,3,1,2),\boldsymbol{\alpha}_3=(3,0,7,14),\boldsymbol{\alpha}_4=(1,-1,2,0),\boldsymbol{\alpha}_5=(2,1,5,6)$.

16. 求向量组 $\boldsymbol{\alpha}_1=(2,1,1,1),\boldsymbol{\alpha}_2=(-1,1,7,10),\boldsymbol{\alpha}_3=(3,1,-1,-2),\boldsymbol{\alpha}_4=(8,5,9,11)$ 的一个极大无关组，并将其余向量用此极大无关组线性表示.

17. 若向量组 $\boldsymbol{\alpha}_1=(a,3,1),\boldsymbol{\alpha}_2=(2,b,3),\boldsymbol{\alpha}_3=(1,2,1),\boldsymbol{\alpha}_4=(2,3,1)$ 的秩为 2，求 a,b 的值.

18. 求下列矩阵的秩及行向量组的一个极大无关组：

(1) $\begin{pmatrix} 25 & 31 & 17 & 43 \\ 75 & 94 & 53 & 132 \\ 75 & 94 & 54 & 134 \\ 25 & 32 & 20 & 48 \end{pmatrix}$;

(2) $\begin{pmatrix} 1 & 1 & 2 & 2 & 1 \\ 0 & 2 & 1 & 5 & -1 \\ 2 & 0 & 3 & -1 & 3 \\ 1 & 1 & 0 & 4 & -1 \end{pmatrix}$.

19. 设 $\boldsymbol{A}$ 是 $s\times n$ 矩阵，且 $\boldsymbol{A}$ 的行向量组线性无关，$\boldsymbol{K}$ 是 $r\times s$ 矩阵，$\boldsymbol{B}=\boldsymbol{K}\boldsymbol{A}$，证明：矩阵 $\boldsymbol{B}$ 的行向量组线性无关的充要条件是 $\mathrm{r}(\boldsymbol{K})=r$.

20. 设集合

$$V_1=\left\{(x_1,x_2,\cdots,x_n)\,\middle|\,x_1,x_2,\cdots,x_n\in\mathbf{R},\sum_{i=1}^{n}x_i=0\right\},$$

$$V_2=\left\{(x_1,x_2,\cdots,x_n)\,\middle|\,x_1,x_2,\cdots,x_n\in\mathbf{R},\sum_{i=1}^{n}x_i=1\right\},$$

$$V_3=\{(x_1,x_2,\cdots,x_{n-1},0)\,|\,x_1,x_2,\cdots,x_{n-1}\in\mathbf{R}\},$$

试问：V_1,V_2,V_3 是不是 $\mathbf{R}^n$ 的子空间，为什么？

21. 证明：由向量 $\boldsymbol{\alpha}_1=(1,1,0),\boldsymbol{\alpha}_2=(0,1,1),\boldsymbol{\alpha}_3=(1,0,1)$ 生成的向量空间就是 $\mathbf{R}^3$.

22. 求由向量

$$\boldsymbol{\alpha}_1=(1,2,1,0),\quad \boldsymbol{\alpha}_2=(1,1,1,2),\quad \boldsymbol{\alpha}_3=(3,4,3,4),\quad \boldsymbol{\alpha}_4=(1,1,2,1),\quad \boldsymbol{\alpha}_5=(4,5,6,4)$$

生成的向量空间的一个基及其维数.

23. 验证：$\boldsymbol{\alpha}_1=(1,2,3)$，$\boldsymbol{\alpha}_2=(-4,5,6)$，$\boldsymbol{\alpha}_3=(7,-8,9)$ 是 $\mathbf{R}^3$ 的一个基，并求向量 $\boldsymbol{\alpha}=(5,-12,3)$ 在这个基下的坐标.

24. 求下列齐次线性方程组的一个基础解系：

(1) $\begin{cases} x_1-8x_2+10x_3+2x_4=0, \\ 2x_1+4x_2+5x_3-x_4=0, \\ 3x_1+8x_2+6x_3-2x_4=0; \end{cases}$

(2) $\begin{cases} 2x_1-3x_2-2x_3+x_4=0, \\ 3x_1+5x_2+4x_3-2x_4=0, \\ 8x_1+7x_2+6x_3-3x_4=0. \end{cases}$

25. 设向量组 $\boldsymbol{\alpha}_1,\boldsymbol{\alpha}_2$ 是某个齐次线性方程组的基础解系，证明：向量组 $\boldsymbol{\alpha}_1+\boldsymbol{\alpha}_2$，$2\boldsymbol{\alpha}_1-\boldsymbol{\alpha}_2$ 也是该齐次线性方程组的基础解系.

26. 求下列非齐次线性方程组的通解：

(1) $\begin{cases} x_1+x_2=5, \\ 2x_1+x_2+x_3+2x_4=1, \\ 5x_1+3x_2+2x_3+2x_4=3; \end{cases}$

(2) $\begin{cases} x_1-5x_2+2x_3-3x_4=11, \\ 5x_1+3x_2+6x_3-x_4=-1, \\ 2x_1+4x_2+2x_3+x_4=-6. \end{cases}$

27. 设四元非齐次线性方程组的系数矩阵的秩为 3，已知 $\boldsymbol{\eta}_1,\boldsymbol{\eta}_2,\boldsymbol{\eta}_3$ 是它的三个解向量，且 $\boldsymbol{\eta}_1=(2,3,4,5)^{\mathrm{T}}$，$\boldsymbol{\eta}_2+\boldsymbol{\eta}_3=(1,2,3,4)^{\mathrm{T}}$，求该方程组的通解.

28. 设矩阵 $\boldsymbol{A}=\begin{pmatrix} 1 & 2 & 1 & 2 \\ 0 & 1 & t & t \\ 1 & t & 0 & 1 \end{pmatrix}$，齐次线性方程组 $\boldsymbol{Ax}=\boldsymbol{0}$ 的基础解系中含有 2 个线性无关的解向量，试求方程组 $\boldsymbol{Ax}=\boldsymbol{0}$ 的通解.

29. 设矩阵

$$\boldsymbol{A}=\begin{pmatrix} 2 & 1 & 1 & 2 \\ 0 & 1 & 3 & 1 \\ 1 & \lambda & u & 1 \end{pmatrix},\quad \boldsymbol{b}=\begin{pmatrix} 0 \\ 1 \\ 0 \end{pmatrix},\quad \boldsymbol{\eta}=\begin{pmatrix} 1 \\ -1 \\ 1 \\ -1 \end{pmatrix},$$

如果 $\boldsymbol{\eta}$ 是非齐次线性方程组 $\boldsymbol{Ax}=\boldsymbol{b}$ 的一个解，试求非齐次线性方程组 $\boldsymbol{Ax}=\boldsymbol{b}$ 的通解.

30. 求一个非齐次线性方程组，使它的通解为

$$\begin{pmatrix} x_1 \\ x_2 \\ x_3 \end{pmatrix}=\begin{pmatrix} 1 \\ -1 \\ 3 \end{pmatrix}+c_1\begin{pmatrix} -1 \\ 3 \\ 2 \end{pmatrix}+c_2\begin{pmatrix} 2 \\ -3 \\ 1 \end{pmatrix},\quad c_1,c_2 \text{ 为任意常数}.$$

习题参考答案

第三章测试题

一、选择题(每小题 3 分,共 15 分)

1. 设 $\boldsymbol{A}$ 是 $m\times n$ 矩阵,若(　　),则齐次线性方程组 $\boldsymbol{Ax}=\boldsymbol{0}$ 有非零解.

A. $m<n$　　B. $\mathrm{r}(\boldsymbol{A})=n$　　C. $m>n$　　D. $\mathrm{r}(\boldsymbol{A})=m$

2. 对于非齐次线性方程组 $\boldsymbol{Ax}=\boldsymbol{b}$,其中 $\boldsymbol{A}=(a_{ij})_{n\times n}$,$\boldsymbol{b}=(b_i)_{n\times 1}$,$\boldsymbol{x}=(x_j)_{n\times 1}$,则以下结论不正确的是(　　).

A. 若方程组无解,则系数矩阵的行列式 $|\boldsymbol{A}|=0$

B. 若方程组有解,则系数矩阵的行列式 $|\boldsymbol{A}|\neq 0$

C. 若方程组有解,则有唯一解,或者有无穷多组解

D. 系数矩阵的行列式 $|\boldsymbol{A}|\neq 0$ 是方程组有唯一解的充要条件

3. 设一非齐次线性方程组的增广矩阵是 $\begin{pmatrix}1&0&7&2&1\\0&1&2&-1&1\\0&-2&-4&2&-2\\0&0&0&1&5\end{pmatrix}$,则该方程组解的情况是(　　).

A. 有唯一解　　B. 无解　　C. 有四个解　　D. 有无穷多组解

4. 下列集合中不是 $\mathbf{R}^n$ 的子空间的是(　　).

A. $W_1=\{\boldsymbol{\alpha}=(x_1,x_2,\cdots,x_n)\mid x_1,x_2,\cdots,x_n\in\mathbf{R},x_1+x_2+\cdots+x_n=0\}$

B. $W_2=\{\boldsymbol{\alpha}=(x_1,x_2,\cdots,x_n)\mid x_1,x_2,\cdots,x_n\in\mathbf{R},x_1=x_2=\cdots=x_n\}$

C. $W_3=\{\boldsymbol{\alpha}=(a,b,a,b,\cdots,a,b)\mid a,b\in\mathbf{R}\}$

D. $W_4=\{\boldsymbol{\alpha}=(x_1,x_2,\cdots,x_n)\mid x_1,x_2,\cdots,x_n$ 为整数$\}$

5. 设非齐次线性方程组 $\boldsymbol{Ax}=\boldsymbol{b}$ 有导出方程组 $\boldsymbol{Ax}=\boldsymbol{0}$,则下列命题中成立的是(　　).

A. $\boldsymbol{Ax}=\boldsymbol{0}$ 只有零解时,$\boldsymbol{Ax}=\boldsymbol{b}$ 有唯一解

B. $\boldsymbol{Ax}=\boldsymbol{0}$ 有非零解时,$\boldsymbol{Ax}=\boldsymbol{b}$ 有无穷多组解

C. $\boldsymbol{Ax}=\boldsymbol{b}$ 有唯一解时,$\boldsymbol{Ax}=\boldsymbol{0}$ 只有零解

D. $\boldsymbol{Ax}=\boldsymbol{b}$ 无解时,$\boldsymbol{Ax}=\boldsymbol{0}$ 也无解

二、填空题(每小题 3 分,共 15 分)

1. 已知向量组 $\boldsymbol{\alpha}_1=(1,0,1)$,$\boldsymbol{\alpha}_2=(2,2,3)$,$\boldsymbol{\alpha}_3=(1,3,t)$ 线性无关,则 $t=$________.

2. 方程组 $\begin{cases}x_1-x_2=a_1,\\x_2-x_3=a_2,\\x_3-x_1=a_3\end{cases}$ 有解的充要条件是________.

3. 一个齐次线性方程组中共有 n_1 个方程、n_2 个未知量,其系数矩阵的秩为 n_3,若它有非零解,则它的基础解系所含解的个数为________.

4. 方程组$\begin{cases} x_1+x_2-x_3=a_1, \\ -x_1+x_2-x_3+x_4=a_2, \\ -2x_2+2x_3-x_4=a_3 \end{cases}$有无穷多组解的充要条件是________.

5. 设$\boldsymbol{A}$是n阶方阵，对任何$n\times 1$矩阵$\boldsymbol{b}$，方程组$\boldsymbol{Ax}=\boldsymbol{b}$都有解的充要条件是________.

三、解答题（每小题 10 分，共 70 分）

1. 已知向量组$\boldsymbol{\alpha}_1=\begin{pmatrix} a \\ 1 \\ 1 \end{pmatrix}$，$\boldsymbol{\alpha}_2=\begin{pmatrix} 1 \\ a \\ -1 \end{pmatrix}$，$\boldsymbol{\alpha}_3=\begin{pmatrix} 1 \\ -1 \\ a \end{pmatrix}$线性相关，求$a$的值.

2. 求向量组$\boldsymbol{\alpha}_1=(0,0,2,3)$，$\boldsymbol{\alpha}_2=(1,2,3,4)$，$\boldsymbol{\alpha}_3=(1,2,1,1)$，$\boldsymbol{\alpha}_4=(1,0,1,0)$的一个极大无关组，并将其余向量表示为该极大无关组的线性组合.

3. 设线性方程组为

$$\begin{cases} x_1+x_2+x_3+x_4=1, \\ x_1+\lambda x_2+x_3+x_4=2, \\ x_1+x_2+\lambda x_3+x_4=3, \\ x_1+x_2+x_3+(\lambda-1)x_4=1, \end{cases}$$

讨论λ为何值时，线性方程组有唯一解、无解、有无穷多组解，并在有无穷多组解时求其通解.

4. 求齐次线性方程组

$$\begin{cases} x_1-x_2-x_3+x_4=0, \\ x_1-x_2+x_3-3x_4=0, \\ x_1-x_2-2x_3+3x_4=0 \end{cases}$$

的通解.

5. 设三元非齐次线性方程组的系数矩阵的秩为1，已知$\boldsymbol{\varepsilon}_1$，$\boldsymbol{\varepsilon}_2$，$\boldsymbol{\varepsilon}_3$为其3个非零解，且$\boldsymbol{\varepsilon}_1+\boldsymbol{\varepsilon}_2=(1,2,3)^{\mathrm{T}}$，$\boldsymbol{\varepsilon}_2+\boldsymbol{\varepsilon}_3=(0,-1,1)^{\mathrm{T}}$，$\boldsymbol{\varepsilon}_3+\boldsymbol{\varepsilon}_1=(1,0,-1)^{\mathrm{T}}$，求该方程组的通解.

6. 已知n元非齐次线性方程组$\boldsymbol{Ax}=\boldsymbol{b}$中，

$$\boldsymbol{A}=\begin{pmatrix} 2a & 1 & & & & \\ a^2 & 2a & 1 & & & \\ & a^2 & 2a & 1 & & \\ & & \ddots & \ddots & \ddots & \\ & & & a^2 & 2a & 1 \\ & & & & a^2 & 2a \end{pmatrix}_{n\times n},\quad \boldsymbol{x}=\begin{pmatrix} x_1 \\ x_2 \\ \vdots \\ x_n \end{pmatrix},\quad \boldsymbol{b}=\begin{pmatrix} 1 \\ 0 \\ \vdots \\ 0 \end{pmatrix}.$$

(1) 证明：行列式$|\boldsymbol{A}|=(n+1)a^n$；

(2) 当a为何值时，该方程组有唯一解？并求x_1；

(3) 当a为何值时，该方程组有无穷多组解？并求其通解.

7. 设向量$\boldsymbol{\xi}_1$，$\boldsymbol{\xi}_2$，$\cdots$，$\boldsymbol{\xi}_s$是非齐次线性方程组$\boldsymbol{Ax}=\boldsymbol{b}$的$s$个解，$k_1$，$k_2$，$\cdots$，$k_s$为实数，且$k_1+k_2+\cdots+k_s=1$，证明：$\boldsymbol{x}=k_1\boldsymbol{\xi}_1+k_2\boldsymbol{\xi}_2+\cdots+k_s\boldsymbol{\xi}_s$也是该方程组的解.

第四章 特征值与特征向量

工程技术上的振动问题和稳定性问题，数学中方阵的对角化、曲面方程的化简、微分方程的求解及解的稳定性分析，都可归结为求一个方阵的特征值与特征向量的问题. 通过分析方阵的特征值，可以判定线性系统是否稳定. 将方阵化简为对角矩阵，也可以使计算更简单.

本章先介绍向量的相关概念，再给出方阵的特征值与特征向量的概念及性质，接着介绍相似矩阵的概念，最后讨论方阵的对角化问题.

§4.1 向量的内积、长度与正交性

4.1.1 向量的内积、长度与夹角

在空间解析几何中，三维空间 $\mathbf{R}^3$ 中两个非零向量 $\boldsymbol{\xi},\boldsymbol{\eta}$ 的内积定义为

$$\boldsymbol{\xi}\cdot\boldsymbol{\eta}=|\boldsymbol{\xi}||\boldsymbol{\eta}|\cos\theta, \tag{4.1}$$

其中 $|\boldsymbol{\xi}|,|\boldsymbol{\eta}|$ 分别表示向量 $\boldsymbol{\xi},\boldsymbol{\eta}$ 的长度，θ 表示 $\boldsymbol{\xi}$ 与 $\boldsymbol{\eta}$ 的夹角.

特别地，在空间直角坐标系中，若 $\boldsymbol{\xi}=(x_1,x_2,x_3)$，$\boldsymbol{\eta}=(y_1,y_2,y_3)$，则

$$\boldsymbol{\xi}\cdot\boldsymbol{\eta}=x_1y_1+x_2y_2+x_3y_3. \tag{4.2}$$

在(4.1)式中，内积是利用向量的长度与夹角来定义的，而 n 维向量的长度与夹角还未给出，因此我们不能像(4.1)式一样将三维向量的内积的定义推广到 n 维向量. 而利用(4.2)式，可以很自然地把内积的定义推广到 n 维向量上(本书所用向量均为实向量)，从而有如下的定义.

定义 4.1　设有 n 维向量

$$\boldsymbol{\alpha}=\begin{pmatrix}a_1\\a_2\\\vdots\\a_n\end{pmatrix},\quad \boldsymbol{\beta}=\begin{pmatrix}b_1\\b_2\\\vdots\\b_n\end{pmatrix},$$

称

$$(\boldsymbol{\alpha},\boldsymbol{\beta})=a_1b_1+a_2b_2+\cdots+a_nb_n \tag{4.3}$$

为向量 $\boldsymbol{\alpha}$ 与 $\boldsymbol{\beta}$ 的内积.

内积是两个向量之间的一种运算，也可以用矩阵运算表示内积：

$$(\boldsymbol{\alpha},\boldsymbol{\beta})=\boldsymbol{\alpha}^{\mathrm{T}}\boldsymbol{\beta}=\boldsymbol{\beta}^{\mathrm{T}}\boldsymbol{\alpha}.$$

例 4.1　设向量

$$\boldsymbol{\alpha}=(0,1,2,-2),\quad \boldsymbol{\beta}=(1,-3,0,1),$$

求 $(\boldsymbol{\alpha},\boldsymbol{\beta})$ 和 $(\boldsymbol{\alpha}+\boldsymbol{\beta},\boldsymbol{\alpha}-\boldsymbol{\beta})$.

解　由定义 4.1，有

$$(\boldsymbol{\alpha},\boldsymbol{\beta})=0\times1+1\times(-3)+2\times0+(-2)\times1=-5,$$

$$(\boldsymbol{\alpha}+\boldsymbol{\beta},\boldsymbol{\alpha}-\boldsymbol{\beta})=1\times(-1)+(-2)\times4+2\times2+(-1)\times(-3)=-2.$$

根据向量的内积的定义，容易验证向量的内积具有下列性质(也称为内积公理)：

(1) $(\boldsymbol{\alpha},\boldsymbol{\beta})=(\boldsymbol{\beta},\boldsymbol{\alpha})$；

(2) $(k\boldsymbol{\alpha},\boldsymbol{\beta})=k(\boldsymbol{\alpha},\boldsymbol{\beta})$；

(3) $(\boldsymbol{\alpha}+\boldsymbol{\beta},\boldsymbol{\gamma})=(\boldsymbol{\alpha},\boldsymbol{\gamma})+(\boldsymbol{\beta},\boldsymbol{\gamma})$；

(4) $(\boldsymbol{\alpha},\boldsymbol{\alpha})\geqslant0$，当且仅当 $\boldsymbol{\alpha}=\mathbf{0}$ 时，$(\boldsymbol{\alpha},\boldsymbol{\alpha})=0$，

其中 $\boldsymbol{\alpha},\boldsymbol{\beta},\boldsymbol{\gamma}\in\mathbf{R}^n$，$k\in\mathbf{R}$.

有了向量的内积的定义，我们可以利用(4.1)式反过来定义 n 维向量的长度与夹角.

定义 4.2 设向量 $\boldsymbol{\alpha}=(a_1,a_2,\cdots,a_n)^{\mathrm{T}}$，则称 $\sqrt{(\boldsymbol{\alpha},\boldsymbol{\alpha})}=\sqrt{a_1^2+a_2^2+\cdots+a_n^2}$ 为向量 $\boldsymbol{\alpha}$ 的**长度**(也称为**范数**)，记作 $\|\boldsymbol{\alpha}\|$.

当 $\|\boldsymbol{\alpha}\|=1$ 时，称 $\boldsymbol{\alpha}$ 为**单位向量**；对于非零向量 $\boldsymbol{\alpha}$，称 $e_{\alpha}=\dfrac{\boldsymbol{\alpha}}{\|\boldsymbol{\alpha}\|}$ 为 $\boldsymbol{\alpha}$ 的**单位化向量**，这一运算称为**把向量 $\boldsymbol{\alpha}$ 单位化**.

向量的长度具有下列性质：

(1) 非负性 $\|\boldsymbol{\alpha}\|\geqslant 0$，当且仅当 $\boldsymbol{\alpha}=\mathbf{0}$ 时，$\|\boldsymbol{\alpha}\|=0$；

(2) 齐次性 $\|k\boldsymbol{\alpha}\|=|k|\,\|\boldsymbol{\alpha}\|$；

(3) 三角不等式 $\|\boldsymbol{\alpha}+\boldsymbol{\beta}\|\leqslant\|\boldsymbol{\alpha}\|+\|\boldsymbol{\beta}\|$；

(4) 柯西-施瓦茨(Cauchy-Schwarz) 不等式 $|(\boldsymbol{\alpha},\boldsymbol{\beta})|\leqslant\|\boldsymbol{\alpha}\|\,\|\boldsymbol{\beta}\|$，

其中 $\boldsymbol{\alpha},\boldsymbol{\beta}\in\mathbf{R}^n$，$k\in\mathbf{R}$.

根据向量的长度的定义，性质(1) 和性质(2) 显然成立，性质(3) 可以根据向量长度的几何意义证明，也可以利用性质(4) 证明，下面仅证明性质(4).

证 当 $\boldsymbol{\alpha}=\mathbf{0}$ 时，显然成立.

当 $\boldsymbol{\alpha}\neq\mathbf{0}$ 时，对任意实数 x，恒有

$$(\boldsymbol{\alpha}x+\boldsymbol{\beta},\boldsymbol{\alpha}x+\boldsymbol{\beta})\geqslant 0,$$

即

$$(\boldsymbol{\alpha},\boldsymbol{\alpha})x^2+2(\boldsymbol{\alpha},\boldsymbol{\beta})x+(\boldsymbol{\beta},\boldsymbol{\beta})\geqslant 0,$$

化简得

$$\|\boldsymbol{\alpha}\|^2x^2+2(\boldsymbol{\alpha},\boldsymbol{\beta})x+\|\boldsymbol{\beta}\|^2\geqslant 0.$$

上式左端为关于 x 的二次函数，由于它非负，且与 x 轴最多有一个交点，因此其判别式

$$\Delta=4(\boldsymbol{\alpha},\boldsymbol{\beta})^2-4\|\boldsymbol{\alpha}\|^2\|\boldsymbol{\beta}\|^2\leqslant 0,$$

即

$$|(\boldsymbol{\alpha},\boldsymbol{\beta})|\leqslant\|\boldsymbol{\alpha}\|\,\|\boldsymbol{\beta}\|.$$

定义 4.3 设向量 $\boldsymbol{\alpha},\boldsymbol{\beta}\in\mathbf{R}^n$，且 $\boldsymbol{\alpha}\neq\mathbf{0},\boldsymbol{\beta}\neq\mathbf{0}$，称

$$\theta=\arccos\frac{(\boldsymbol{\alpha},\boldsymbol{\beta})}{\|\boldsymbol{\alpha}\|\,\|\boldsymbol{\beta}\|}\tag{4.4}$$

为向量 $\boldsymbol{\alpha}$ 与 $\boldsymbol{\beta}$ 的**夹角**.

当$(\boldsymbol{\alpha},\boldsymbol{\beta})=0$ 时，向量 $\boldsymbol{\alpha}$ 与 $\boldsymbol{\beta}$ 的夹角为 $\dfrac{\pi}{2}$，此时称向量 $\boldsymbol{\alpha}$ 与 $\boldsymbol{\beta}$ **正交**. 显然，n 维零向量与任意 n 维向量正交.

例 4.2 已知向量 $\boldsymbol{\alpha}=(2,1,3,2)$，$\boldsymbol{\beta}=(1,2,-2,1)$，求：

(1) $\|\boldsymbol{\alpha}\|$，$\|\boldsymbol{\beta}\|$，并把向量 $\boldsymbol{\alpha},\boldsymbol{\beta}$ 单位化；

(2) 向量 $\boldsymbol{\alpha}$ 与 $\boldsymbol{\beta}$ 的夹角 θ.

解 (1) 由定义 4.2，得

$$\|\boldsymbol{\alpha}\|=\sqrt{2^2+1^2+3^2+2^2}=3\sqrt{2},\quad \|\boldsymbol{\beta}\|=\sqrt{1^2+2^2+(-2)^2+1^2}=\sqrt{10},$$

$$e_{\alpha}=\frac{\boldsymbol{\alpha}}{\|\boldsymbol{\alpha}\|}=\frac{1}{3\sqrt{2}}(2,1,3,2)=\left(\frac{\sqrt{2}}{3},\frac{\sqrt{2}}{6},\frac{\sqrt{2}}{2},\frac{\sqrt{2}}{3}\right),$$

$$e_{\beta}=\frac{\boldsymbol{\beta}}{\|\boldsymbol{\beta}\|}=\frac{1}{\sqrt{10}}(1,2,-2,1)=\left(\frac{\sqrt{10}}{10},\frac{\sqrt{10}}{5},-\frac{\sqrt{10}}{5},\frac{\sqrt{10}}{10}\right).$$

(2) 由于

$$(\boldsymbol{\alpha},\boldsymbol{\beta})=2\times 1+1\times 2+3\times(-2)+2\times 1=2+2-6+2=0,$$

因此

$$\theta=\arccos 0=\frac{\pi}{2}.$$

4.1.2　标准正交基与正交化方法

在$\mathbf{R}^3$中,空间直角坐标系在有关度量的计算中具有特殊地位,而空间直角坐标系中最常用的一个基$\boldsymbol{i}=(1,0,0)$,$\boldsymbol{j}=(0,1,0)$,$\boldsymbol{k}=(0,0,1)$,它是三阶单位矩阵$\boldsymbol{E}$的行向量组或列向量组.下面将其推广到$\mathbf{R}^n$中,并讨论这一类基的性质.

定义 4.4　由两两正交的非零向量组成的向量组称为**正交向量组**,由单位向量组成的正交向量组称为**标准正交向量组**.当向量空间V的一个基为正交向量组时,称这个基为V的一个**正交基**,当V的一个基为标准正交向量组时,称这个基为V的一个**标准正交基**.

例 4.3　$\boldsymbol{\varepsilon}_1=(1,0,0)^{\mathrm{T}}$,$\boldsymbol{\varepsilon}_2=(0,1,0)^{\mathrm{T}}$,$\boldsymbol{\varepsilon}_3=(0,0,1)^{\mathrm{T}}$是$\mathbf{R}^3$的一个标准正交基;而$(1,0)^{\mathrm{T}}$,$(0,1)^{\mathrm{T}}$与$(\cos\theta,-\sin\theta)$,$(\sin\theta,\cos\theta)$都是$\mathbf{R}^2$的标准正交基.

定理 4.1　**设$\boldsymbol{\alpha}_1,\boldsymbol{\alpha}_2,\cdots,\boldsymbol{\alpha}_r$是$n$维正交向量组,则向量组$\boldsymbol{\alpha}_1,\boldsymbol{\alpha}_2,\cdots,\boldsymbol{\alpha}_r$线性无关.**

证　设有常数$k_1,k_2,\cdots,k_r$,使得

$$k_1\boldsymbol{\alpha}_1+k_2\boldsymbol{\alpha}_2+\cdots+k_r\boldsymbol{\alpha}_r=\mathbf{0},$$

分别用$\boldsymbol{\alpha}_i(i=1,2,\cdots,r)$与上式两边做内积,有

$$(k_1\boldsymbol{\alpha}_1+k_2\boldsymbol{\alpha}_2+\cdots+k_r\boldsymbol{\alpha}_r,\boldsymbol{\alpha}_i)=(\mathbf{0},\boldsymbol{\alpha}_i),$$

即

$$k_1(\boldsymbol{\alpha}_1,\boldsymbol{\alpha}_i)+k_2(\boldsymbol{\alpha}_2,\boldsymbol{\alpha}_i)+\cdots+k_r(\boldsymbol{\alpha}_r,\boldsymbol{\alpha}_i)=0.$$

因为$(\boldsymbol{\alpha}_i,\boldsymbol{\alpha}_j)=0(i\neq j)$,所以

$$k_i(\boldsymbol{\alpha}_i,\boldsymbol{\alpha}_i)=0,\quad i=1,2,\cdots,r.$$

又$\boldsymbol{\alpha}_i\neq\mathbf{0}$,因此$(\boldsymbol{\alpha}_i,\boldsymbol{\alpha}_i)>0$,故$k_i=0,i=1,2,\cdots,r$,即向量组$\boldsymbol{\alpha}_1,\boldsymbol{\alpha}_2,\cdots,\boldsymbol{\alpha}_r$线性无关.

上述定理的逆定理不成立,但是可根据下面的方法由一个线性无关的向量组求出一个与之等价的正交向量组,从而可得出从向量空间的一个基构造出标准正交基的办法.

定理 4.2(施密特(Schmidt)正交化方法)　**设$\boldsymbol{\alpha}_1,\boldsymbol{\alpha}_2,\cdots,\boldsymbol{\alpha}_m(m\leqslant n)$是$\mathbf{R}^n$中线性无关的向量组,则由**

$$\begin{aligned}
\boldsymbol{\beta}_1&=\boldsymbol{\alpha}_1,\\
\boldsymbol{\beta}_2&=\boldsymbol{\alpha}_2-\frac{(\boldsymbol{\alpha}_2,\boldsymbol{\beta}_1)}{(\boldsymbol{\beta}_1,\boldsymbol{\beta}_1)}\boldsymbol{\beta}_1,\\
&\cdots\cdots\\
\boldsymbol{\beta}_m&=\boldsymbol{\alpha}_m-\frac{(\boldsymbol{\alpha}_m,\boldsymbol{\beta}_1)}{(\boldsymbol{\beta}_1,\boldsymbol{\beta}_1)}\boldsymbol{\beta}_1-\frac{(\boldsymbol{\alpha}_m,\boldsymbol{\beta}_2)}{(\boldsymbol{\beta}_2,\boldsymbol{\beta}_2)}\boldsymbol{\beta}_2-\cdots-\frac{(\boldsymbol{\alpha}_m,\boldsymbol{\beta}_{m-1})}{(\boldsymbol{\beta}_{m-1},\boldsymbol{\beta}_{m-1})}\boldsymbol{\beta}_{m-1}
\end{aligned}\tag{4.5}$$

所得向量组$\boldsymbol{\beta}_1,\boldsymbol{\beta}_2,\cdots,\boldsymbol{\beta}_m$是与向量组$\boldsymbol{\alpha}_1,\boldsymbol{\alpha}_2,\cdots,\boldsymbol{\alpha}_m$等价的正交向量组.

定理 4.2 可由数学归纳法证明，留给读者自证.

若将向量组 $\boldsymbol{\beta}_1,\boldsymbol{\beta}_2,\cdots,\boldsymbol{\beta}_m$ 单位化，即

$$\boldsymbol{\eta}_1=\frac{\boldsymbol{\beta}_1}{\|\boldsymbol{\beta}_1\|},\quad \boldsymbol{\eta}_2=\frac{\boldsymbol{\beta}_2}{\|\boldsymbol{\beta}_2\|},\quad \cdots,\quad \boldsymbol{\eta}_m=\frac{\boldsymbol{\beta}_m}{\|\boldsymbol{\beta}_m\|},$$

则向量组 $\boldsymbol{\eta}_1,\boldsymbol{\eta}_2,\cdots,\boldsymbol{\eta}_m$ 是与向量组 $\boldsymbol{\alpha}_1,\boldsymbol{\alpha}_2,\cdots,\boldsymbol{\alpha}_m$ 等价的标准正交向量组.

若向量组 $\boldsymbol{\alpha}_1,\boldsymbol{\alpha}_2,\cdots,\boldsymbol{\alpha}_m$ 是向量空间 V 的一个基，按上述方法得到的向量组 $\boldsymbol{\beta}_1,\boldsymbol{\beta}_2,\cdots,\boldsymbol{\beta}_m$ 和 $\boldsymbol{\eta}_1,\boldsymbol{\eta}_2,\cdots,\boldsymbol{\eta}_m$ 分别是向量空间 V 的一个正交基和标准正交基.

例 4.4 已知 $\boldsymbol{\alpha}_1=(1,0,1)^{\mathrm{T}},\boldsymbol{\alpha}_2=(1,1,0)^{\mathrm{T}},\boldsymbol{\alpha}_3=(0,1,1)^{\mathrm{T}}$ 为 $\mathbf{R}^3$ 的一个基，求与它等价的一个标准正交基.

解 先利用施密特正交化方法将这个基正交化：

$$\boldsymbol{\beta}_1=\boldsymbol{\alpha}_1=(1,0,1)^{\mathrm{T}},$$

$$\boldsymbol{\beta}_2=\boldsymbol{\alpha}_2-\frac{(\boldsymbol{\alpha}_2,\boldsymbol{\beta}_1)}{(\boldsymbol{\beta}_1,\boldsymbol{\beta}_1)}\boldsymbol{\beta}_1=(1,1,0)^{\mathrm{T}}-\frac{1}{2}(1,0,1)^{\mathrm{T}}=\left(\frac{1}{2},1,-\frac{1}{2}\right)^{\mathrm{T}},$$

$$\begin{aligned}\boldsymbol{\beta}_3&=\boldsymbol{\alpha}_3-\frac{(\boldsymbol{\alpha}_3,\boldsymbol{\beta}_1)}{(\boldsymbol{\beta}_1,\boldsymbol{\beta}_1)}\boldsymbol{\beta}_1-\frac{(\boldsymbol{\alpha}_3,\boldsymbol{\beta}_2)}{(\boldsymbol{\beta}_2,\boldsymbol{\beta}_2)}\boldsymbol{\beta}_2=(0,1,1)^{\mathrm{T}}-\frac{1}{2}(1,0,1)^{\mathrm{T}}-\frac{1}{3}\left(\frac{1}{2},1,-\frac{1}{2}\right)^{\mathrm{T}}\\&=\left(-\frac{2}{3},\frac{2}{3},\frac{2}{3}\right)^{\mathrm{T}},\end{aligned}$$

向量组 $\boldsymbol{\beta}_1,\boldsymbol{\beta}_2,\boldsymbol{\beta}_3$ 即为与向量组 $\boldsymbol{\alpha}_1,\boldsymbol{\alpha}_2,\boldsymbol{\alpha}_3$ 等价的正交向量组.

再将 $\boldsymbol{\beta}_1,\boldsymbol{\beta}_2,\boldsymbol{\beta}_3$ 单位化：

$$\boldsymbol{\eta}_1=\frac{\boldsymbol{\beta}_1}{\|\boldsymbol{\beta}_1\|}=\frac{1}{\sqrt{2}}(1,0,1)^{\mathrm{T}}=\left(\frac{\sqrt{2}}{2},0,\frac{\sqrt{2}}{2}\right)^{\mathrm{T}},$$

$$\boldsymbol{\eta}_2=\frac{\boldsymbol{\beta}_2}{\|\boldsymbol{\beta}_2\|}=\frac{1}{\sqrt{\frac{3}{2}}}\left(\frac{1}{2},1,-\frac{1}{2}\right)^{\mathrm{T}}=\left(\frac{\sqrt{6}}{6},\frac{\sqrt{6}}{3},-\frac{\sqrt{6}}{6}\right)^{\mathrm{T}},$$

$$\boldsymbol{\eta}_3=\frac{\boldsymbol{\beta}_3}{\|\boldsymbol{\beta}_3\|}=\frac{1}{\sqrt{\frac{4}{3}}}\left(-\frac{2}{3},\frac{2}{3},\frac{2}{3}\right)^{\mathrm{T}}=\left(-\frac{\sqrt{3}}{3},\frac{\sqrt{3}}{3},\frac{\sqrt{3}}{3}\right)^{\mathrm{T}},$$

则向量组 $\boldsymbol{\eta}_1,\boldsymbol{\eta}_2,\boldsymbol{\eta}_3$ 为与向量组 $\boldsymbol{\alpha}_1,\boldsymbol{\alpha}_2,\boldsymbol{\alpha}_3$ 等价的一个标准正交基.

例 4.5 求齐次线性方程组

$$\begin{cases}x_1-x_2-x_3+x_4=0,\\x_1-x_2+x_3+3x_4=0,\\x_1-x_2-2x_3=0\end{cases}$$

的解空间的一个标准正交基.

解 对系数矩阵 $\boldsymbol{A}$ 施行初等行变换有

$$\boldsymbol{A}=\begin{pmatrix}1&-1&-1&1\\1&-1&1&3\\1&-1&-2&0\end{pmatrix}\xrightarrow{\text{初等行变换}}\begin{pmatrix}1&-1&0&2\\0&0&1&1\\0&0&0&0\end{pmatrix},$$

得方程组的基础解系或解空间的一个基

$$\boldsymbol{\alpha}_1=(1,1,0,0)^{\mathrm{T}},\quad \boldsymbol{\alpha}_2=(2,0,1,-1)^{\mathrm{T}}.$$

利用施密特正交化方法，得

$$\boldsymbol{\beta}_1=\boldsymbol{\alpha}_1=(1,1,0,0)^{\mathrm{T}},$$

$$\boldsymbol{\beta}_2=\boldsymbol{\alpha}_2-\frac{(\boldsymbol{\alpha}_2,\boldsymbol{\beta}_1)}{(\boldsymbol{\beta}_1,\boldsymbol{\beta}_1)}\boldsymbol{\beta}_1=(2,0,1,-1)^{\mathrm{T}}-(1,1,0,0)^{\mathrm{T}}=(1,-1,1,-1)^{\mathrm{T}}.$$

再将 $\boldsymbol{\beta}_1,\boldsymbol{\beta}_2$ 单位化，得

$$\boldsymbol{\eta}_1=\frac{\boldsymbol{\beta}_1}{\|\boldsymbol{\beta}_1\|}=\left(\frac{\sqrt{2}}{2},\frac{\sqrt{2}}{2},0,0\right)^{\mathrm{T}},$$

$$\boldsymbol{\eta}_2=\frac{\boldsymbol{\beta}_2}{\|\boldsymbol{\beta}_2\|}=\left(\frac{1}{2},-\frac{1}{2},\frac{1}{2},-\frac{1}{2}\right)^{\mathrm{T}}.$$

由于向量组 $\boldsymbol{\eta}_1,\boldsymbol{\eta}_2$ 与向量组 $\boldsymbol{\alpha}_1,\boldsymbol{\alpha}_2$ 等价，从而是解空间的一个标准正交基.

4.1.3 正交矩阵

正交矩阵是一种重要的实矩阵. 下面先给出正交矩阵的定义，然后讨论它的性质.

定义 4.5 如果 n 阶方阵 $\boldsymbol{A}$ 满足

$$\boldsymbol{A}^{\mathrm{T}}\boldsymbol{A}=\boldsymbol{E},\quad 即\quad \boldsymbol{A}^{-1}=\boldsymbol{A}^{\mathrm{T}},$$

则称 $\boldsymbol{A}$ 为正交矩阵.

例 4.6 $\begin{pmatrix}1&0\\0&1\end{pmatrix},\begin{pmatrix}0&1\\1&0\end{pmatrix},\begin{pmatrix}\cos\theta&-\sin\theta\\\sin\theta&\cos\theta\end{pmatrix}$均为正交矩阵.

正交矩阵具有如下性质.

定理 4.3 设 $\boldsymbol{A},\boldsymbol{B}$ 都是同阶正交矩阵，则

(1) $\boldsymbol{A}$ 可逆，且 $\boldsymbol{A}^{-1}=\boldsymbol{A}^{\mathrm{T}}$；

(2) $\boldsymbol{A}^{\mathrm{T}}$ 与 $\boldsymbol{A}^{-1}$ 均是正交矩阵；

(3) $\boldsymbol{AB}$ 也是正交矩阵；

(4) $|\boldsymbol{A}|=\pm1$.

证明略.

接下来给出一个判断矩阵 $\boldsymbol{A}$ 是否为正交矩阵的充要条件.

定理 4.4 n 阶方阵 $\boldsymbol{A}$ 为正交矩阵的充要条件是 $\boldsymbol{A}$ 的列向量组为标准正交向量组.

证 设 $\boldsymbol{A}=(\boldsymbol{\alpha}_1,\boldsymbol{\alpha}_2,\cdots,\boldsymbol{\alpha}_n)$ 为 $\boldsymbol{A}$ 的列分块矩阵，由于

$$\boldsymbol{A}^{\mathrm{T}}\boldsymbol{A}=\begin{pmatrix}\boldsymbol{\alpha}_1^{\mathrm{T}}\\\boldsymbol{\alpha}_2^{\mathrm{T}}\\\vdots\\\boldsymbol{\alpha}_n^{\mathrm{T}}\end{pmatrix}(\boldsymbol{\alpha}_1,\boldsymbol{\alpha}_2,\cdots,\boldsymbol{\alpha}_n)=\begin{pmatrix}\boldsymbol{\alpha}_1^{\mathrm{T}}\boldsymbol{\alpha}_1&\boldsymbol{\alpha}_1^{\mathrm{T}}\boldsymbol{\alpha}_2&\cdots&\boldsymbol{\alpha}_1^{\mathrm{T}}\boldsymbol{\alpha}_n\\\boldsymbol{\alpha}_2^{\mathrm{T}}\boldsymbol{\alpha}_1&\boldsymbol{\alpha}_2^{\mathrm{T}}\boldsymbol{\alpha}_2&\cdots&\boldsymbol{\alpha}_2^{\mathrm{T}}\boldsymbol{\alpha}_n\\\vdots&\vdots&&\vdots\\\boldsymbol{\alpha}_n^{\mathrm{T}}\boldsymbol{\alpha}_1&\boldsymbol{\alpha}_n^{\mathrm{T}}\boldsymbol{\alpha}_2&\cdots&\boldsymbol{\alpha}_n^{\mathrm{T}}\boldsymbol{\alpha}_n\end{pmatrix},$$

因此 $\boldsymbol{A}^{\mathrm{T}}\boldsymbol{A}=\boldsymbol{E}$ 的充要条件是

$$\boldsymbol{\alpha}_i^{\mathrm{T}}\boldsymbol{\alpha}_j=\begin{cases}1, & i=j,\\0, & i\neq j\end{cases}\quad(i,j=1,2,\cdots,n),$$

即向量组 $\boldsymbol{\alpha}_1,\boldsymbol{\alpha}_2,\cdots,\boldsymbol{\alpha}_n$ 为标准正交向量组.

例 4.7 已知 $\boldsymbol{A}=a\begin{pmatrix}b&8&4\\8&b&4\\4&4&c\end{pmatrix}$为正交矩阵，求 a,b,c 的值.

解 由定理 4.4 可知，$\boldsymbol{A}$ 的列向量组为标准正交向量组，则 $\boldsymbol{A}$ 的列向量两两正交，即

$$\begin{cases}(8b+8b+16)a^2=0,\\(4b+32+4c)a^2=0,\end{cases}$$

解得

$$b=-1,\quad c=-7\quad 或\quad a=0.$$

显然 $a=0$ 不满足要求，又由 $\boldsymbol{A}$ 的列向量为单位向量，可得

$$(-a)^2+(8a)^2+(4a)^2=1,$$

解得

$$a=\pm\frac{1}{9}.$$

综上可得 $a=\pm\dfrac{1}{9}, b=-1, c=-7$.

例 4.8 设 $\boldsymbol{\alpha}$ 是一个 n 维单位列向量，已知 $\boldsymbol{A}=\boldsymbol{E}-2\boldsymbol{\alpha\alpha}^{\mathrm{T}}$，证明：$\boldsymbol{A}$ 为对称正交矩阵.

证 由

$$\boldsymbol{A}^{\mathrm{T}}=(\boldsymbol{E}-2\boldsymbol{\alpha\alpha}^{\mathrm{T}})^{\mathrm{T}}=\boldsymbol{E}-2(\boldsymbol{\alpha\alpha}^{\mathrm{T}})^{\mathrm{T}}=\boldsymbol{E}-2\boldsymbol{\alpha\alpha}^{\mathrm{T}}=\boldsymbol{A}$$

可知，$\boldsymbol{A}$ 为对称矩阵.

又因为

$$\begin{aligned}\boldsymbol{A}^{\mathrm{T}}\boldsymbol{A}&=(\boldsymbol{E}-2\boldsymbol{\alpha\alpha}^{\mathrm{T}})(\boldsymbol{E}-2\boldsymbol{\alpha\alpha}^{\mathrm{T}})=\boldsymbol{E}-4\boldsymbol{\alpha\alpha}^{\mathrm{T}}+4(\boldsymbol{\alpha\alpha}^{\mathrm{T}})(\boldsymbol{\alpha\alpha}^{\mathrm{T}})=\boldsymbol{E}-4\boldsymbol{\alpha\alpha}^{\mathrm{T}}+4\boldsymbol{\alpha}(\boldsymbol{\alpha\alpha}^{\mathrm{T}})\boldsymbol{\alpha}^{\mathrm{T}}\\&=\boldsymbol{E}-4\boldsymbol{\alpha\alpha}^{\mathrm{T}}+4\boldsymbol{\alpha}\|\boldsymbol{\alpha}\|^2\boldsymbol{\alpha}^{\mathrm{T}}=\boldsymbol{E},\end{aligned}$$

所以 $\boldsymbol{A}$ 为正交矩阵.

综上可得，$\boldsymbol{A}$ 为对称正交矩阵.

§4.2 方阵的特征值与特征向量

4.2.1 特征值与特征向量的概念

定义 4.6 设 $\boldsymbol{A}$ 是一个 n 阶方阵，如果存在数 λ 和非零向量 $\boldsymbol{x}$，使得

$$\boldsymbol{Ax}=\lambda\boldsymbol{x},\tag{4.6}$$

则称 λ 为方阵 $\boldsymbol{A}$ 的一个**特征值**，称非零向量 $\boldsymbol{x}$ 为 $\boldsymbol{A}$ 对应于特征值 λ 的**特征向量**.

我们首先来讨论特征值与特征向量的求法.

(4.6) 式也可写成

$$(\lambda\boldsymbol{E}-\boldsymbol{A})\boldsymbol{x}=\boldsymbol{0},\tag{4.7}$$

这是一个含 n 个未知量、n 个方程的齐次线性方程组. 由于特征向量为非零向量，因此齐次线性方程组(4.7) 有非零解. 而齐次线性方程组(4.7) 有非零解的充要条件是系数矩阵的行列式

$$|\lambda\boldsymbol{E}-\boldsymbol{A}|=0,\tag{4.8}$$

即

$$\begin{vmatrix} \lambda - a_{11} & -a_{12} & \cdots & -a_{1n} \\ -a_{21} & \lambda - a_{22} & \cdots & -a_{2n} \\ \vdots & \vdots & & \vdots \\ -a_{n1} & -a_{n2} & \cdots & \lambda - a_{nn} \end{vmatrix} = 0.$$

上式是以 λ 为未知量的一元 n 次方程，称为方阵 $\boldsymbol{A}$ 的**特征方程**，其左端 $|\lambda\boldsymbol{E}-\boldsymbol{A}|$ 是 λ 的 n 次多项式，称为方阵 $\boldsymbol{A}$ 的**特征多项式**，记作 $f(\lambda)$. 显然，特征方程的根就是 $\boldsymbol{A}$ 的特征值. 在复数范围内，特征方程有 n 个根(重根按重数计算)，因此 n 阶方阵有 n 个特征值.

对所求得的每个特征值 $\lambda_i(i=1,2,\cdots,n)$，由方程组

$$(\lambda_i\boldsymbol{E}-\boldsymbol{A})\boldsymbol{x}=\boldsymbol{0}$$

求得的所有非零解就是 $\boldsymbol{A}$ 对应于特征值 λ_i 的全部特征向量.

例 4.9　求方阵

$$\boldsymbol{A}=\begin{pmatrix} a & 0 & 0 \\ 0 & b & 0 \\ 0 & 0 & c \end{pmatrix},\quad \boldsymbol{B}=\begin{pmatrix} a & 1 & 10 \\ 0 & b & 10 \\ 0 & 0 & c \end{pmatrix}$$

的特征值.

解　由

$$|\lambda\boldsymbol{E}-\boldsymbol{A}|=\begin{vmatrix} \lambda-a & 0 & 0 \\ 0 & \lambda-b & 0 \\ 0 & 0 & \lambda-c \end{vmatrix}=(\lambda-a)(\lambda-b)(\lambda-c)=0,$$

$$|\lambda\boldsymbol{E}-\boldsymbol{B}|=\begin{vmatrix} \lambda-a & -1 & -10 \\ 0 & \lambda-b & -10 \\ 0 & 0 & \lambda-c \end{vmatrix}=(\lambda-a)(\lambda-b)(\lambda-c)=0,$$

可知方阵 $\boldsymbol{A},\boldsymbol{B}$ 的特征值均为 a,b,c.

从例 4.9 知，对角矩阵、三角矩阵的特征值即为它们的主对角线元素.

例 4.10　求方阵

$$\boldsymbol{A}=\begin{pmatrix} 0 & -1 \\ 1 & 0 \end{pmatrix}$$

的特征值.

解　由

$$|\lambda\boldsymbol{E}-\boldsymbol{A}|=\begin{vmatrix} \lambda & 1 \\ -1 & \lambda \end{vmatrix}=\lambda^2+1=0,$$

可知 $\boldsymbol{A}$ 的特征值为 $\lambda_1=\mathrm{i},\lambda_2=-\mathrm{i}$，其中 i 为虚数单位.

例 4.10 表明，实方阵的特征值不一定为实数.

例 4.11　求方阵

$$\boldsymbol{A}=\begin{pmatrix} 3 & -1 \\ -1 & 3 \end{pmatrix}$$

的特征值与对应的特征向量.

解　由方阵 $\boldsymbol{A}$ 的特征方程

$$|\lambda E - A| = \begin{vmatrix} \lambda - 3 & 1 \\ 1 & \lambda - 3 \end{vmatrix} = (\lambda - 3)^2 - 1 = (\lambda - 4)(\lambda - 2) = 0,$$

得 A 的特征值为

$$\lambda_1 = 2, \quad \lambda_2 = 4.$$

当 $\lambda_1 = 2$ 时，解方程组 $(2E - A)x = 0$，由

$$2E - A = \begin{pmatrix} -1 & 1 \\ 1 & -1 \end{pmatrix} \to \begin{pmatrix} 1 & -1 \\ 0 & 0 \end{pmatrix},$$

得基础解系 $\xi_1 = (1,1)^T$，所以对应于 $\lambda_1 = 2$ 的全部特征向量为 $k_1\xi_1 = k_1\begin{pmatrix} 1 \\ 1 \end{pmatrix}$，其中 k_1 为不等于 0 的实数.

当 $\lambda_2 = 4$ 时，解方程组 $(4E - A)x = 0$，由

$$4E - A = \begin{pmatrix} 1 & 1 \\ 1 & 1 \end{pmatrix} \to \begin{pmatrix} 1 & 1 \\ 0 & 0 \end{pmatrix},$$

得基础解系 $\xi_2 = (1, -1)^T$，所以对应于 $\lambda_2 = 4$ 的全部特征向量为 $k_2\xi_2 = k_2\begin{pmatrix} 1 \\ -1 \end{pmatrix}$，其中 k_2 为不等于 0 的实数.

例 4.12 求方阵

$$A = \begin{pmatrix} -1 & 1 & 0 \\ -4 & 3 & 0 \\ 1 & 0 & 2 \end{pmatrix}$$

的特征值与对应的特征向量.

解 由方阵 A 的特征方程

$$|\lambda E - A| = \begin{vmatrix} \lambda + 1 & -1 & 0 \\ 4 & \lambda - 3 & 0 \\ -1 & 0 & \lambda - 2 \end{vmatrix} = (\lambda - 2)(\lambda - 1)^2 = 0,$$

得 A 的特征值为

$$\lambda_1 = 2, \quad \lambda_2 = \lambda_3 = 1.$$

当 $\lambda_1 = 2$ 时，解方程组 $(2E - A)x = 0$，得基础解系 $\xi_1 = (0,0,1)^T$，所以对应于 $\lambda_1 = 2$ 的全部特征向量为 $k_1\xi_1 = k_1\begin{pmatrix} 0 \\ 0 \\ 1 \end{pmatrix}$，$k_1 \neq 0$.

当 $\lambda_2 = \lambda_3 = 1$ 时，解方程组 $(E - A)x = 0$，得基础解系 $\xi_2 = (-1, -2, 1)^T$，所以对应于 $\lambda_2 = \lambda_3 = 1$ 的全部特征向量为 $k_2\xi_2 = k_2\begin{pmatrix} -1 \\ -2 \\ 1 \end{pmatrix}$，$k_2 \neq 0$.

例 4.13 求方阵

$$A = \begin{pmatrix} 3 & 3 & 1 \\ -1 & 0 & 0 \\ 0 & -1 & 0 \end{pmatrix}$$

的特征值与对应的特征向量.

解　由方阵 $\boldsymbol{A}$ 的特征方程

$$|\lambda\boldsymbol{E}-\boldsymbol{A}|=\begin{vmatrix}\lambda-3 & -3 & -1\\ 1 & \lambda & 0\\ 0 & 1 & \lambda\end{vmatrix}=(\lambda-1)^3=0,$$

得 $\boldsymbol{A}$ 的特征值为

$$\lambda_1=\lambda_2=\lambda_3=1.$$

当 $\lambda_1=\lambda_2=\lambda_3=1$ 时,解方程组 $(\boldsymbol{E}-\boldsymbol{A})\boldsymbol{x}=\boldsymbol{0}$,由

$$\boldsymbol{E}-\boldsymbol{A}=\begin{pmatrix}-2 & -3 & -1\\ 1 & 1 & 0\\ 0 & 1 & 1\end{pmatrix}\xrightarrow{\text{初等行变换}}\begin{pmatrix}1 & 0 & -1\\ 0 & 1 & 1\\ 0 & 0 & 0\end{pmatrix},$$

得基础解系 $\boldsymbol{\xi}=(-1,1,-1)^{\mathrm{T}}$,所以对应于 $\lambda_1=\lambda_2=\lambda_3=1$ 的全部特征向量为 $k\boldsymbol{\xi}=k\begin{pmatrix}-1\\ 1\\ -1\end{pmatrix}$,$k\neq 0$.

从上述例子可以归纳出计算特征值与对应特征向量的步骤:

(1) 计算特征多项式 $|\lambda\boldsymbol{E}-\boldsymbol{A}|$;

(2) 求出特征方程 $|\lambda\boldsymbol{E}-\boldsymbol{A}|=0$ 的全部解,它们就是 $\boldsymbol{A}$ 的全部特征值;

(3) 对于 $\boldsymbol{A}$ 的每一个特征值 λ_i,求出相应齐次线性方程组 $(\lambda_i\boldsymbol{E}-\boldsymbol{A})\boldsymbol{x}=\boldsymbol{0}$ 的基础解系 $\boldsymbol{\alpha}_1,\boldsymbol{\alpha}_2,\cdots,\boldsymbol{\alpha}_r$,则对不全为 0 的任意实数 $k_1,k_2,\cdots,k_r$,

$$k_1\boldsymbol{\alpha}_1+k_2\boldsymbol{\alpha}_2+\cdots+k_r\boldsymbol{\alpha}_r$$

即为对应于 λ_i 的全部特征向量.

4.2.2　特征值与特征向量的性质

定理 4.5　**设 λ 是 n 阶方阵 $\boldsymbol{A}$ 的特征值,$\boldsymbol{x}$ 是 $\boldsymbol{A}$ 对应于 λ 的特征向量,则**

(1) $a+\lambda$ 是 $a\boldsymbol{E}+\boldsymbol{A}$ 的特征值(a 为常数);

(2) $k\lambda$ 是 $k\boldsymbol{A}$ 的特征值(k 为常数);

(3) λ^m 是 $\boldsymbol{A}^m$ 的特征值(m 为正整数);

(4) 当 $\boldsymbol{A}$ 可逆时,$\dfrac{1}{\lambda}$ 是 $\boldsymbol{A}^{-1}$ 的特征值;

(5) 当 $\boldsymbol{A}$ 可逆时,$\dfrac{|\boldsymbol{A}|}{\lambda}$ 是 $\boldsymbol{A}^*$ 的特征值,

且 $\boldsymbol{x}$ 仍是矩阵 $a\boldsymbol{E}+\boldsymbol{A},k\boldsymbol{A},\boldsymbol{A}^m,\boldsymbol{A}^{-1}$ 及 $\boldsymbol{A}^*$ 的分别对应于特征值 $a+\lambda,k\lambda,\lambda^m,\dfrac{1}{\lambda},\dfrac{|\boldsymbol{A}|}{\lambda}$ 的特征向量.

证　(1) 由已知条件有 $\boldsymbol{A}\boldsymbol{x}=\lambda\boldsymbol{x}$,可得

$$(a\boldsymbol{E}+\boldsymbol{A})\boldsymbol{x}=a\boldsymbol{E}\boldsymbol{x}+\boldsymbol{A}\boldsymbol{x}=a\boldsymbol{x}+\lambda\boldsymbol{x}=(a+\lambda)\boldsymbol{x},$$

故 $a+\lambda$ 是 $a\boldsymbol{E}+\boldsymbol{A}$ 的特征值,且 $\boldsymbol{x}$ 是 $a\boldsymbol{E}+\boldsymbol{A}$ 对应于特征值 $a+\lambda$ 的特征向量.

(3) 由 $\boldsymbol{A}\boldsymbol{x}=\lambda\boldsymbol{x}$,有

$$A^2x = A(Ax) = A(\lambda x) = \lambda(Ax) = \lambda(\lambda x) = \lambda^2 x.$$

再用数学归纳法即可得，对于任意正整数 m，有

$$A^m x = \lambda^m x,$$

故 λ^m 是 A^m 的特征值，且 x 是 A^m 对应于特征值 λ^m 的特征向量.

(4) 设方阵 A 可逆，则 $|A| \neq 0$，从而 $\lambda \neq 0$. 由 $Ax = \lambda x$，可得

$$x = A^{-1}(Ax) = A^{-1}(\lambda x) = \lambda A^{-1}x,$$

所以

$$A^{-1}x = \frac{1}{\lambda}x,$$

即 $\frac{1}{\lambda}$ 是 A^{-1} 的特征值，且 x 是 A^{-1} 对应于特征值 $\frac{1}{\lambda}$ 的特征向量.

(2) 和(5) 的证明留给读者.

定理 4.6 **设 n 阶方阵 $A = (a_{ij})_{n\times n}$ 的 n 个特征值为 $\lambda_1, \lambda_2, \cdots, \lambda_n$，则有**

(1) $\sum_{i=1}^{n}\lambda_i = \sum_{i=1}^{n}a_{ii} = \mathrm{tr}(A)$;

(2) $\lambda_1\lambda_2\cdots\lambda_n = |A|$,

其中 $\mathrm{tr}(A)$ 为 A 的主对角线元素之和，称为 A 的迹.

证 方阵 A 的特征多项式为

$$|\lambda E - A| = \begin{vmatrix} \lambda - a_{11} & -a_{12} & \cdots & -a_{1n} \\ -a_{21} & \lambda - a_{22} & \cdots & -a_{2n} \\ \vdots & \vdots & & \vdots \\ -a_{n1} & -a_{n2} & \cdots & \lambda - a_{nn} \end{vmatrix}.$$

考虑特征方程 $f(\lambda) = |\lambda E - A| = 0$，而

$$f(\lambda) = \lambda^n - (a_{11} + a_{22} + \cdots + a_{nn})\lambda^{n-1} + \cdots + (-1)^n |A|,$$

又 $\lambda_1, \lambda_2, \cdots, \lambda_n$ 是 $f(\lambda) = 0$ 的 n 个根，由根与系数的关系，即证.

推论 1 n 阶方阵 A 可逆的充要条件是 A 的特征值全不为 0.

定理 4.7 **n 阶方阵 A 与 A^T 有相同的特征值.**

证 由

$$|\lambda E - A^T| = |(\lambda E - A)^T| = |\lambda E - A|,$$

可知 A 与 A^T 有相同的特征多项式，从而 A 与 A^T 有相同的特征值.

例 4.14 已知三阶方阵 A 有特征值 1,2,3，求：

(1) $|E + 2A|$;

(2) $|A^*|$ 和 $\mathrm{tr}(A^*)$.

解 (1) 由于 A 的特征值为 1,2,3，由定理 4.5 知，$E + 2A$ 的特征值为 3,5,7，因此

$$|E + 2A| = 3 \times 5 \times 7 = 105.$$

(2) 因为 A 的特征值为 1,2,3，所以 $|A| = 6$. 由定理 4.5 知，A^* 的特征值为 6,3,2，故

$$|A^*| = 6 \times 3 \times 2 = 36,$$

$$\mathrm{tr}(A^*) = 6 + 3 + 2 = 11.$$

例 4.15　设 n 阶方阵 $\boldsymbol{A}=(a_{ij})_{n\times n}$ 的特征值为 $\lambda_1,\lambda_2,\cdots,\lambda_n$，求 $\sum_{i=1}^{n}\lambda_i^2$.

解　由已知，$\lambda_1,\lambda_2,\cdots,\lambda_n$ 为 $\boldsymbol{A}$ 的全部特征值，则 $\lambda_1^2,\lambda_2^2,\cdots,\lambda_n^2$ 为 $\boldsymbol{A}^2$ 的全部特征值，从而

$$\sum_{i=1}^{n}\lambda_i^2=\operatorname{tr}(\boldsymbol{A}^2).$$

又 $\boldsymbol{A}=(a_{ij})_{n\times n}$，故

$$\operatorname{tr}(\boldsymbol{A}^2)=\sum_{i=1}^{n}\sum_{j=1}^{n}a_{ij}a_{ji},$$

即

$$\sum_{i=1}^{n}\lambda_i^2=\sum_{i=1}^{n}\sum_{j=1}^{n}a_{ij}a_{ji}.$$

定理 4.8　**若 $\boldsymbol{x}_1$ 与 $\boldsymbol{x}_2$ 都是 $\boldsymbol{A}$ 的对应于特征值 λ 的特征向量，则非零线性组合 $k_1\boldsymbol{x}_1+k_2\boldsymbol{x}_2$ 也是 $\boldsymbol{A}$ 的对应于 λ 的特征向量.**

证　由于 $\boldsymbol{x}_1$ 与 $\boldsymbol{x}_2$ 都是齐次线性方程组

$$(\lambda\boldsymbol{E}-\boldsymbol{A})\boldsymbol{x}=\boldsymbol{0}$$

的解，因此 $k_1\boldsymbol{x}_1+k_2\boldsymbol{x}_2$ 也是上述方程组的解，故当 $k_1\boldsymbol{x}_1+k_2\boldsymbol{x}_2\neq\boldsymbol{0}$ 时，它是 $\boldsymbol{A}$ 的对应于 λ 的特征向量.

上述定理说明一个特征值可以有无穷多个对应的特征向量，但一个特征向量不能属于不同的特征值. 事实上，如果 $\boldsymbol{x}$ 同时是 $\boldsymbol{A}$ 的对应于 $\lambda_1,\lambda_2(\lambda_1\neq\lambda_2)$ 的特征向量，即有

$$\boldsymbol{A}\boldsymbol{x}=\lambda_1\boldsymbol{x},\quad \boldsymbol{A}\boldsymbol{x}=\lambda_2\boldsymbol{x},$$

从而 $\lambda_1\boldsymbol{x}=\lambda_2\boldsymbol{x}$，即 $(\lambda_1-\lambda_2)\boldsymbol{x}=\boldsymbol{0}$. 由于 $\lambda_1\neq\lambda_2$，则 $\boldsymbol{x}=\boldsymbol{0}$，这与 $\boldsymbol{x}$ 是特征向量矛盾.

定理 4.9　**设 $\lambda_1,\lambda_2,\cdots,\lambda_s$ 是方阵 $\boldsymbol{A}$ 的 s 个互不相等的特征值，则它们分别对应的特征向量构成的向量组 $\boldsymbol{x}_1,\boldsymbol{x}_2,\cdots,\boldsymbol{x}_s$ 一定线性无关.**

证　对特征值个数 $m(1\leqslant m\leqslant s)$ 做数学归纳法.

当 $m=1$ 时，由于 $\boldsymbol{x}\neq\boldsymbol{0}$，可知结论成立.

假设结论对 $\boldsymbol{A}$ 的 $m-1$ 个互不相等的特征值成立，下面证明结论对 $\boldsymbol{A}$ 的 m 个互不相等的特征值也成立. 设 $\lambda_1,\lambda_2,\cdots,\lambda_m$ 是方阵 $\boldsymbol{A}$ 的互不相等的特征值，$\boldsymbol{x}_1,\boldsymbol{x}_2,\cdots,\boldsymbol{x}_m$ 为其对应的特征向量. 要证向量组 $\boldsymbol{x}_1,\boldsymbol{x}_2,\cdots,\boldsymbol{x}_m$ 线性无关，即证线性方程组

$$k_1\boldsymbol{x}_1+k_2\boldsymbol{x}_2+\cdots+k_{m-1}\boldsymbol{x}_{m-1}+k_m\boldsymbol{x}_m=\boldsymbol{0}\tag{4.9}$$

有唯一零解.

用 $\boldsymbol{A}$ 左乘(4.9)式两边，并注意到 $\boldsymbol{A}\boldsymbol{x}_j=\lambda_j\boldsymbol{x}_j(j=1,2,\cdots,m)$，得

$$k_1\lambda_1\boldsymbol{x}_1+k_2\lambda_2\boldsymbol{x}_2+\cdots+k_{m-1}\lambda_{m-1}\boldsymbol{x}_{m-1}+k_m\lambda_m\boldsymbol{x}_m=\boldsymbol{0}.\tag{4.10}$$

用 λ_m 乘以(4.9)式再与(4.10)式相减，得

$$k_1(\lambda_m-\lambda_1)\boldsymbol{x}_1+k_2(\lambda_m-\lambda_2)\boldsymbol{x}_2+\cdots+k_{m-1}(\lambda_m-\lambda_{m-1})\boldsymbol{x}_{m-1}=\boldsymbol{0}.$$

由数学归纳法知，向量组 $\boldsymbol{x}_1,\boldsymbol{x}_2,\cdots,\boldsymbol{x}_{m-1}$ 线性无关，即

$$k_j(\lambda_m-\lambda_j)=0\quad(j=1,2,\cdots,m-1).$$

因为 $\lambda_m\neq\lambda_j(j=1,2,\cdots,m-1)$，所以 $k_j=0(j=1,2,\cdots,m-1)$，这时(4.9)式变为

$$k_m\boldsymbol{x}_m=\boldsymbol{0}.$$

由于特征向量 $\boldsymbol{x}_m\neq\boldsymbol{0}$，因此 $k_m=0$，即向量组 $\boldsymbol{x}_1,\boldsymbol{x}_2,\cdots,\boldsymbol{x}_m$ 线性无关.

上述定理可推广到更一般的情形.

定理 4.10 **设 $\lambda_1,\lambda_2,\cdots,\lambda_s$ 是方阵 A 的互不相等的特征值, $x_{i1},x_{i2},\cdots,x_{ir_i}$ 是 $\lambda_i(i=1,2,\cdots,s)$ 对应的线性无关的特征向量,则向量组 $x_{11},x_{12},\cdots,x_{1r_1},\cdots,x_{s1},x_{s2},\cdots,x_{sr_s}$ 线性无关.**

该定理的证明留给读者.

注 对于一般的向量组,若各个部分组线性无关,则合并起来不一定线性无关. 定理 4.10 反映的是特征向量独有的性质.

§4.3 相似矩阵

4.3.1 相似矩阵及其性质

定义 4.7 设 A,B 都是 n 阶方阵,若存在一个可逆矩阵 P,使得

$$P^{-1}AP=B,$$

则称矩阵 A 与 B **相似**,称 $P^{-1}AP$ 为对 A 做相似变换,可逆矩阵 P 称为把 A 变成 B 的**相似变换矩阵**.

矩阵的相似关系是一种等价关系. 事实上,容易验证相似关系满足:

(1) 自反性. 因为 $E^{-1}AE=A$.

(2) 对称性. 因为 $P^{-1}AP=B$,所以 $(P^{-1})^{-1}BP^{-1}=A$.

(3) 传递性. 因为 $P^{-1}AP=B,Q^{-1}BQ=C$,所以 $Q^{-1}(P^{-1}AP)Q=C$,即

$$(PQ)^{-1}A(PQ)=C.$$

关于相似矩阵具有以下定理.

定理 4.11 **若矩阵 A 与 B 相似,则 A^k 与 B^k 也相似,其中 k 为正整数.**

证 根据题意知,存在可逆矩阵 P,使得

$$P^{-1}AP=B,$$

则

$$B^k=(P^{-1}AP)^k=\underbrace{(P^{-1}AP)(P^{-1}AP)\cdots(P^{-1}AP)}_{k\text{个}}=P^{-1}A^kP,$$

因此 A^k 与 B^k 相似.

定理 4.12 **若矩阵 A 与 B 相似且可逆,则矩阵 A^{-1} 与 B^{-1} 也相似.**

证 若矩阵 A 与 B 相似,且 A,B 可逆,则存在可逆矩阵 P,使得

$$P^{-1}AP=B.$$

上式两边同时取逆,得

$$(P^{-1}AP)^{-1}=B^{-1},$$

即 $P^{-1}A^{-1}P=B^{-1}$,所以 A^{-1} 与 B^{-1} 相似.

定理 4.13 **相似矩阵具有相同的秩和行列式.**

证 若矩阵 A 与 B 相似,则存在可逆矩阵 P,使得

$$P^{-1}AP=B,$$

故 $\boldsymbol{A}$ 与 $\boldsymbol{B}$ 等价,因而秩相同,且

$$|\boldsymbol{B}| = |\boldsymbol{P}^{-1}\boldsymbol{A}\boldsymbol{P}| = |\boldsymbol{P}^{-1}||\boldsymbol{A}||\boldsymbol{P}| = |\boldsymbol{A}|.$$

定理 4.14　**相似矩阵具有相同的特征多项式及特征值.**

证　若矩阵 $\boldsymbol{A}$ 与 $\boldsymbol{B}$ 相似,则存在可逆矩阵 $\boldsymbol{P}$,使得 $\boldsymbol{P}^{-1}\boldsymbol{A}\boldsymbol{P} = \boldsymbol{B}$,故

$$\begin{aligned}|\lambda\boldsymbol{E} - \boldsymbol{B}| &= |\lambda\boldsymbol{E} - \boldsymbol{P}^{-1}\boldsymbol{A}\boldsymbol{P}| = |\boldsymbol{P}^{-1}(\lambda\boldsymbol{E})\boldsymbol{P} - \boldsymbol{P}^{-1}\boldsymbol{A}\boldsymbol{P}| \\ &= |\boldsymbol{P}^{-1}(\lambda\boldsymbol{E} - \boldsymbol{A})\boldsymbol{P}| = |\boldsymbol{P}^{-1}||\lambda\boldsymbol{E} - \boldsymbol{A}||\boldsymbol{P}| \\ &= |\lambda\boldsymbol{E} - \boldsymbol{A}|,\end{aligned}$$

即 $\boldsymbol{A}$ 与 $\boldsymbol{B}$ 有相同的特征多项式,从而也有相同的特征值.

注　定理 4.14 的逆命题不成立,即特征多项式相同的矩阵不一定相似.

例如矩阵

$$\boldsymbol{A} = \begin{pmatrix} 1 & 1 \\ 0 & 1 \end{pmatrix},\quad \boldsymbol{E} = \begin{pmatrix} 1 & 0 \\ 0 & 1 \end{pmatrix},$$

易证 $\boldsymbol{A}$ 与 $\boldsymbol{E}$ 的特征多项式相同,但 $\boldsymbol{A}$ 与 $\boldsymbol{E}$ 不相似,因为对任意可逆矩阵 $\boldsymbol{P}$,

$$\boldsymbol{P}^{-1}\boldsymbol{E}\boldsymbol{P} = \boldsymbol{E} \neq \boldsymbol{A}.$$

推论 1　若 n 阶方阵 $\boldsymbol{A}$ 与对角矩阵相似,则对角矩阵的主对角线元素即为 $\boldsymbol{A}$ 的特征值.

例 4.16　设矩阵 $\boldsymbol{A}$ 与 $\boldsymbol{B}$ 相似,其中

$$\boldsymbol{A} = \begin{pmatrix} -2 & 0 & 0 \\ 2 & x & 2 \\ 3 & 1 & 1 \end{pmatrix},\quad \boldsymbol{B} = \begin{pmatrix} -1 & 0 & 0 \\ 0 & -2 & 0 \\ 0 & 0 & y \end{pmatrix},$$

求 x 与 y 的值.

解　$\boldsymbol{A}$ 的特征多项式为

$$|\lambda\boldsymbol{E} - \boldsymbol{A}| = \begin{vmatrix} \lambda+2 & 0 & 0 \\ -2 & \lambda-x & -2 \\ -3 & -1 & \lambda-1 \end{vmatrix} = (\lambda+2)[\lambda^2 - (x+1)\lambda + x - 2].$$

显然 $\boldsymbol{B}$ 的特征值为 $-1,-2,y$,由于 $\boldsymbol{A}$ 与 $\boldsymbol{B}$ 相似,因此 $-1,-2,y$ 必定为 $\boldsymbol{A}$ 的特征值.将 $\lambda = -1$ 代入 $\boldsymbol{A}$ 的特征方程,解得 $x = 0$,则 $\boldsymbol{A}$ 的特征多项式为

$$(\lambda+2)(\lambda^2 - \lambda - 2),$$

其特征值为 $-1,-2,2$,所以 $y = 2$.

关于相似矩阵,我们关心的问题是,与 $\boldsymbol{A}$ 相似的矩阵中,最简单的形式是什么样?由于对角矩阵具有最简单的形式,于是自然地提出问题:在什么条件下,一个方阵能与一个对角矩阵相似?这就是方阵的对角化问题.

4.3.2　方阵的对角化条件

定义 4.8　如果方阵 $\boldsymbol{A}$ 能与一个对角矩阵相似,则称 $\boldsymbol{A}$ **可相似对角化**.

我们先举例说明并不是所有方阵均可相似对角化,然后再给出可相似对角化的条件及判断方法.

例 4.17 证明:方阵 $\boldsymbol{A}=\begin{pmatrix}1 & 1\\0 & 1\end{pmatrix}$ 不可相似对角化.

证 方阵 $\boldsymbol{A}$ 只有一个二重特征值 1,若 $\boldsymbol{A}$ 可相似对角化,则存在可逆矩阵 $\boldsymbol{P}$,使得 $\boldsymbol{P}^{-1}\boldsymbol{AP}=\boldsymbol{\Lambda}$,其中 $\boldsymbol{\Lambda}$ 为对角矩阵.

由推论 1 可知,$\boldsymbol{\Lambda}=\boldsymbol{E}$,于是有 $\boldsymbol{A}=\boldsymbol{PEP}^{-1}=\boldsymbol{E}$,这与已知条件相矛盾,因此 $\boldsymbol{A}$ 不可相似对角化.

下面我们来讨论方阵可相似对角化的条件.

定理 4.15 **n 阶方阵 $\boldsymbol{A}$ 可相似对角化的充要条件是 $\boldsymbol{A}$ 有 n 个线性无关的特征向量.**

证 必要性. 因为 $\boldsymbol{A}$ 可相似对角化,不妨设存在可逆矩阵 $\boldsymbol{P}=(\boldsymbol{p}_1,\boldsymbol{p}_2,\cdots,\boldsymbol{p}_n)$,使得

$$\boldsymbol{P}^{-1}\boldsymbol{AP}=\boldsymbol{\Lambda}=\begin{pmatrix}\lambda_1 & & & \\ & \lambda_2 & & \\ & & \ddots & \\ & & & \lambda_n\end{pmatrix}.$$

由上式可知

$$\boldsymbol{AP}=\boldsymbol{P\Lambda},$$

即

$$\begin{aligned}\boldsymbol{A}(\boldsymbol{p}_1,\boldsymbol{p}_2,\cdots,\boldsymbol{p}_n)&=(\boldsymbol{p}_1,\boldsymbol{p}_2,\cdots,\boldsymbol{p}_n)\begin{pmatrix}\lambda_1 & & & \\ & \lambda_2 & & \\ & & \ddots & \\ & & & \lambda_n\end{pmatrix}\\&=(\lambda_1\boldsymbol{p}_1,\lambda_2\boldsymbol{p}_2,\cdots,\lambda_n\boldsymbol{p}_n).\end{aligned}$$

于是

$$\boldsymbol{Ap}_1=\lambda_1\boldsymbol{p}_1,\quad \boldsymbol{Ap}_2=\lambda_2\boldsymbol{p}_2,\quad \cdots,\quad \boldsymbol{Ap}_n=\lambda_n\boldsymbol{p}_n,$$

则 $\lambda_1,\lambda_2,\cdots,\lambda_n$ 为 $\boldsymbol{A}$ 的特征值,$\boldsymbol{p}_1,\boldsymbol{p}_2,\cdots,\boldsymbol{p}_n$ 为 $\boldsymbol{A}$ 的分别对应于特征值 $\lambda_1,\lambda_2,\cdots,\lambda_n$ 的特征向量. 由于 $\boldsymbol{P}$ 可逆,因此 $\boldsymbol{p}_1,\boldsymbol{p}_2,\cdots,\boldsymbol{p}_n$ 线性无关.

充分性. 设 $\boldsymbol{A}$ 有 n 个线性无关的特征向量 $\boldsymbol{p}_1,\boldsymbol{p}_2,\cdots,\boldsymbol{p}_n$,它们对应的特征值分别为 $\lambda_1,\lambda_2,\cdots,\lambda_n$,则

$$\boldsymbol{Ap}_i=\lambda_i\boldsymbol{p}_i,\quad i=1,2,\cdots,n.$$

于是

$$\begin{aligned}\boldsymbol{A}(\boldsymbol{p}_1,\boldsymbol{p}_2,\cdots,\boldsymbol{p}_n)&=(\boldsymbol{Ap}_1,\boldsymbol{Ap}_2,\cdots,\boldsymbol{Ap}_n)=(\lambda_1\boldsymbol{p}_1,\lambda_2\boldsymbol{p}_2,\cdots,\lambda_n\boldsymbol{p}_n)\\&=(\boldsymbol{p}_1,\boldsymbol{p}_2,\cdots,\boldsymbol{p}_n)\begin{pmatrix}\lambda_1 & & & \\ & \lambda_2 & & \\ & & \ddots & \\ & & & \lambda_n\end{pmatrix}.\end{aligned}$$

因为 $\boldsymbol{p}_1,\boldsymbol{p}_2,\cdots,\boldsymbol{p}_n$ 线性无关,则 $\boldsymbol{P}=(\boldsymbol{p}_1,\boldsymbol{p}_2,\cdots,\boldsymbol{p}_n)$ 为可逆矩阵,从而

$$\boldsymbol{P}^{-1}\boldsymbol{AP}=\begin{pmatrix}\lambda_1 & & & \\ & \lambda_2 & & \\ & & \ddots & \\ & & & \lambda_n\end{pmatrix}=\boldsymbol{\Lambda},$$

所以 $\boldsymbol{A}$ 可相似对角化.

注 (1) n 阶方阵 $\boldsymbol{A}$ 如果能相似对角化，则对角矩阵 $\boldsymbol{\Lambda}$ 在不计 λ_k 的排列顺序时是唯一的，且称 $\boldsymbol{\Lambda}$ 为 $\boldsymbol{A}$ 的**相似标准形**.

(2) 由定理的证明过程可以看出，用来把 $\boldsymbol{A}$ 相似对角化的可逆矩阵 $\boldsymbol{P}$ 是以 $\boldsymbol{A}$ 的 n 个线性无关的特征向量为列向量所构成的矩阵，所化作的对角矩阵 $\boldsymbol{\Lambda}$ 的主对角线元素恰为 $\boldsymbol{A}$ 的 n 个特征值，并且特征值在 $\boldsymbol{\Lambda}$ 中的排列次序与特征向量在 $\boldsymbol{P}$ 中的排列次序相对应. 因此，定理 4.15 事实上已给出了将方阵相似对角化的办法.

用定理 4.15 判别方阵是否可相似对角化，需要求出对应于每个特征值的特征向量. 下面给出不用求特征向量的判别方法.

推论 2 若 n 阶方阵 $\boldsymbol{A}$ 有 n 个不同特征值，则 $\boldsymbol{A}$ 可相似对角化.

推论 3 若对于 n 阶方阵 $\boldsymbol{A}$ 的任一 k 重特征值 λ，都有 $\mathrm{r}(\lambda\boldsymbol{E}-\boldsymbol{A})=n-k$，则 $\boldsymbol{A}$ 可相似对角化.

证 对于 $\boldsymbol{A}$ 的任一 k 重特征值 λ，若 $\mathrm{r}(\lambda\boldsymbol{E}-\boldsymbol{A})=n-k$，则齐次线性方程组 $(\lambda\boldsymbol{E}-\boldsymbol{A})\boldsymbol{x}=\boldsymbol{0}$ 的解空间维数为 k，即对应于特征值 λ 有 k 个线性无关的特征向量，因此 $\boldsymbol{A}$ 必有 n 个线性无关的特征向量.

例 4.18 已知方阵 $\boldsymbol{A}=\begin{pmatrix}2&-1&2\\5&a&3\\-1&b&-2\end{pmatrix}$ 的一个特征向量为 $\boldsymbol{\xi}=\begin{pmatrix}1\\1\\-1\end{pmatrix}$.

(1) 求参数 a,b 的值及 $\boldsymbol{A}$ 的与特征向量 $\boldsymbol{\xi}$ 对应的特征值；

(2) 判断 $\boldsymbol{A}$ 能否相似对角化.

解 (1) 设 $\boldsymbol{A}$ 的与特征向量 $\boldsymbol{\xi}$ 相对应的特征值为 λ，则有

$$(\lambda\boldsymbol{E}-\boldsymbol{A})\boldsymbol{\xi}=\boldsymbol{0},$$

即

$$\begin{pmatrix}\lambda-2&1&-2\\-5&\lambda-a&-3\\1&-b&\lambda+2\end{pmatrix}\begin{pmatrix}1\\1\\-1\end{pmatrix}=\begin{pmatrix}0\\0\\0\end{pmatrix}.$$

于是

$$\begin{cases}\lambda+1=0,\\\lambda-a-2=0,\\-\lambda-b-1=0,\end{cases}$$

解得 $\lambda=-1,a=-3,b=0$，故 -1 为 $\boldsymbol{\xi}$ 所对应的特征值.

(2) 由

$$|\lambda\boldsymbol{E}-\boldsymbol{A}|=\begin{vmatrix}\lambda-2&1&-2\\-5&\lambda+3&-3\\1&0&\lambda+2\end{vmatrix}=(\lambda+1)^3=0,$$

得 $\boldsymbol{A}$ 有三重特征值 $\lambda_1=\lambda_2=\lambda_3=-1$.

由于

$$-E-A=\begin{pmatrix}-3&1&-2\\-5&2&-3\\1&0&1\end{pmatrix}\xrightarrow{\text{初等行变换}}\begin{pmatrix}1&0&1\\0&1&1\\0&0&0\end{pmatrix},$$

可得

$$r(-E-A)=2,$$

因此齐次线性方程组$(-E-A)x=0$的解空间维数为1，即A的对应于特征值$\lambda=-1$的线性无关的特征向量仅有一个，故A不能相似对角化.

例 4.19 设方阵$A=\begin{pmatrix}0&0&1\\1&1&a\\1&0&0\end{pmatrix}$，问$a$为何值时，方阵$A$能相似对角化？

解 由

$$|\lambda E-A|=\begin{vmatrix}\lambda&0&-1\\-1&\lambda-1&-a\\-1&0&\lambda\end{vmatrix}=(\lambda-1)^2(\lambda+1),$$

得A的特征值为

$$\lambda_1=\lambda_2=1,\quad \lambda_3=-1.$$

若要A可相似对角化，则A应有3个线性无关的特征向量. 由于对应于特征值$\lambda_3=-1$的线性无关的特征向量恰有1个，因此对应于二重特征值$\lambda_1=\lambda_2=1$应有2个线性无关的特征向量，即齐次线性方程组$(E-A)x=0$有2个线性无关的解，亦即矩阵$E-A$的秩$r(E-A)=1$. 由

$$E-A=\begin{pmatrix}1&0&-1\\-1&0&-a\\-1&0&1\end{pmatrix}\xrightarrow{\text{初等行变换}}\begin{pmatrix}1&0&-1\\0&0&a+1\\0&0&0\end{pmatrix},$$

要使$r(E-A)=1$，即$a+1=0$，由此得$a=-1$. 因此，当$a=-1$时，矩阵A可相似对角化.

例 4.20 设方阵$A=\begin{pmatrix}2&1&-1\\1&2&-1\\1&1&0\end{pmatrix}$.

(1) 求一个可逆矩阵P，使得$P^{-1}AP$为对角矩阵，并写出该对角矩阵；

(2) 求A^k，其中k为正整数.

解 (1) 因为

$$|\lambda E-A|=\begin{vmatrix}\lambda-2&-1&1\\-1&\lambda-2&1\\-1&-1&\lambda\end{vmatrix}=(\lambda-1)^2(\lambda-2),$$

所以A的特征值为

$$\lambda_1=\lambda_2=1,\quad \lambda_3=2.$$

对应于$\lambda_1=\lambda_2=1$的线性无关的特征向量为

$$\xi_1=\begin{pmatrix}-1\\1\\0\end{pmatrix},\quad \xi_2=\begin{pmatrix}1\\0\\1\end{pmatrix},$$

对应于 $\lambda_3=2$ 的特征向量为

$$\boldsymbol{\xi}_3=\begin{pmatrix}1\\1\\1\end{pmatrix}.$$

令可逆矩阵

$$\boldsymbol{P}=(\boldsymbol{\xi}_1,\boldsymbol{\xi}_2,\boldsymbol{\xi}_3)=\begin{pmatrix}-1&1&1\\1&0&1\\0&1&1\end{pmatrix},$$

则有

$$\boldsymbol{P}^{-1}\boldsymbol{AP}=\begin{pmatrix}1&0&0\\0&1&0\\0&0&2\end{pmatrix}=\boldsymbol{\Lambda}.$$

(2) 由(1) 可知

$$\boldsymbol{A}=\boldsymbol{P\Lambda P}^{-1},$$

因此

$$\boldsymbol{A}^k=\boldsymbol{P\Lambda}^k\boldsymbol{P}^{-1}.$$

易求得

$$\boldsymbol{P}^{-1}=\begin{pmatrix}-1&0&1\\-1&-1&2\\1&1&-1\end{pmatrix},$$

因此

$$\begin{aligned}\boldsymbol{A}^k&=\begin{pmatrix}-1&1&1\\1&0&1\\0&1&1\end{pmatrix}\begin{pmatrix}1&0&0\\0&1&0\\0&0&2^k\end{pmatrix}\begin{pmatrix}-1&0&1\\-1&-1&2\\1&1&-1\end{pmatrix}\\&=\begin{pmatrix}2^k&2^k-1&1-2^k\\2^k-1&2^k&1-2^k\\2^k-1&2^k-1&2-2^k\end{pmatrix}.\end{aligned}$$

4.3.3　实对称矩阵的对角化

在可相似对角化的矩阵中,实对称矩阵是非常重要的一类,很多问题都可归结为实对称矩阵的性质.例如,后面要讨论的二次型的标准化,特别是二次曲线和二次曲面的研究、多元函数极值的判断及线性偏微分方程的分类等问题都涉及实对称矩阵.下面主要讨论实对称矩阵的对角化问题.

我们首先来介绍实对称矩阵的几个基本性质.

定理 4.16　**实对称矩阵的特征值均为实数.**

证　设 λ 是实对称矩阵 $\boldsymbol{A}$ 的任意特征值,$\boldsymbol{\xi}$ 为对应于特征值 λ 的特征向量,则有

$$\boldsymbol{A\xi}=\lambda\boldsymbol{\xi},\quad \boldsymbol{\xi}\neq\boldsymbol{0}.$$

用 $\bar{\lambda}$ 表示 λ 的共轭复数,$\bar{\boldsymbol{\xi}}$ 表示 $\boldsymbol{\xi}$ 的共轭复向量,则

$$A\overline{\xi} = \overline{A\xi} = \overline{\lambda}\,\overline{\xi},$$

于是有

$$\lambda\,\overline{\xi}^{\mathrm{T}}\xi = \overline{\xi}^{\mathrm{T}}(\lambda\xi) = \overline{\xi}^{\mathrm{T}}(A\xi) = \overline{\xi}^{\mathrm{T}}A^{\mathrm{T}}\xi = (A\overline{\xi})^{\mathrm{T}}\xi = \overline{\lambda}\,\overline{\xi}^{\mathrm{T}}\xi.$$

又

$$\overline{\xi}^{\mathrm{T}}\xi > 0 \quad (\xi \neq \mathbf{0}),$$

可得 $\lambda = \overline{\lambda}$,故 λ 为实数.

显然,对于实对称矩阵 A,当其特征值 λ_i 为实数时,齐次线性方程组

$$(\lambda_i E - A)x = \mathbf{0}$$

是实系数线性方程组,则可取实的基础解系,即对应于 λ_i 的特征向量必取实向量.

定理 4.17 **设 λ_1,λ_2 是实对称矩阵 A 的两个不同特征值,ξ_1,ξ_2 分别是对应的特征向量,若 $\lambda_1 \neq \lambda_2$,则向量 ξ_1 与 ξ_2 必正交.**

证 由题意,得

$$A\xi_1 = \lambda_1\xi_1, \quad A\xi_2 = \lambda_2\xi_2, \quad \lambda_1 \neq \lambda_2, \quad A^{\mathrm{T}} = A.$$

于是,有

$$\begin{aligned}\lambda_1\xi_1^{\mathrm{T}}\xi_2 &= (\lambda_1\xi_1)^{\mathrm{T}}\xi_2 = (A\xi_1)^{\mathrm{T}}\xi_2 = \xi_1^{\mathrm{T}}A^{\mathrm{T}}\xi_2 \\ &= \xi_1^{\mathrm{T}}(A\xi_2) = \xi_1^{\mathrm{T}}(\lambda_2\xi_2) = \lambda_2\xi_1^{\mathrm{T}}\xi_2,\end{aligned}$$

即

$$(\lambda_1 - \lambda_2)\xi_1^{\mathrm{T}}\xi_2 = 0.$$

由于 $\lambda_1 \neq \lambda_2$,因此 $\xi_1^{\mathrm{T}}\xi_2 = 0$,即向量 ξ_1 与 ξ_2 正交.

前面我们研究了方阵可相似对角化的条件,并给出了不可相似对角化的例子.下面的定理将告诉我们,实对称矩阵一定可相似对角化,并且可利用正交相似变换将其相似对角化,这是实对称矩阵一个非常重要的性质.

定理 4.18 **设 A 是 n 阶实对称矩阵,则必存在正交矩阵 P,使得**

$$P^{-1}AP = P^{\mathrm{T}}AP = \Lambda = \begin{pmatrix}\lambda_1 & & & \\ & \lambda_2 & & \\ & & \ddots & \\ & & & \lambda_n\end{pmatrix},$$

其中 $\lambda_1,\lambda_2,\cdots,\lambda_n$ 是 A 的特征值.

证明略.

此处我们主要介绍如何具体算出上述正交矩阵 P.由于 P 是正交矩阵,因此 P 的列向量组是正交的单位向量组,且如前所述,P 的列向量组是由 A 的 n 个线性无关的特征向量组成,因此对 P 的列向量有下述三个要求:

(1) 每个列向量都是 A 的特征向量;

(2) 任意两个列向量正交;

(3) 每个列向量都是单位向量.

于是,求正交矩阵 P,使得 $P^{-1}AP$ 为对角矩阵的具体步骤如下:

(1) 求出 A 的所有不同特征值 $\lambda_1,\lambda_2,\cdots,\lambda_s$.

(2) 求出 A 的对应于每个特征值 λ_i 的一组线性无关的特征向量,即求出齐次线性方程组

$(\lambda_i\boldsymbol{E}-\boldsymbol{A})\boldsymbol{x}=\boldsymbol{0}$的一个基础解系，并且利用施密特正交化方法，把此组基础解系正交化. 再由定理 4.17 知，对应于不同特征值的特征向量正交，由此可得 $\boldsymbol{A}$ 的 n 个正交的特征向量.

(3) 将上面求出的 n 个正交的特征向量单位化，并以其作为列向量构成一个 n 阶方阵，即为所求的正交矩阵 $\boldsymbol{P}$. 以相应的特征值作为主对角线元素的对角矩阵，即为所求的对角矩阵 $\boldsymbol{\Lambda}$.

例 4.21 设方阵 $\boldsymbol{A}=\begin{pmatrix}3&2&0\\2&0&0\\0&0&2\end{pmatrix}$，求一个正交矩阵 $\boldsymbol{P}$，使得 $\boldsymbol{P}^{-1}\boldsymbol{AP}$ 为对角矩阵.

解 由 $\boldsymbol{A}$ 的特征多项式

$$|\lambda\boldsymbol{E}-\boldsymbol{A}|=\begin{vmatrix}\lambda-3&-2&0\\-2&\lambda&0\\0&0&\lambda-2\end{vmatrix}=(\lambda+1)(\lambda-2)(\lambda-4),$$

得 $\boldsymbol{A}$ 的特征值为

$$\lambda_1=-1,\quad \lambda_2=2,\quad \lambda_3=4.$$

当 $\lambda_1=-1$ 时，可求得对应的特征向量为 $\boldsymbol{\xi}_1=(1,-2,0)^{\mathrm{T}}$.

当 $\lambda_2=2$ 时，可求得对应的特征向量为 $\boldsymbol{\xi}_2=(0,0,1)^{\mathrm{T}}$.

当 $\lambda_3=4$ 时，可求得对应的特征向量为 $\boldsymbol{\xi}_3=(2,1,0)^{\mathrm{T}}$.

将 $\boldsymbol{\xi}_1,\boldsymbol{\xi}_2,\boldsymbol{\xi}_3$ 单位化，得

$$\boldsymbol{e}_1=\begin{pmatrix}\frac{\sqrt{5}}{5}\\-\frac{2\sqrt{5}}{5}\\0\end{pmatrix},\quad \boldsymbol{e}_2=\begin{pmatrix}0\\0\\1\end{pmatrix},\quad \boldsymbol{e}_3=\begin{pmatrix}\frac{2\sqrt{5}}{5}\\\frac{\sqrt{5}}{5}\\0\end{pmatrix}.$$

取

$$\boldsymbol{P}=(\boldsymbol{e}_1,\boldsymbol{e}_2,\boldsymbol{e}_3)=\begin{pmatrix}\frac{\sqrt{5}}{5}&0&\frac{2\sqrt{5}}{5}\\-\frac{2\sqrt{5}}{5}&0&\frac{\sqrt{5}}{5}\\0&1&0\end{pmatrix},$$

则 $\boldsymbol{P}$ 为正交矩阵，且

$$\boldsymbol{P}^{-1}\boldsymbol{AP}=\begin{pmatrix}-1&&\\&2&\\&&4\end{pmatrix}.$$

例 4.22 设方阵 $\boldsymbol{A}=\begin{pmatrix}0&-1&1\\-1&0&1\\1&1&0\end{pmatrix}$，求一个正交矩阵 $\boldsymbol{P}$，使得 $\boldsymbol{P}^{-1}\boldsymbol{AP}$ 为对角矩阵.

解 由 $\boldsymbol{A}$ 的特征多项式

$$|\lambda\boldsymbol{E}-\boldsymbol{A}|=\begin{vmatrix}\lambda&1&-1\\1&\lambda&-1\\-1&-1&\lambda\end{vmatrix}=(\lambda-1)^2(\lambda+2),$$

得 $\boldsymbol{A}$ 的特征值为

$$\lambda_1=\lambda_2=1,\quad \lambda_3=-2.$$

当 $\lambda_1=\lambda_2=1$ 时,齐次线性方程组 $(\lambda_1\boldsymbol{E}-\boldsymbol{A})\boldsymbol{x}=\boldsymbol{0}$ 的基础解系为

$$\boldsymbol{\xi}_1=(-1,1,0)^{\mathrm{T}},\quad \boldsymbol{\xi}_2=(1,0,1)^{\mathrm{T}}.$$

将 $\boldsymbol{\xi}_1,\boldsymbol{\xi}_2$ 正交化,取

$$\boldsymbol{\eta}_1=\boldsymbol{\xi}_1=\begin{pmatrix}-1\\1\\0\end{pmatrix},\quad \boldsymbol{\eta}_2=\boldsymbol{\xi}_2-\frac{(\boldsymbol{\xi}_2,\boldsymbol{\eta}_1)}{(\boldsymbol{\eta}_1,\boldsymbol{\eta}_1)}\boldsymbol{\eta}_1=\begin{pmatrix}1\\0\\1\end{pmatrix}+\frac{1}{2}\begin{pmatrix}-1\\1\\0\end{pmatrix}=\begin{pmatrix}\frac{1}{2}\\\frac{1}{2}\\1\end{pmatrix},$$

再将 $\boldsymbol{\eta}_1,\boldsymbol{\eta}_2$ 单位化,得

$$\boldsymbol{e}_1=\begin{pmatrix}-\frac{\sqrt{2}}{2}\\\frac{\sqrt{2}}{2}\\0\end{pmatrix},\quad \boldsymbol{e}_2=\begin{pmatrix}\frac{\sqrt{6}}{6}\\\frac{\sqrt{6}}{6}\\\frac{\sqrt{6}}{3}\end{pmatrix}.$$

当 $\lambda_3=-2$ 时,齐次线性方程组 $(\lambda_3\boldsymbol{E}-\boldsymbol{A})\boldsymbol{x}=\boldsymbol{0}$ 的基础解系为 $\boldsymbol{\xi}_3=(-1,-1,1)^{\mathrm{T}}$. 再将 $\boldsymbol{\xi}_3$ 单位化,得

$$\boldsymbol{e}_3=\begin{pmatrix}-\frac{\sqrt{3}}{3}\\-\frac{\sqrt{3}}{3}\\\frac{\sqrt{3}}{3}\end{pmatrix}.$$

取

$$\boldsymbol{P}=(\boldsymbol{e}_1,\boldsymbol{e}_2,\boldsymbol{e}_3)=\begin{pmatrix}-\frac{\sqrt{2}}{2}&\frac{\sqrt{6}}{6}&-\frac{\sqrt{3}}{3}\\\frac{\sqrt{2}}{2}&\frac{\sqrt{6}}{6}&-\frac{\sqrt{3}}{3}\\0&\frac{\sqrt{6}}{3}&\frac{\sqrt{3}}{3}\end{pmatrix},$$

则 $\boldsymbol{P}$ 为正交矩阵,且

$$\boldsymbol{P}^{-1}\boldsymbol{A}\boldsymbol{P}=\begin{pmatrix}1&&\\&1&\\&&-2\end{pmatrix}.$$

拓展阅读

习　题　四

1. 计算下列向量的内积$(\boldsymbol{\alpha},\boldsymbol{\beta})$：

(1) $\boldsymbol{\alpha}=(-1,0,2,5)^{\mathrm{T}},\boldsymbol{\beta}=(3,-2,0,1)^{\mathrm{T}}$；

(2) $\boldsymbol{\alpha}=\left(\frac{\sqrt{3}}{2},-\frac{1}{3},\frac{\sqrt{3}}{4},1\right)^{\mathrm{T}},\boldsymbol{\beta}=\left(-\frac{\sqrt{3}}{2},-2,\sqrt{3},\frac{4}{3}\right)^{\mathrm{T}}$.

2. 把下列向量单位化：

(1) $\boldsymbol{\alpha}=(-3,0,-1,2)^{\mathrm{T}}$；

(2) $\boldsymbol{\alpha}=(4,1,-2,0)^{\mathrm{T}}$.

3. 利用施密特正交化方法把下列向量组正交化：

(1) $\boldsymbol{\alpha}_1=(1,0,-1,1)^{\mathrm{T}},\boldsymbol{\alpha}_2=(1,-1,0,1)^{\mathrm{T}},\boldsymbol{\alpha}_3=(-1,1,1,0)^{\mathrm{T}}$；

(2) $\boldsymbol{\alpha}_1=(1,0,1,0)^{\mathrm{T}},\boldsymbol{\alpha}_2=(0,1,1,1)^{\mathrm{T}},\boldsymbol{\alpha}_3=(0,-1,0,1)^{\mathrm{T}}$.

4. 设向量$\boldsymbol{\alpha}_1=(k,3,3)^{\mathrm{T}},\boldsymbol{\alpha}_2=(3,3,k)^{\mathrm{T}},\boldsymbol{\alpha}_3=(3,k,3)^{\mathrm{T}},\boldsymbol{A}=m(\boldsymbol{\alpha}_1,\boldsymbol{\alpha}_2,\boldsymbol{\alpha}_3)$，求$m,k$的值，使得$\boldsymbol{A}$为正交矩阵.

5. 求齐次线性方程组$\begin{cases}x_1+x_2+x_3-x_4=0,\\ x_2-2x_4=0\end{cases}$的解空间的一个标准正交基.

6. 设$\boldsymbol{\alpha}$为n维非零行向量，$\boldsymbol{E}$为n阶单位矩阵. 试证：$\boldsymbol{A}=\boldsymbol{E}-\frac{2}{\boldsymbol{\alpha}\boldsymbol{\alpha}^{\mathrm{T}}}\boldsymbol{\alpha}^{\mathrm{T}}\boldsymbol{\alpha}$为正交矩阵.

7. 求下列方阵的全部特征值与特征向量：

(1) $\begin{pmatrix}-2&1&1\\0&2&0\\-4&1&3\end{pmatrix}$；　　(2) $\begin{pmatrix}3&1&0\\-4&-1&0\\4&-8&-2\end{pmatrix}$；

(3) $\begin{pmatrix}a&0&0\\0&a&0\\0&0&a\end{pmatrix}$；　　(4) $\begin{pmatrix}3&2&4\\2&0&2\\4&2&3\end{pmatrix}$.

8. 已知三阶方阵$\boldsymbol{A}$的特征值为1,2,3，求行列式$|\boldsymbol{A}^*+3\boldsymbol{A}+2\boldsymbol{E}|$.

9. 已知非奇异矩阵$\boldsymbol{A}$的一个特征值为$\lambda=2$，求$\left(\frac{1}{3}\boldsymbol{A}^2\right)^{-1}$的一个特征值.

10. 已知方阵$\boldsymbol{A}=\begin{pmatrix}x&0&y\\0&2&0\\y&0&-2\end{pmatrix}$的一个特征值为$-3$，且$\boldsymbol{A}$的3个特征值之积为$-12$，试确定$x$和$y$的值.

11. 设n阶方阵$\boldsymbol{A}$有n个特征值$0,1,2,\cdots,n-1$，且方阵$\boldsymbol{B}$与$\boldsymbol{A}$相似，求行列式$|\boldsymbol{B}+\boldsymbol{E}|$.

12. 设λ_1,λ_2是方阵$\boldsymbol{A}$的两个不同特征值，$\boldsymbol{\xi}_1,\boldsymbol{\xi}_2$是方阵$\boldsymbol{A}$的分别对应于$\lambda_1,\lambda_2$的特征向量，证明：$\boldsymbol{\xi}_1+\boldsymbol{\xi}_2$不是$\boldsymbol{A}$的特征向量.

13. 已知$\boldsymbol{A}$为正交矩阵，若$|\boldsymbol{A}|=-1$，证明：$\boldsymbol{A}$一定有特征值-1.

14. 已知$\boldsymbol{A}$为方阵，k为正整数，且$\boldsymbol{A}^k=\boldsymbol{O}$，证明：$\boldsymbol{A}$只有零特征值.

15. 判断下列方阵能否相似对角化：

(1) $\begin{pmatrix} 0 & -1 \\ 1 & 2 \end{pmatrix}$；　　(2) $\begin{pmatrix} 0 & 1 & 5 \\ 1 & 1 & 0 \\ 1 & 0 & 1 \end{pmatrix}$；

(3) $\begin{pmatrix} -1 & 0 & 1 \\ 0 & 2 & 1 \\ 0 & 0 & 2 \end{pmatrix}$；　　(4) $\begin{pmatrix} -1 & 2 & 2 \\ -2 & 3 & 1 \\ 0 & 0 & 2 \end{pmatrix}$.

16. 设有三阶方阵 $\boldsymbol{A}=\begin{pmatrix} 2 & 0 & 0 \\ 0 & 0 & 1 \\ 0 & 1 & 0 \end{pmatrix}$，$\boldsymbol{B}=\begin{pmatrix} 1 & 0 & 0 \\ 0 & -1 & 0 \\ 0 & -6 & 2 \end{pmatrix}$，试判断 $\boldsymbol{A},\boldsymbol{B}$ 是否相似，若相似，求一个可逆矩阵 $\boldsymbol{P}$，使得 $\boldsymbol{B}=\boldsymbol{P}^{-1}\boldsymbol{A}\boldsymbol{P}$.

17. 设三阶方阵 $\boldsymbol{A}$ 的特征值为 $\lambda_1=0,\lambda_2=1,\lambda_3=3$，对应的特征向量分别为 $\boldsymbol{\xi}_1=(1,1,1)^{\mathrm{T}}$，$\boldsymbol{\xi}_2=(1,0,-1)^{\mathrm{T}}$，$\boldsymbol{\xi}_3=(1,-2,1)^{\mathrm{T}}$，求方阵 $\boldsymbol{A}$.

18. 已知方阵 $\boldsymbol{A}=\begin{pmatrix} 4 & 6 & 0 \\ -3 & -5 & 0 \\ -3 & -6 & -1 \end{pmatrix}$，问 $\boldsymbol{A}$ 能否相似对角化？若能，则求出一个可逆矩阵 $\boldsymbol{P}$，使得 $\boldsymbol{P}^{-1}\boldsymbol{A}\boldsymbol{P}$ 为对角矩阵.

19. 若方阵 $\boldsymbol{A}=\begin{pmatrix} 2 & 2 & 0 \\ 8 & 2 & a \\ 0 & 0 & 6 \end{pmatrix}$ 与对角矩阵 $\boldsymbol{\Lambda}$ 相似，试确定常数 a 的值，并求一个可逆矩阵 $\boldsymbol{P}$，使得 $\boldsymbol{P}^{-1}\boldsymbol{A}\boldsymbol{P}=\boldsymbol{\Lambda}$.

20. 已知方阵 $\boldsymbol{A}=\begin{pmatrix} 2 & 2 & -2 \\ 2 & 5 & -4 \\ -2 & -4 & 5 \end{pmatrix}$，求一个正交矩阵 $\boldsymbol{P}$，使得 $\boldsymbol{P}^{-1}\boldsymbol{A}\boldsymbol{P}$ 为对角矩阵.

21. 已知方阵 $\boldsymbol{A}=\begin{pmatrix} 4 & -5 \\ 2 & -3 \end{pmatrix}$，求 $\boldsymbol{A}^{100}$.

22. 设三阶实对称矩阵 $\boldsymbol{A}$ 的秩 $\mathrm{r}(\boldsymbol{A})=2$，$\boldsymbol{A}$ 的对应于特征值 1 和 2 的特征向量分别为 $(1,-1,1)^{\mathrm{T}}$ 和 $(2,a,-1)^{\mathrm{T}}$，求矩阵 $\boldsymbol{A}$.

23. 设实对称矩阵 $\boldsymbol{A}$ 满足 $(\boldsymbol{A}-\boldsymbol{E})(\boldsymbol{A}^2+\boldsymbol{A}+3\boldsymbol{E})=\boldsymbol{O}$，证明：$\boldsymbol{A}=\boldsymbol{E}$.

24. 若三阶实对称矩阵 $\boldsymbol{A}$ 有特征值 -1 和二重特征值 1，并且 -1 对应的一个特征向量 $\boldsymbol{\alpha}_1=(1,a,-1)^{\mathrm{T}}$，1 对应的一个特征向量 $\boldsymbol{\alpha}_2=(0,1,1)^{\mathrm{T}}$，求 a 和 $\boldsymbol{A}$.

习题参考答案

第四章测试题

一、选择题(每小题 3 分，共 15 分)

1. 设 $\boldsymbol{A}$ 为 n 阶可逆矩阵，λ 为 $\boldsymbol{A}$ 的特征值，则 $\boldsymbol{A}^*$ 的一个特征值为(　　).

A. $\frac{|\boldsymbol{A}|^{n-1}}{\lambda}$　　B. $\frac{|\boldsymbol{A}|}{\lambda}$　　C. $\lambda|\boldsymbol{A}|$　　D. $\lambda|\boldsymbol{A}|^{n-1}$

2. 设 n 阶方阵 $\boldsymbol{A}$ 与对角矩阵相似，则(　　).

A. $\boldsymbol{A}$ 的 n 个特征值都是单值　　B. $\boldsymbol{A}$ 是可逆矩阵

C. $\boldsymbol{A}$ 存在 n 个线性无关的特征向量　　D. $\boldsymbol{A}$ 一定为 n 阶实对称矩阵

3. 下列方阵中为正交矩阵的是(　　).

A. $\begin{pmatrix} 1 & 1 & 0 \\ 0 & 1 & 1 \\ 1 & 0 & 1 \end{pmatrix}$　　B. $\begin{pmatrix} \frac{\sqrt{2}}{2} & \frac{\sqrt{2}}{2} & 0 \\ 0 & \frac{\sqrt{2}}{2} & \frac{\sqrt{2}}{2} \\ \frac{\sqrt{2}}{2} & 0 & \frac{\sqrt{2}}{2} \end{pmatrix}$

C. $\begin{pmatrix} \cos\theta & -\sin\theta \\ \sin\theta & \cos\theta \end{pmatrix}$　　D. $\begin{pmatrix} \cos\theta & \sin\theta \\ \sin\theta & \cos\theta \end{pmatrix}$

4. 设三阶方阵 $\boldsymbol{A}$ 与 $\boldsymbol{B}$ 相似，已知 $\boldsymbol{A}$ 的特征值为 2,2,3，则 $|\boldsymbol{B}^{-1}|=$(　　).

A. $\frac{1}{12}$　　B. $\frac{1}{7}$　　C. 7　　D. 12

5. 已知向量 $\boldsymbol{\alpha}_1=\begin{pmatrix} 1 \\ 1 \\ 1 \end{pmatrix}$，$\boldsymbol{\alpha}_2=\begin{pmatrix} 2 \\ 0 \\ 4 \end{pmatrix}$，$\boldsymbol{\alpha}_3=\begin{pmatrix} 3 \\ 1 \\ 3 \end{pmatrix}$，记 $\boldsymbol{\beta}_1=\boldsymbol{\alpha}_1$，$\boldsymbol{\beta}_2=\boldsymbol{\alpha}_2-k\boldsymbol{\beta}_1$，$\boldsymbol{\beta}_3=\boldsymbol{\alpha}_3-l_1\boldsymbol{\beta}_1-l_2\boldsymbol{\beta}_2$，其中 k,l_1,l_2 为实数. 若向量组 $\boldsymbol{\beta}_1,\boldsymbol{\beta}_2,\boldsymbol{\beta}_3$ 两两正交，则 l_1,l_2 分别为(　　).

A. $\frac{7}{3},\frac{1}{2}$　　B. $-\frac{7}{3},\frac{1}{2}$　　C. $\frac{7}{3},-\frac{1}{2}$　　D. $-\frac{7}{3},-\frac{1}{2}$

二、填空题(每小题 3 分，共 15 分)

1. 已知向量 $\boldsymbol{\alpha}=(1,0,-1,1)^{\mathrm{T}}$，$\boldsymbol{\beta}=(1,-1,0,1)^{\mathrm{T}}$，则 $(\boldsymbol{\alpha},\boldsymbol{\beta})=$ ________.

2. 设 $\boldsymbol{A}$ 是三阶方阵，它的 3 个特征值为 $-\frac{1}{2},\frac{1}{2},1$，则 $|4\boldsymbol{A}+3\boldsymbol{E}|=$ ________.

3. 设 $\boldsymbol{\alpha}=\begin{pmatrix} 1 \\ 1 \\ 2 \end{pmatrix}$ 是方阵 $\boldsymbol{A}=\begin{pmatrix} 0 & 1 & 2 \\ 1 & 0 & a \\ 2 & a & b \end{pmatrix}$ 的特征向量，则 $a=$ ________，$b=$ ________.

4. 设方阵 $\boldsymbol{A}$ 和 $\boldsymbol{B}$ 相似，其中 $\boldsymbol{A}=\begin{pmatrix} 1 & 0 & 0 \\ 0 & x & 3 \\ 0 & 4 & 2 \end{pmatrix}$，$\boldsymbol{B}=\begin{pmatrix} 6 & 0 & 0 \\ 2 & y & 0 \\ 0 & 0 & -1 \end{pmatrix}$，则 $x=$ ________，$y=$ ________.

5. 已知向量 $\boldsymbol{\alpha}=(1,k,1)^{\mathrm{T}}$ 是方阵 $\boldsymbol{A}=\begin{pmatrix} 2 & 1 & 1 \\ 1 & 2 & 1 \\ 1 & 1 & 2 \end{pmatrix}$ 的逆矩阵 $\boldsymbol{A}^{-1}$ 的特征向量，则 $k=$ ________.

三、解答题(每小题 10 分,共 70 分)

1. 设方阵 $\boldsymbol{A}=\begin{pmatrix}0&0&1\\1&1&a\\1&0&0\end{pmatrix}$.

(1) 求 a 的值,使得方阵 $\boldsymbol{A}$ 可相似对角化;

(2) 求出一个可逆矩阵 $\boldsymbol{P}$,使得 $\boldsymbol{P}^{-1}\boldsymbol{AP}$ 为对角矩阵.

2. 设三阶方阵 $\boldsymbol{A}$ 的特征值为 $\lambda_1=1,\lambda_2=\lambda_3=2$,对应的特征向量分别为 $\boldsymbol{\xi}_1=(-1,1,1)^{\mathrm{T}}$,$\boldsymbol{\xi}_2=(-1,1,0)^{\mathrm{T}},\boldsymbol{\xi}_3=(1,0,1)^{\mathrm{T}}$,求方阵 $\boldsymbol{A}$.

3. 设 $\boldsymbol{A}$ 是 2 阶方阵,有 2 个互不相同的特征值,$\boldsymbol{\alpha}_1,\boldsymbol{\alpha}_2$ 是 $\boldsymbol{A}$ 的线性无关的特征向量,且满足 $\boldsymbol{A}^2(\boldsymbol{\alpha}_1+\boldsymbol{\alpha}_2)=\boldsymbol{\alpha}_1+\boldsymbol{\alpha}_2$,求 $|\boldsymbol{A}|$.

4. 设三阶方阵 $\boldsymbol{A}$ 的特征值为 1,2,3,求 $2\boldsymbol{A}^*-3\boldsymbol{A}+\boldsymbol{E}$ 的特征值.

5. 设方阵 $\boldsymbol{A}=\begin{pmatrix}0&0&1\\x&1&y\\1&0&0\end{pmatrix}$ 有 3 个线性无关的特征向量,求 x 与 y 应满足的条件.

6. 设 $\boldsymbol{A}$ 是二阶方阵,$\boldsymbol{P}=(\boldsymbol{\alpha},\boldsymbol{A\alpha})$,其中 $\boldsymbol{\alpha}$ 是非零向量且不是 $\boldsymbol{A}$ 的特征向量.

(1) 证明:$\boldsymbol{P}$ 是可逆矩阵;

(2) 若 $\boldsymbol{A}^2\boldsymbol{\alpha}+\boldsymbol{A\alpha}-6\boldsymbol{\alpha}=\boldsymbol{0}$,求 $\boldsymbol{P}^{-1}\boldsymbol{AP}$,并判断 $\boldsymbol{A}$ 是否相似于对角矩阵.

7. 设三阶实对称矩阵 $\boldsymbol{A}$ 的秩 $\mathrm{r}(\boldsymbol{A})=2$,且满足

$$\boldsymbol{A}\begin{pmatrix}1&1\\0&0\\-1&1\end{pmatrix}=\begin{pmatrix}-1&1\\0&0\\1&1\end{pmatrix}.$$

(1) 求出 $\boldsymbol{A}$ 的特征值与对应的特征向量;

(2) 求矩阵 $\boldsymbol{A}$.

第五章
二　次　型

二次曲线 $ax^2+bxy+cy^2=1$ 是关于 x,y 的一个二次齐次多项式，在解析几何中，为了便于研究它的几何性质，我们可以选择适当的坐标变换将二次齐次多项式化为标准形式．例如，二次曲面方程 $x_1^2+x_2^2+x_3^2-2x_1x_3=1$ 通过正交变换，可化为标准形式 $y_1^2+2y_2^2=1$，由此可判断该曲面是一个椭圆柱面．此问题的实质就是把二次齐次多项式化为只含平方项的二次齐次多项式．

本章主要介绍实二次型的相关定义及性质，以及如何将二次型化为标准形和规范形，还将讨论二次型的正定性问题以及相关的分类问题．

§5.1 二次型及其矩阵

5.1.1 二次型的基本概念

定义 5.1 含有 n 个变量 $x_1,x_2,\cdots,x_n$ 的二次齐次多项式

$$f(x_1,x_2,\cdots,x_n)=a_{11}x_1^2+a_{22}x_2^2+\cdots+a_{nn}x_n^2+2a_{12}x_1x_2+2a_{13}x_1x_3+\cdots+2a_{n-1,n}x_{n-1}x_n \tag{5.1}$$

称为**二次型**.

当 $a_{ij}(1\leqslant i\leqslant j\leqslant n)$ 为实数时,f 称为**实二次型**;当 $a_{ij}(1\leqslant i\leqslant j\leqslant n)$ 为复数时,f 称为**复二次型**. 在本章中,我们只讨论实二次型.

例如,下面两个二次齐次多项式就是实二次型:

(1) $f(x_1,x_2)=2x_1^2-x_1x_2+x_2^2$;

(2) $f(x_1,x_2,x_3)=x_1^2-x_1x_2+x_1x_3+x_2^2-2x_3^2$.

在二次型(5.1)中,取 $a_{ij}=a_{ji}$,则 $2a_{ij}x_ix_j=a_{ij}x_ix_j+a_{ji}x_jx_i$. 于是,二次型(5.1)可以改写成

$$\begin{aligned}f&=a_{11}x_1^2+a_{12}x_1x_2+\cdots+a_{1n}x_1x_n+a_{21}x_2x_1+a_{22}x_2^2+\cdots\\&\quad+a_{2n}x_2x_n+\cdots+a_{n1}x_nx_1+a_{n2}x_nx_2+\cdots+a_{nn}x_n^2\\&=\sum_{i=1}^n\sum_{j=1}^n a_{ij}x_ix_j.\end{aligned} \tag{5.2}$$

记矩阵

$$\boldsymbol{A}=\begin{pmatrix}a_{11}&a_{12}&\cdots&a_{1n}\\a_{21}&a_{22}&\cdots&a_{2n}\\\vdots&\vdots&&\vdots\\a_{n1}&a_{n2}&\cdots&a_{nn}\end{pmatrix},\quad \boldsymbol{x}=\begin{pmatrix}x_1\\x_2\\\vdots\\x_n\end{pmatrix},$$

则二次型 $f=\sum_{i=1}^n\sum_{j=1}^n a_{ij}x_ix_j$ 可用矩阵形式表示为

$$f=\sum_{i=1}^n\sum_{j=1}^n a_{ij}x_ix_j=(x_1,x_2,\cdots,x_n)\begin{pmatrix}a_{11}&a_{12}&\cdots&a_{1n}\\a_{21}&a_{22}&\cdots&a_{2n}\\\vdots&\vdots&&\vdots\\a_{n1}&a_{n2}&\cdots&a_{nn}\end{pmatrix}\begin{pmatrix}x_1\\x_2\\\vdots\\x_n\end{pmatrix}=\boldsymbol{x}^{\mathrm{T}}\boldsymbol{A}\boldsymbol{x}, \tag{5.3}$$

其中 $\boldsymbol{A}$ 为对称矩阵. 对称矩阵 $\boldsymbol{A}$ 的秩称为**二次型 f 的秩**.

任给一个二次型,就唯一地确定一个对称矩阵. 反之,任给一个对称矩阵,也可以唯一地确定一个二次型. 这样,二次型与对称矩阵之间存在一一对应关系. 因此,我们可以用对称矩阵讨论二次型,称对称矩阵 $\boldsymbol{A}$ 为**二次型 f 的矩阵**,也称 f 为**对称矩阵 $\boldsymbol{A}$ 的二次型**.

例 5.1 二次型 $f(x_1,x_2,x_3)=x_1^2+2x_1x_2+2x_1x_3+4x_2^2-4x_2x_3$ 的矩阵是

$$A=\begin{pmatrix}1&1&1\\1&4&-2\\1&-2&0\end{pmatrix}.$$

例 5.2 求以对称矩阵 $A=\begin{pmatrix}1&0&2\\0&-4&-2\\2&-2&3\end{pmatrix}$ 为矩阵的二次型.

解 由(5.3)式可知

$$\begin{aligned}f(x_1,x_2,x_3)=\boldsymbol{x}^{\mathrm{T}}\boldsymbol{A}\boldsymbol{x}&=(x_1,x_2,x_3)\begin{pmatrix}1&0&2\\0&-4&-2\\2&-2&3\end{pmatrix}\begin{pmatrix}x_1\\x_2\\x_3\end{pmatrix}\\&=x_1^2+4x_1x_3-4x_2^2-4x_2x_3+3x_3^2.\end{aligned}$$

例 5.3 求二次型 $f(x_1,x_2,x_3)=x_1^2-4x_1x_2+2x_1x_3+2x_2^2+4x_3^2$ 的秩.

解 先求二次型的矩阵,由

$$f(x_1,x_2,x_3)=x_1^2-4x_1x_2+2x_1x_3+2x_2^2+4x_3^2,$$

得 $A=\begin{pmatrix}1&-2&1\\-2&2&0\\1&0&4\end{pmatrix}$. 对 A 施行初等行变换有

$$A=\begin{pmatrix}1&-2&1\\-2&2&0\\1&0&4\end{pmatrix}\xrightarrow[r_3-r_1]{r_2+2r_1}\begin{pmatrix}1&-2&1\\0&-2&2\\0&2&3\end{pmatrix}\xrightarrow{r_3+r_2}\begin{pmatrix}1&-2&1\\0&-2&2\\0&0&5\end{pmatrix},$$

即 $\mathrm{r}(A)=3$,所以原二次型的秩为 3.

5.1.2 线性变换

定义 5.2 称关系式

$$\begin{cases}x_1=c_{11}y_1+c_{12}y_2+\cdots+c_{1n}y_n,\\x_2=c_{21}y_1+c_{22}y_2+\cdots+c_{2n}y_n,\\\qquad\cdots\cdots\\x_n=c_{n1}y_1+c_{n2}y_2+\cdots+c_{nn}y_n\end{cases}\tag{5.4}$$

为由变量 $y_1,y_2,\cdots,y_n$ 到变量 $x_1,x_2,\cdots,x_n$ 的一个**线性变换**.

令矩阵

$$\boldsymbol{x}=\begin{pmatrix}x_1\\x_2\\\vdots\\x_n\end{pmatrix},\quad C=\begin{pmatrix}c_{11}&c_{12}&\cdots&c_{1n}\\c_{21}&c_{22}&\cdots&c_{2n}\\\vdots&\vdots&&\vdots\\c_{n1}&c_{n2}&\cdots&c_{nn}\end{pmatrix},\quad \boldsymbol{y}=\begin{pmatrix}y_1\\y_2\\\vdots\\y_n\end{pmatrix},$$

则线性变换(5.4)可写成矩阵形式

$$\boldsymbol{x}=C\boldsymbol{y},$$

C 称为线性变换(5.4)的系数矩阵.

当 C 为可逆矩阵时,称线性变换(5.4)为**可逆线性变换**或**非退化线性变换**.

当 $\boldsymbol{C}$ 为正交矩阵时,称线性变换(5.4)为**正交线性变换**,简称**正交变换**.

线性变换把某个二次型变成另外一个二次型,而二次型的化简问题就是寻求合适的线性变换把二次型变得简单.本章讨论的中心问题就是如何寻找可逆线性变换,使二次型只含平方项.

5.1.3 矩阵的合同

对一般的二次型 $f=\boldsymbol{x}^{\mathrm{T}}\boldsymbol{A}\boldsymbol{x}$,经可逆线性变换 $\boldsymbol{x}=\boldsymbol{C}\boldsymbol{y}$,可将其化为

$$f=\boldsymbol{x}^{\mathrm{T}}\boldsymbol{A}\boldsymbol{x}=(\boldsymbol{C}\boldsymbol{y})^{\mathrm{T}}\boldsymbol{A}(\boldsymbol{C}\boldsymbol{y})=\boldsymbol{y}^{\mathrm{T}}(\boldsymbol{C}^{\mathrm{T}}\boldsymbol{A}\boldsymbol{C})\boldsymbol{y}=\boldsymbol{y}^{\mathrm{T}}\boldsymbol{B}\boldsymbol{y},$$

其中 $\boldsymbol{B}=\boldsymbol{C}^{\mathrm{T}}\boldsymbol{A}\boldsymbol{C}$,且 $\boldsymbol{B}^{\mathrm{T}}=(\boldsymbol{C}^{\mathrm{T}}\boldsymbol{A}\boldsymbol{C})^{\mathrm{T}}=\boldsymbol{C}^{\mathrm{T}}\boldsymbol{A}\boldsymbol{C}=\boldsymbol{B}$.

定义 5.3 设 $\boldsymbol{A},\boldsymbol{B}$ 为两个 n 阶方阵,如果存在 n 阶可逆矩阵 $\boldsymbol{C}$,使得

$$\boldsymbol{C}^{\mathrm{T}}\boldsymbol{A}\boldsymbol{C}=\boldsymbol{B}, \tag{5.5}$$

则称矩阵 $\boldsymbol{A}$ **合同**于矩阵 $\boldsymbol{B}$,或称 $\boldsymbol{A}$ 与 $\boldsymbol{B}$ 合同.

由于矩阵 $\boldsymbol{C}$ 可逆,易知合同的矩阵有相同的秩.

矩阵合同具有以下基本性质:

(1) 自反性:对任意方阵 $\boldsymbol{A}$,$\boldsymbol{A}$ 合同于 $\boldsymbol{A}$.因为 $\boldsymbol{E}^{\mathrm{T}}\boldsymbol{A}\boldsymbol{E}=\boldsymbol{A}$.

(2) 对称性:若 $\boldsymbol{A}$ 合同于 $\boldsymbol{B}$,则 $\boldsymbol{B}$ 合同于 $\boldsymbol{A}$.因为 $\boldsymbol{B}=\boldsymbol{C}^{\mathrm{T}}\boldsymbol{A}\boldsymbol{C}$,所以

$$\boldsymbol{A}=(\boldsymbol{C}^{\mathrm{T}})^{-1}\boldsymbol{B}\boldsymbol{C}^{-1}=(\boldsymbol{C}^{-1})^{\mathrm{T}}\boldsymbol{B}\boldsymbol{C}^{-1}.$$

(3) 传递性:若 $\boldsymbol{A}$ 合同于 $\boldsymbol{B}$,$\boldsymbol{B}$ 合同于 $\boldsymbol{C}$,则 $\boldsymbol{A}$ 合同于 $\boldsymbol{C}$.因为 $\boldsymbol{B}=\boldsymbol{C}_1^{\mathrm{T}}\boldsymbol{A}\boldsymbol{C}_1$,$\boldsymbol{C}=\boldsymbol{C}_2^{\mathrm{T}}\boldsymbol{B}\boldsymbol{C}_2$,所以

$$\boldsymbol{C}=(\boldsymbol{C}_1\boldsymbol{C}_2)^{\mathrm{T}}\boldsymbol{A}(\boldsymbol{C}_1\boldsymbol{C}_2).$$

§5.2 化二次型为标准形

定义 5.4 若二次型 $f(x_1,x_2,\cdots,x_n)=\boldsymbol{x}^{\mathrm{T}}\boldsymbol{A}\boldsymbol{x}$ 经可逆线性变换 $\boldsymbol{x}=\boldsymbol{C}\boldsymbol{y}$ 后,化成只含平方项的二次型

$$d_1y_1^2+d_2y_2^2+\cdots+d_ny_n^2, \tag{5.6}$$

则称(5.6)式为二次型 $f(x_1,x_2,\cdots,x_n)$ 的**标准形**.

显然,二次型的标准形对应的矩阵是对角矩阵.因此,化二次型为标准形的问题就归结为二次型的矩阵能否合同于一个对角矩阵的问题.

下面介绍三种基本方法.

5.2.1 用配方法化二次型为标准形

定理 5.1 **任何一个二次型都可通过可逆线性变换化为标准形.**

证明略.

配方法分为以下两种情况讨论:

(1) 若二次型含有 x_i 的平方项,则先将含有 x_i 的乘积项集中,然后配方,再对其余的变量重复上述过程,直到所有的变量都配成平方项为止.这时,经过可逆线性变换,可将二次型化为标准形.

(2) 若二次型所有平方项系数都为 0,但至少有一个系数 $a_{ij}\neq 0(i\neq j)$,则可令

$$\begin{cases} x_i = y_i + y_j, \\ x_j = y_i - y_j, \quad k = 1,2,\cdots,n \text{ 且 } k\neq i,j, \\ x_k = y_k, \end{cases} \tag{5.7}$$

这时可将二次型化为含有平方项的二次型,然后再按(1) 中的方法配方.

定理 5.1 说明,任何一个二次型都可通过配方法化为标准形.

例 5.4 用配方法将二次型

$$f = x_1^2 + 2x_2^2 - 2x_3^2 + 4x_1x_3 - 4x_2x_3$$

化为标准形,并求所用的可逆线性变换矩阵.

解 将 x_1^2 及含有 x_1 的混合项配成完全平方,得

$$\begin{aligned} f(x_1,x_2,x_3) &= [x_1^2 + 2x_1\cdot 2x_3 + (2x_3)^2] + 2x_2^2 - 2x_3^2 - 4x_2x_3 - (2x_3)^2 \\ &= (x_1+2x_3)^2 + 2x_2^2 - 6x_3^2 - 4x_2x_3. \end{aligned}$$

此时,第一项括号外面已不再含 x_1,继续对 x_2 配方,得

$$f(x_1,x_2,x_3) = (x_1+2x_3)^2 + 2(x_2-x_3)^2 - 8x_3^2.$$

令

$$\begin{cases} y_1 = x_1 + 2x_3, \\ y_2 = x_2 - x_3, \\ y_3 = x_3, \end{cases} \quad \text{即} \quad \begin{cases} x_1 = y_1 - 2y_3, \\ x_2 = y_2 + y_3, \\ x_3 = y_3, \end{cases}$$

代入原二次型,可将原二次型化为标准形 $f = y_1^2 + 2y_2^2 - 8y_3^2$.

上述过程所用线性变换的矩阵为 $\boldsymbol{C} = \begin{pmatrix} 1 & 0 & -2 \\ 0 & 1 & 1 \\ 0 & 0 & 1 \end{pmatrix}$. 因为

$$|\boldsymbol{C}| = \begin{vmatrix} 1 & 0 & -2 \\ 0 & 1 & 1 \\ 0 & 0 & 1 \end{vmatrix} = 1 \neq 0,$$

所以上述过程使用的线性变换是可逆的,可逆线性变换的矩阵为 $\boldsymbol{C} = \begin{pmatrix} 1 & 0 & -2 \\ 0 & 1 & 1 \\ 0 & 0 & 1 \end{pmatrix}$.

例 5.5 化二次型

$$f(x_1,x_2,x_3) = x_1x_2 - 2x_1x_3 + 4x_2x_3$$

为标准形,并求所做的可逆线性变换.

解 f 中不含平方项,但含有 x_1x_2 的乘积项,故令

$$\begin{cases} x_1 = y_1 + y_2, \\ x_2 = y_1 - y_2, \\ x_3 = y_3, \end{cases}$$

即

$$\begin{pmatrix} x_1 \\ x_2 \\ x_3 \end{pmatrix} = \begin{pmatrix} 1 & 1 & 0 \\ 1 & -1 & 0 \\ 0 & 0 & 1 \end{pmatrix} \begin{pmatrix} y_1 \\ y_2 \\ y_3 \end{pmatrix},$$

代入原二次型，可得

$$f = y_1^2 - y_2^2 + 2y_1y_3 - 6y_2y_3.$$

再配方，得

$$f = (y_1 + y_3)^2 - (y_2 + 3y_3)^2 + 8y_3^2.$$

令

$$\begin{cases} z_1 = y_1 + y_3, \\ z_2 = y_2 + 3y_3, \\ z_3 = y_3, \end{cases}$$

即

$$\begin{cases} y_1 = z_1 - z_3, \\ y_2 = z_2 - 3z_3, \\ y_3 = z_3, \end{cases}$$

亦即

$$\begin{pmatrix} y_1 \\ y_2 \\ y_3 \end{pmatrix} = \begin{pmatrix} 1 & 0 & -1 \\ 0 & 1 & -3 \\ 0 & 0 & 1 \end{pmatrix} \begin{pmatrix} z_1 \\ z_2 \\ z_3 \end{pmatrix},$$

这样就把原二次型化为标准形

$$f = z_1^2 - z_2^2 + 8z_3^2.$$

所用的可逆线性变换为

$$\boldsymbol{x} = \boldsymbol{C}_1\boldsymbol{y} = \boldsymbol{C}_1(\boldsymbol{C}_2\boldsymbol{z}) = (\boldsymbol{C}_1\boldsymbol{C}_2)\boldsymbol{z} = \boldsymbol{C}\boldsymbol{z},$$

其中

$$\boldsymbol{C} = \boldsymbol{C}_1\boldsymbol{C}_2 = \begin{pmatrix} 1 & 1 & 0 \\ 1 & -1 & 0 \\ 0 & 0 & 1 \end{pmatrix} \begin{pmatrix} 1 & 0 & -1 \\ 0 & 1 & -3 \\ 0 & 0 & 1 \end{pmatrix} = \begin{pmatrix} 1 & 1 & -4 \\ 1 & -1 & 2 \\ 0 & 0 & 1 \end{pmatrix} \quad (|\boldsymbol{C}| = -2 \neq 0).$$

5.2.2 用正交变换法化二次型为标准形

由于实二次型的矩阵是一个实对称矩阵，因此由第四章的定理 4.18 可知，二次型必可通过正交变换化为标准形.

定理 5.2（主轴定理） **对于任意一个 n 元实二次型 $f = \boldsymbol{x}^{\mathrm{T}}\boldsymbol{A}\boldsymbol{x}$，一定存在正交变换 $\boldsymbol{x} = \boldsymbol{P}\boldsymbol{y}$，使得 f 化为标准形**

$$\lambda_1 y_1^2 + \lambda_2 y_2^2 + \cdots + \lambda_n y_n^2, \tag{5.8}$$

其中 $\lambda_1, \lambda_2, \cdots, \lambda_n$ 是 $\boldsymbol{A}$ 的 n 个特征值，正交矩阵 $\boldsymbol{P}$ 的 n 个列向量为 $\boldsymbol{A}$ 的对应于特征值 $\lambda_1, \lambda_2, \cdots, \lambda_n$ 的单位正交特征向量.

这里不做详细证明. 事实上，由于对任意的实对称矩阵 $\boldsymbol{A}$，总存在正交矩阵 $\boldsymbol{P}$，使得 $\boldsymbol{P}^{-1}\boldsymbol{A}\boldsymbol{P} = \boldsymbol{\Lambda}$，即 $\boldsymbol{P}^{\mathrm{T}}\boldsymbol{A}\boldsymbol{P} = \boldsymbol{\Lambda}$. 将此结论应用于二次型即得证.

用正交变换化二次型为标准形的基本步骤：

(1) 将二次型表示成矩阵形式 $f = \boldsymbol{x}^{\mathrm{T}}\boldsymbol{A}\boldsymbol{x}$，写出矩阵 $\boldsymbol{A}$；

(2) 求出 $\boldsymbol{A}$ 的所有特征值 $\lambda_1, \lambda_2, \cdots, \lambda_n$；

(3) 求出对应于各特征值的线性无关的特征向量$\boldsymbol{\xi}_1,\boldsymbol{\xi}_2,\cdots,\boldsymbol{\xi}_n$;

(4) 将特征向量$\boldsymbol{\xi}_1,\boldsymbol{\xi}_2,\cdots,\boldsymbol{\xi}_n$ 正交化,再单位化,得$\boldsymbol{e}_1,\boldsymbol{e}_2,\cdots,\boldsymbol{e}_n$,取

$$\boldsymbol{P}=(\boldsymbol{e}_1,\boldsymbol{e}_2,\cdots,\boldsymbol{e}_n);$$

(5) 做正交变换 $\boldsymbol{x}=\boldsymbol{P}\boldsymbol{y}$,则得 f 的标准形为

$$f=\lambda_1 y_1^2+\lambda_2 y_2^2+\cdots+\lambda_n y_n^2.$$

例 5.6 用正交变换法化二次型

$$f(x_1,x_2,x_3)=2x_1^2+2x_2^2+2x_3^2+2x_1x_2+2x_1x_3-2x_2x_3$$

为标准形.

解 先写出二次型 f 的矩阵 $\boldsymbol{A}=\begin{pmatrix}2&1&1\\1&2&-1\\1&-1&2\end{pmatrix}$.

$\boldsymbol{A}$ 的特征多项式为

$$|\lambda\boldsymbol{E}-\boldsymbol{A}|=\begin{vmatrix}\lambda-2&-1&-1\\-1&\lambda-2&1\\-1&1&\lambda-2\end{vmatrix}=\lambda(\lambda-3)^2,$$

求得 $\boldsymbol{A}$ 的特征值为$\lambda_1=0,\lambda_2=\lambda_3=3$.

当 $\lambda_1=0$ 时,解齐次线性方程组$(0\boldsymbol{E}-\boldsymbol{A})\boldsymbol{x}=\boldsymbol{0}$,得 $\lambda_1=0$ 对应的特征向量为

$$\boldsymbol{\xi}_1=\begin{pmatrix}-1\\1\\1\end{pmatrix}.$$

当 $\lambda_2=\lambda_3=3$ 时,解齐次线性方程组$(3\boldsymbol{E}-\boldsymbol{A})\boldsymbol{x}=\boldsymbol{0}$,得 $\lambda_2=\lambda_3=3$ 对应的特征向量为

$$\boldsymbol{\xi}_2=\begin{pmatrix}1\\1\\0\end{pmatrix},\quad \boldsymbol{\xi}_3=\begin{pmatrix}1\\0\\1\end{pmatrix}.$$

将特征向量$\boldsymbol{\xi}_1,\boldsymbol{\xi}_2,\boldsymbol{\xi}_3$ 正交化.由于$\boldsymbol{\xi}_1$ 与$\boldsymbol{\xi}_2,\boldsymbol{\xi}_3$ 正交,而$\boldsymbol{\xi}_2,\boldsymbol{\xi}_3$ 不正交,因此只需将$\boldsymbol{\xi}_2,\boldsymbol{\xi}_3$ 正交化,令

$$\boldsymbol{\eta}_1=\boldsymbol{\xi}_2=\begin{pmatrix}1\\1\\0\end{pmatrix},\quad \boldsymbol{\eta}_2=\boldsymbol{\xi}_3-\frac{(\boldsymbol{\xi}_3,\boldsymbol{\eta}_1)}{(\boldsymbol{\eta}_1,\boldsymbol{\eta}_1)}\boldsymbol{\eta}_1=\begin{pmatrix}1\\0\\1\end{pmatrix}-\frac{1}{2}\begin{pmatrix}1\\1\\0\end{pmatrix}=\frac{1}{2}\begin{pmatrix}1\\-1\\2\end{pmatrix}.$$

再将$\boldsymbol{\xi}_1,\boldsymbol{\eta}_1$ 和 $\boldsymbol{\eta}_2$ 单位化,得

$$\boldsymbol{e}_1=\frac{\boldsymbol{\xi}_1}{\|\boldsymbol{\xi}_1\|}=\frac{\sqrt{3}}{3}\begin{pmatrix}-1\\1\\1\end{pmatrix},\quad \boldsymbol{e}_2=\frac{\boldsymbol{\eta}_1}{\|\boldsymbol{\eta}_1\|}=\frac{\sqrt{2}}{2}\begin{pmatrix}1\\1\\0\end{pmatrix},\quad \boldsymbol{e}_3=\frac{\boldsymbol{\eta}_2}{\|\boldsymbol{\eta}_2\|}=\frac{\sqrt{6}}{6}\begin{pmatrix}1\\-1\\2\end{pmatrix}.$$

取 $\boldsymbol{P}=(\boldsymbol{e}_1,\boldsymbol{e}_2,\boldsymbol{e}_3)=\begin{pmatrix}-\frac{\sqrt{3}}{3}&\frac{\sqrt{2}}{2}&\frac{\sqrt{6}}{6}\\\frac{\sqrt{3}}{3}&\frac{\sqrt{2}}{2}&-\frac{\sqrt{6}}{6}\\\frac{\sqrt{3}}{3}&0&\frac{\sqrt{6}}{3}\end{pmatrix}$,则 $\boldsymbol{P}$ 为正交矩阵,且

$$P^{-1}AP = P^{T}AP = \begin{pmatrix} 0 & & \\ & 3 & \\ & & 3 \end{pmatrix}.$$

做正交变换 $\boldsymbol{x} = \boldsymbol{P}\boldsymbol{y}$,经过正交变换后,原二次型化为标准形

$$f = 3y_2^2 + 3y_3^2.$$

5.2.3 用初等变换法化二次型为标准形

任意一个实对称矩阵 $\boldsymbol{A}$ 都合同于一个对角矩阵 $\boldsymbol{\Lambda}$,即存在可逆矩阵 $\boldsymbol{C}$,使得

$$C^{T}AC = \Lambda.$$

由于 $\boldsymbol{C}$ 可逆,因此 $\boldsymbol{C}$ 可以写成一系列初等矩阵的乘积,记 $\boldsymbol{C} = \boldsymbol{P}_1\boldsymbol{P}_2\cdots\boldsymbol{P}_s$,其中 $\boldsymbol{P}_i(i = 1,2,\cdots,s)$ 为初等矩阵,则

$$C^{T}AC = P_s^{T}\cdots P_2^{T}P_1^{T}AP_1P_2\cdots P_s = \Lambda. \tag{5.9}$$

由此可见,对 $2n\times n$ 矩阵 $\begin{pmatrix} A \\ E \end{pmatrix}$ 施以右乘 $\boldsymbol{P}_1,\boldsymbol{P}_2,\cdots,\boldsymbol{P}_s$ 的初等列变换,再对 $\boldsymbol{A}$ 施以左乘 $\boldsymbol{P}_1^{T}$,$\boldsymbol{P}_2^{T},\cdots,\boldsymbol{P}_s^{T}$ 的初等行变换,则矩阵 $\boldsymbol{A}$ 变为对角矩阵 $\boldsymbol{\Lambda}$,单位矩阵 $\boldsymbol{E}$ 就变为所要求的可逆矩阵 $\boldsymbol{C}$.

注意到

$$E(i,j)^{T} = E(i,j),\quad E(i(k))^{T} = E(i(k)),\quad E(i,j(k))^{T} = E(j,i(k)),$$

因此只需对 $\boldsymbol{A}$ 施行一对初等行、列变换得到对角矩阵的同时,对单位矩阵 $\boldsymbol{E}$ 施行相同的初等列变换即可.

例 5.7 用初等变换法化二次型

$$f = x_1^2 - x_3^2 + 2x_1x_2 + 2x_2x_3$$

为标准形,并求所用的可逆线性变换.

解 二次型 f 的矩阵为 $\boldsymbol{A} = \begin{pmatrix} 1 & 1 & 0 \\ 1 & 0 & 1 \\ 0 & 1 & -1 \end{pmatrix}$. 利用初等变换法,由

$$\begin{pmatrix} A \\ E \end{pmatrix} = \begin{pmatrix} 1 & 1 & 0 \\ 1 & 0 & 1 \\ 0 & 1 & -1 \\ 1 & 0 & 0 \\ 0 & 1 & 0 \\ 0 & 0 & 1 \end{pmatrix} \xrightarrow{c_2 - c_1} \begin{pmatrix} 1 & 0 & 0 \\ 1 & -1 & 1 \\ 0 & 1 & -1 \\ 1 & -1 & 0 \\ 0 & 1 & 0 \\ 0 & 0 & 1 \end{pmatrix} \xrightarrow{r_2 - r_1} \begin{pmatrix} 1 & 0 & 0 \\ 0 & -1 & 1 \\ 0 & 1 & -1 \\ 1 & -1 & 0 \\ 0 & 1 & 0 \\ 0 & 0 & 1 \end{pmatrix}$$

$$\xrightarrow{c_3 + c_2} \begin{pmatrix} 1 & 0 & 0 \\ 0 & -1 & 0 \\ 0 & 1 & 0 \\ 1 & -1 & -1 \\ 0 & 1 & 1 \\ 0 & 0 & 1 \end{pmatrix} \xrightarrow{r_3 + r_2} \begin{pmatrix} 1 & 0 & 0 \\ 0 & -1 & 0 \\ 0 & 0 & 0 \\ 1 & -1 & -1 \\ 0 & 1 & 1 \\ 0 & 0 & 1 \end{pmatrix},$$

得可逆矩阵

$$C=\begin{pmatrix}1&-1&-1\\0&1&1\\0&0&1\end{pmatrix},$$

相应的可逆线性变换为 $\boldsymbol{x}=\boldsymbol{C}\boldsymbol{y}$，标准形为

$$f=y_1^2-y_2^2.$$

5.2.4 惯性定理与规范形

二次型的标准形不唯一，但标准形中所含平方项的项数（二次型的秩）是不变的. 不仅如此，在限定变换为实变换时，标准形中正系数个数也是不变的（从而负系数个数不变），即有下列定理.

定理 5.3（惯性定理） **在实二次型 $f=\boldsymbol{x}^{\mathrm{T}}\boldsymbol{A}\boldsymbol{x}$ 的标准形中，正系数个数及负系数个数是唯一确定的，它们与可逆线性变换无关.**

证明略.

设二次型 f 的标准形为

$$f(x_1,x_2,\cdots,x_n)=c_1y_1^2+c_2y_2^2+\cdots+c_py_p^2-d_1y_{p+1}^2-d_2y_{p+2}^2-\cdots-d_qy_r^2,\quad(5.10)$$

其中 $c_i>0(i=1,2,\cdots,p)$，$d_j>0(j=1,2,\cdots,q)$，且 $p+q=r$ 为 f 的秩.

再做可逆线性变换

$$\begin{cases}y_1=\dfrac{1}{\sqrt{c_1}}z_1,\\ y_2=\dfrac{1}{\sqrt{c_2}}z_2,\\ \quad\cdots\cdots\\ y_p=\dfrac{1}{\sqrt{c_p}}z_p,\\ y_{p+1}=\dfrac{1}{\sqrt{d_1}}z_{p+1},\\ y_{p+2}=\dfrac{1}{\sqrt{d_2}}z_{p+2},\\ \quad\cdots\cdots\\ y_r=\dfrac{1}{\sqrt{d_q}}z_r,\\ y_{r+1}=z_{r+1},\\ y_{r+2}=z_{r+2},\\ \quad\cdots\cdots\\ y_n=z_n,\end{cases}$$

则(5.10)式变成

$$f=z_1^2+z_2^2+\cdots+z_p^2-z_{p+1}^2-z_{p+2}^2-\cdots-z_r^2,\quad(5.11)$$

称(5.11)式为**二次型 f 的规范形.**

显然，由惯性定理知，任一实二次型的规范形是唯一的.

定义 5.5 在实二次型 f 的标准形中，正系数个数 p 称为二次型 f 的**正惯性指数**，负系数个数 q 称为二次型 f 的**负惯性指数**，正、负惯性指数的差，即 $p-q=p-(r-p)=2p-r$ 称

为二次型 f 的**符号差**，其中 r 为二次型 f 的秩.

在例 5.6 中，我们得到二次型的标准形为

$$f=3y_2^2+3y_3^2,$$

再令

$$y_1=z_1,\quad y_2=\frac{1}{\sqrt{3}}z_2,\quad y_3=\frac{1}{\sqrt{3}}z_3,$$

得到二次型的规范形为 $f=z_2^2+z_3^2$，则可知二次型 f 的正惯性指数为 2，负惯性指数为 0，符号差为 2.

利用惯性定理可得到实对称矩阵合同的判别方法.

定理 5.4 **两个实对称矩阵合同的充要条件是它们有相同的正惯性指数和秩.**

§5.3 正定二次型

定义 5.6 设有实二次型 $f=\boldsymbol{x}^{\mathrm{T}}\boldsymbol{A}\boldsymbol{x}$，如果对任意的非零向量 $\boldsymbol{x}$，都有

(1) $\boldsymbol{x}^{\mathrm{T}}\boldsymbol{A}\boldsymbol{x}>0(\boldsymbol{x}^{\mathrm{T}}\boldsymbol{A}\boldsymbol{x}<0)$ 成立，则称二次型 $f=\boldsymbol{x}^{\mathrm{T}}\boldsymbol{A}\boldsymbol{x}$ 是**正(负)定二次型**，而称实对称矩阵 $\boldsymbol{A}$ 为**正(负)定矩阵**；

(2) $\boldsymbol{x}^{\mathrm{T}}\boldsymbol{A}\boldsymbol{x}\geqslant 0(\boldsymbol{x}^{\mathrm{T}}\boldsymbol{A}\boldsymbol{x}\leqslant 0)$ 成立，则称二次型 $f=\boldsymbol{x}^{\mathrm{T}}\boldsymbol{A}\boldsymbol{x}$ 是**半正定(半负定)二次型**，而称实对称矩阵 $\boldsymbol{A}$ 为**半正定(半负定)矩阵**；

(3) f 的值有正有负，则称二次型 f 是**不定二次型**，而称实对称矩阵 $\boldsymbol{A}$ 为**不定矩阵**.

注 二次型的正(负)定、半正定(半负定)统称为二次型及其矩阵的有定性. 不具备有定性的二次型及其矩阵称为不定的. 二次型的有定性与其矩阵的有定性之间具有一一对应关系. 因此，二次型的正定性判别可转化为对称矩阵的正定性判别.

例 5.8 二次型 $f(x_1,x_2,x_3)=x_1^2+x_2^2+x_3^2$ 是正定二次型，因为对于任意的向量 $\boldsymbol{x}=(x_1,x_2,x_3)^{\mathrm{T}}\neq\boldsymbol{0}$，有 $f(x_1,x_2,x_3)=x_1^2+x_2^2+x_3^2>0$.

而二次型 $f(x_1,x_2,x_3)=x_1^2+x_2^2$ 不是正定二次型，因为对于任意的向量 $\boldsymbol{x}=(0,0,x_3)^{\mathrm{T}}\neq\boldsymbol{0}$，有 $f(x_1,x_2,x_3)=x_1^2+x_2^2=0$.

在二次型中，最常用的是正定与负定二次型，下面主要讨论这两类二次型.

定理 5.5 **可逆线性变换不改变二次型 $f=\boldsymbol{x}^{\mathrm{T}}\boldsymbol{A}\boldsymbol{x}$ 的正定性.**

证 设二次型 $f=\boldsymbol{x}^{\mathrm{T}}\boldsymbol{A}\boldsymbol{x}$ 是正定二次型，经过可逆线性变换 $\boldsymbol{x}=\boldsymbol{C}\boldsymbol{y}$，有

$$f=\boldsymbol{x}^{\mathrm{T}}\boldsymbol{A}\boldsymbol{x}=(\boldsymbol{C}\boldsymbol{y})^{\mathrm{T}}\boldsymbol{A}(\boldsymbol{C}\boldsymbol{y})=\boldsymbol{y}^{\mathrm{T}}(\boldsymbol{C}^{\mathrm{T}}\boldsymbol{A}\boldsymbol{C})\boldsymbol{y}\xlongequal{\boldsymbol{C}^{\mathrm{T}}\boldsymbol{A}\boldsymbol{C}=\boldsymbol{B}}\boldsymbol{y}^{\mathrm{T}}\boldsymbol{B}\boldsymbol{y}.$$

对任意的 $\boldsymbol{y}\neq\boldsymbol{0}$，由 $\boldsymbol{C}$ 可逆，可得 $\boldsymbol{x}=\boldsymbol{C}\boldsymbol{y}\neq\boldsymbol{0}$，因此

$$f=\boldsymbol{y}^{\mathrm{T}}\boldsymbol{B}\boldsymbol{y}=\boldsymbol{x}^{\mathrm{T}}\boldsymbol{A}\boldsymbol{x}>0,$$

即二次型 $f=\boldsymbol{y}^{\mathrm{T}}\boldsymbol{B}\boldsymbol{y}$ 仍为正定二次型.

推论 1 设 $\boldsymbol{A}$ 是正定矩阵，若 $\boldsymbol{A}$ 与 $\boldsymbol{B}$ 合同，则 $\boldsymbol{B}$ 也是正定矩阵.

定理 5.6 **n 元实二次型 $f=\boldsymbol{x}^{\mathrm{T}}\boldsymbol{A}\boldsymbol{x}$ 为正(负)定二次型的充要条件是它的正(负)惯性指数为 n.**

证　充分性. 设二次型 $f=\boldsymbol{x}^{\mathrm{T}}\boldsymbol{A}\boldsymbol{x}$ 的正惯性指数为 n，则存在可逆线性变换 $\boldsymbol{x}=\boldsymbol{C}\boldsymbol{y}$，使得

$$f=k_1y_1^2+k_2y_2^2+\cdots+k_ny_n^2.$$

因为 $k_i>0(i=1,2,\cdots,n)$，任取 $\boldsymbol{x}\neq\boldsymbol{0}$，则 $\boldsymbol{y}=\boldsymbol{C}^{-1}\boldsymbol{x}\neq\boldsymbol{0}$，所以 $f>0$.

必要性. 用反证法. 设 n 元实正定二次型 f 的标准形为 $f=k_1y_1^2+k_2y_2^2+\cdots+k_ny_n^2$，其中 $k_i\leqslant 0(i=1,2,\cdots,n)$，则取

$$\boldsymbol{y}=\boldsymbol{e}_i=(0,0,\cdots,0,\underset{\text{第}i\text{个}}{1},0,\cdots,0)^{\mathrm{T}},$$

有 $f=k_i\leqslant 0$，这与 f 正定矛盾.

定理 5.7　**n 元实二次型 $f=\boldsymbol{x}^{\mathrm{T}}\boldsymbol{A}\boldsymbol{x}$ 为正(负)定二次型的充要条件是 $\boldsymbol{A}$ 的特征值均为正(负)数.**

证　因为二次型 $f=\boldsymbol{x}^{\mathrm{T}}\boldsymbol{A}\boldsymbol{x}$ 是实二次型，所以 $\boldsymbol{A}$ 是实对称矩阵，从而存在正交矩阵 $\boldsymbol{P}$，使得

$$\boldsymbol{P}^{\mathrm{T}}\boldsymbol{A}\boldsymbol{P}=\operatorname{diag}(\lambda_1,\lambda_2,\cdots,\lambda_n),$$

其中 $\lambda_1,\lambda_2,\cdots,\lambda_n$ 为 $\boldsymbol{A}$ 的 n 个特征值. 因此，经正交变换 $\boldsymbol{x}=\boldsymbol{P}\boldsymbol{y}$，二次型 $f=\boldsymbol{x}^{\mathrm{T}}\boldsymbol{A}\boldsymbol{x}$ 可化为 $f=\sum_{i=1}^{n}\lambda_iy_i^2$.

必要性. 若 $\boldsymbol{A}$ 正定，则由定理 5.5 知，$\lambda_i>0,i=1,2,\cdots,n$.

充分性. 若 $\boldsymbol{A}$ 的特征值 $\lambda_i>0,i=1,2,\cdots,n$，则 $\operatorname{diag}(\lambda_1,\lambda_2,\cdots,\lambda_n)$ 为正定矩阵，从而 $\boldsymbol{A}$ 为正定矩阵.

推论 2　n 阶对角矩阵 $\boldsymbol{A}=\operatorname{diag}(d_1,d_2,\cdots,d_n)$ 是正定矩阵的充要条件是

$$d_i>0\quad(i=1,2,\cdots,n).$$

定理 5.8　**实对称矩阵 $\boldsymbol{A}$ 为正定矩阵的充要条件是存在可逆矩阵 $\boldsymbol{C}$，使得 $\boldsymbol{A}=\boldsymbol{C}^{\mathrm{T}}\boldsymbol{C}$.**

证　充分性. 设存在可逆矩阵 $\boldsymbol{C}$，使得 $\boldsymbol{A}=\boldsymbol{C}^{\mathrm{T}}\boldsymbol{C}$. 对于任意向量 $\boldsymbol{x}\neq\boldsymbol{0}$，有 $\boldsymbol{C}\boldsymbol{x}\neq\boldsymbol{0}$，故

$$\boldsymbol{x}^{\mathrm{T}}\boldsymbol{A}\boldsymbol{x}=\boldsymbol{x}^{\mathrm{T}}(\boldsymbol{C}^{\mathrm{T}}\boldsymbol{C})\boldsymbol{x}=(\boldsymbol{C}\boldsymbol{x})^{\mathrm{T}}(\boldsymbol{C}\boldsymbol{x})=\|\boldsymbol{C}\boldsymbol{x}\|^2>0.$$

必要性. 如果 $\boldsymbol{A}$ 为正定矩阵，则存在可逆矩阵 $\boldsymbol{C}$，使得

$$\boldsymbol{A}=\boldsymbol{C}^{\mathrm{T}}\boldsymbol{E}\boldsymbol{C}=\boldsymbol{C}^{\mathrm{T}}\boldsymbol{C}.$$

推论 3　实对称矩阵 $\boldsymbol{A}$ 为正定矩阵的充要条件是 $\boldsymbol{A}$ 与单位矩阵合同，即存在可逆矩阵 $\boldsymbol{C}$，使得 $\boldsymbol{A}=\boldsymbol{C}^{\mathrm{T}}\boldsymbol{E}\boldsymbol{C}=\boldsymbol{C}^{\mathrm{T}}\boldsymbol{C}$.

下面从实对称矩阵本身给出正定矩阵的性质及判别法.

定理 5.9　**设 $\boldsymbol{A}=(a_{ij})_{n\times n}$ 为正定矩阵，则**

(1) $\boldsymbol{A}$ 的主对角线元素 $a_{ii}>0(i=1,2,\cdots,n)$；

(2) $|\boldsymbol{A}|>0$.

证　(1) 设二次型 $f=\boldsymbol{x}^{\mathrm{T}}\boldsymbol{A}\boldsymbol{x}=\sum_{i=1}^{n}\sum_{j=1}^{n}a_{ij}x_ix_j$. 因为 $\boldsymbol{A}$ 为正定矩阵，所以 f 为正定二次型. 取 $\boldsymbol{x}=\boldsymbol{e}_i=(0,0,\cdots,0,1,0,\cdots,0)^{\mathrm{T}}$，它的第 i 个坐标为 1，则

$$f=a_{ii}x_i^2=a_{ii}>0\quad(i=1,2,\cdots,n).$$

(2) 因为 $\boldsymbol{A}$ 为正定矩阵，所以 $\boldsymbol{A}$ 的特征值全大于 0，则 $|\boldsymbol{A}|>0$.

从定理 5.9 易知，正定矩阵必为可逆矩阵.

注　若 $\boldsymbol{A}$ 为负定矩阵，则 $-\boldsymbol{A}$ 为正定矩阵，因此有下面的推论.

推论 4 设 $\boldsymbol{A}=(a_{ij})_{n\times n}$ 为负定矩阵，则

(1) $\boldsymbol{A}$ 的主对角线元素 $a_{ii}<0(i=1,2,\cdots,n)$；

(2) $|-\boldsymbol{A}|=(-1)^n|\boldsymbol{A}|>0$.

为了利用行列式给出矩阵 $\boldsymbol{A}$ 为正定矩阵的充要条件，为此，引入顺序主子式的概念.

定义 5.7 设 $\boldsymbol{A}=(a_{ij})_{n\times n}$ 是 n 阶方阵，$\boldsymbol{A}$ 的 k 个行标和列标相同的子式

$$\begin{vmatrix} a_{i_1i_1} & a_{i_1i_2} & \cdots & a_{i_1i_k} \\ a_{i_2i_1} & a_{i_2i_2} & \cdots & a_{i_2i_k} \\ \vdots & \vdots & & \vdots \\ a_{i_ki_1} & a_{i_ki_2} & \cdots & a_{i_ki_k} \end{vmatrix} \quad (1\leqslant i_1<i_2<\cdots<i_k\leqslant n)$$

称为矩阵 $\boldsymbol{A}$ 的一个 k **阶主子式**. 而子式

$$|\boldsymbol{A}_k|=\begin{vmatrix} a_{11} & a_{12} & \cdots & a_{1k} \\ a_{21} & a_{22} & \cdots & a_{2k} \\ \vdots & \vdots & & \vdots \\ a_{k1} & a_{k2} & \cdots & a_{kk} \end{vmatrix} \quad (k=1,2,\cdots,n)$$

称为 $\boldsymbol{A}$ 的 k **阶顺序主子式**.

定理 5.10 **n 阶实对称矩阵 $\boldsymbol{A}=(a_{ij})_{n\times n}$ 是正定矩阵的充要条件是 $\boldsymbol{A}$ 的所有顺序主子式 $|\boldsymbol{A}_k|>0(k=1,2,\cdots,n)$.**

这个定理称为**赫尔维茨**(Hurwitz) **定理**，这里不予证明.

对于负定矩阵、半正定与半负定矩阵，也有类似于上述定理的结论.

(1) n 阶实对称矩阵 $\boldsymbol{A}$ 是负定矩阵的充要条件是

$$(-1)^k|\boldsymbol{A}_k|>0 \quad (k=1,2,\cdots,n),$$

即所有奇数阶顺序主子式为负，所有偶数阶顺序主子式为正.

(2) n 阶实对称矩阵 $\boldsymbol{A}$ 是半正定(半负定)矩阵的充要条件是

① $\boldsymbol{A}$ 的所有主子式大于等于 0(小于等于 0)；

② $\boldsymbol{A}$ 的所有特征值大于等于 0(小于等于 0).

例 5.9 判别下列二次型是否为正定二次型：

(1) $f(x_1,x_2,x_3)=2x_1^2+3x_2^2+5x_3^2+4x_1x_2-4x_2x_3$；

(2) $f(x_1,x_2,x_3)=x_1^2+3x_2^2-2x_3^2+4x_1x_2+2x_2x_3$.

解 (1) **方法一** 用配方法化二次型为标准形，得

$$f=2(x_1+x_2)^2+(x_2-2x_3)^2+x_3^2\geqslant 0,$$

当且仅当 $x_1=x_2=x_3=0$ 时等号成立，因此 f 为正定二次型.

方法二 二次型 f 的矩阵为

$$\boldsymbol{A}=\begin{pmatrix} 2 & 2 & 0 \\ 2 & 3 & -2 \\ 0 & -2 & 5 \end{pmatrix}.$$

因为 $\boldsymbol{A}$ 的各阶顺序主子式为

$$|\boldsymbol{A}_1| = |2| = 2 > 0,\quad |\boldsymbol{A}_2| = \begin{vmatrix} 2 & 2 \\ 2 & 3 \end{vmatrix} = 2 > 0,\quad |\boldsymbol{A}_3| = \begin{vmatrix} 2 & 2 & 0 \\ 2 & 3 & -2 \\ 0 & -2 & 5 \end{vmatrix} = 2 > 0,$$

所以 $\boldsymbol{A}$ 是正定矩阵,从而 f 是正定二次型.

(2) 二次型 f 的矩阵为

$$\boldsymbol{A} = \begin{pmatrix} 1 & 2 & 0 \\ 2 & 3 & 1 \\ 0 & 1 & -2 \end{pmatrix}.$$

因为 $\boldsymbol{A}$ 的各阶顺序主子式为

$$|\boldsymbol{A}_1| = |1| = 1 > 0,\quad |\boldsymbol{A}_2| = \begin{vmatrix} 1 & 2 \\ 2 & 3 \end{vmatrix} = -1 < 0,\quad |\boldsymbol{A}_3| = \begin{vmatrix} 1 & 2 & 0 \\ 2 & 3 & 1 \\ 0 & 1 & -2 \end{vmatrix} = 1 > 0,$$

所以 $\boldsymbol{A}$ 不是正定矩阵,从而 f 不是正定二次型.

例 5.10 已知二次型

$$f(x_1,x_2,x_3) = \lambda(x_1^2 + x_2^2 + x_3^2) + 2x_1x_2 - 2x_1x_3 + 2x_2x_3,$$

问:

(1) λ 满足什么条件时,二次型 $f(x_1,x_2,x_3)$ 是正定二次型?

(2) λ 满足什么条件时,二次型 $f(x_1,x_2,x_3)$ 是负定二次型?

解 二次型 $f(x_1,x_2,x_3)$ 的矩阵为

$$\boldsymbol{A} = \begin{pmatrix} \lambda & 1 & -1 \\ 1 & \lambda & 1 \\ -1 & 1 & \lambda \end{pmatrix},$$

$\boldsymbol{A}$ 的各阶顺序主子式为

$$|\boldsymbol{A}_1| = |\lambda| = \lambda,\quad |\boldsymbol{A}_2| = \begin{vmatrix} \lambda & 1 \\ 1 & \lambda \end{vmatrix} = \lambda^2 - 1,\quad |\boldsymbol{A}_3| = \begin{vmatrix} \lambda & 1 & -1 \\ 1 & \lambda & 1 \\ -1 & 1 & \lambda \end{vmatrix} = (\lambda + 1)^2(\lambda - 2).$$

(1) 要使 f 为正定二次型,则 $\boldsymbol{A}$ 的各阶顺序主子式均大于 0,即

$$\begin{cases} \lambda > 0, \\ \lambda^2 - 1 > 0, \\ (\lambda + 1)^2(\lambda - 2) > 0. \end{cases}$$

解以上不等式,得 $\lambda > 2$ 时,f 为正定二次型.

(2) 要使 f 为负定二次型,则 $\boldsymbol{A}$ 的奇数阶顺序主子式均小于 0,而偶数阶顺序主子式均大于 0,即

$$\begin{cases} \lambda < 0, \\ \lambda^2 - 1 > 0, \\ (\lambda + 1)^2(\lambda - 2) < 0. \end{cases}$$

解以上不等式,得 $\lambda < -1$ 时,f 为负定二次型.

例 5.11 设矩阵 $\boldsymbol{A} = \begin{pmatrix} 1 & 0 & 1 \\ 0 & 2 & 0 \\ 1 & 0 & 1 \end{pmatrix}$,$\boldsymbol{B} = (k\boldsymbol{E} + \boldsymbol{A})^2$,其中 k 为实数,求 k 的取值范围,使得

$\boldsymbol{B}$ 为正定矩阵.

解 由 $\boldsymbol{A}$ 的特征多项式

$$|\lambda \boldsymbol{E}-\boldsymbol{A}|=\begin{vmatrix}\lambda-1 & 0 & -1\\ 0 & \lambda-2 & 0\\ -1 & 0 & \lambda-1\end{vmatrix}=\lambda(\lambda-2)^2,$$

得 $\boldsymbol{A}$ 的特征值为 $\lambda_1=\lambda_2=2,\lambda_3=0$，从而 $k\boldsymbol{E}+\boldsymbol{A}$ 的特征值为 $k+2,k+2,k$. 因此，$\boldsymbol{B}$ 的特征值为 $(k+2)^2,(k+2)^2,k^2$.

因为当 $k\neq 0$ 且 $k\neq -2$ 时，$\boldsymbol{B}$ 的特征值全为正，所以当 $k\neq 0$ 且 $k\neq -2$ 时，$\boldsymbol{B}$ 为正定矩阵.

例 5.12 证明：若 $\boldsymbol{A}$ 是正定矩阵，则 $\boldsymbol{A}^{-1}$ 也是正定矩阵.

证 **方法一** 因为 $\boldsymbol{A}$ 是正定矩阵，则 $\boldsymbol{A}$ 的特征值 $\lambda_i(i=1,2,\cdots,n)$ 全为正，又 $\dfrac{1}{\lambda_i}$ 是 $\boldsymbol{A}^{-1}$ 的特征值，且 $\dfrac{1}{\lambda_i}>0$，所以 $\boldsymbol{A}^{-1}$ 也是正定矩阵.

方法二 因为 $\boldsymbol{A}$ 是正定矩阵，则存在可逆矩阵 $\boldsymbol{C}$，使得 $\boldsymbol{A}=\boldsymbol{C}^{\mathrm{T}}\boldsymbol{C}$，所以

$$\boldsymbol{A}^{-1}=(\boldsymbol{C}^{\mathrm{T}}\boldsymbol{C})^{-1}=\boldsymbol{C}^{-1}(\boldsymbol{C}^{\mathrm{T}})^{-1}=\boldsymbol{C}^{-1}(\boldsymbol{C}^{-1})^{\mathrm{T}}.$$

又

$$(\boldsymbol{A}^{-1})^{\mathrm{T}}=(\boldsymbol{A}^{\mathrm{T}})^{-1}=\boldsymbol{A}^{-1},$$

故 $\boldsymbol{A}^{-1}$ 为实对称矩阵，则 $\boldsymbol{A}^{-1}$ 是正定矩阵.

拓展阅读

习 题 五

1. 写出下列二次型 f 的矩阵 $\boldsymbol{A}$：

(1) $f(x_1,x_2,x_3)=x_1^2+4x_2^2-x_3^2+4x_1x_2+2x_1x_3-6x_2x_3$；

(2) $f(x_1,x_2,x_3,x_4)=x_1^2-x_2^2+x_3^2+x_4^2+2x_1x_2+4x_1x_3-2x_1x_4+6x_2x_3+4x_2x_4$；

(3) $f(x_1,x_2,x_3)=(a_1x_1+a_2x_2+a_3x_3)^2$.

2. 写出下列对称矩阵所对应的二次型：

(1) $\begin{pmatrix}0 & 0 & 1\\ 0 & 1 & 0\\ 1 & 0 & 0\end{pmatrix}$，　(2) $\begin{pmatrix}1 & -1 & -2 & 1\\ -1 & 1 & 3 & -\dfrac{1}{2}\\ -2 & 3 & 1 & 0\\ 1 & -\dfrac{1}{2} & 0 & 1\end{pmatrix}$.

3. 当 λ 为何值时，二次型 $f(x_1,x_2,x_3)=x_1^2-x_2^2+\lambda x_3^2+2x_1x_2+4x_1x_3+2x_2x_3$ 的秩为 2？

4. 用配方法把下列二次型化为标准形，并求所用的可逆线性变换：

(1) $f(x_1,x_2,x_3)=x_1^2+2x_2^2-x_3^2+2x_1x_2+2x_1x_3+4x_2x_3$；

(2) $f(x_1,x_2,x_3)=2x_1x_2-2x_1x_3+6x_2x_3$.

5. 用正交变换法把下列二次型化为标准形，并写出所用的正交变换：

(1) $f(x_1,x_2,x_3)=x_1^2+x_2^2+x_3^2-2x_1x_3$；

(2) $f(x_1,x_2,x_3)=2x_1^2-x_2^2-x_3^2+4x_1x_2-4x_1x_3+8x_2x_3$.

6. 用初等变换法把下列二次型化为标准形，并求所用的可逆线性变换：

(1) $f(x_1,x_2,x_3)=x_1^2+2x_2^2+x_3^2+2x_1x_2+2x_1x_3+2x_2x_3$；

(2) $f(x_1,x_2,x_3)=2x_1x_2+2x_1x_3+4x_2x_3$.

7. 已知二次型 $f=x_1^2+x_2^2+x_3^2+(2a+2)x_1x_2+2x_1x_3+2bx_2x_3$ 经过正交变换化为标准形 $f=y_2^2+2y_3^2$，求参数 a,b 的值及所用的正交变换矩阵.

8. 化二次型 $f(x_1,x_2,x_3)=2x_1x_2-2x_1x_3+2x_2x_3$ 为规范形，并求其正惯性指数.

9. 判断 t 满足什么条件时，二次型

$$f(x_1,x_2,x_3)=5x_1^2+x_2^2+5x_3^2+4x_1x_2-8x_1x_3-4tx_2x_3$$

是正定二次型.

10. 判断下列二次型的正定性：

(1) $f=3x_1^2+3x_2^2+5x_3^2+4x_1x_2-4x_2x_3$；

(2) $f=-2x_1^2-6x_2^2-2x_3^2+2x_1x_2+2x_2x_3$；

(3) $f=9x_1^2+5x_2^2+7x_3^2-12x_1x_2+8x_1x_3-6x_2x_3$.

11. 判断 t 满足什么条件时，下列二次型是正定二次型：

(1) $f(x_1,x_2,x_3)=x_1^2+4x_2^2+2x_3^2+2tx_1x_2-2x_1x_3$；

(2) $f(x_1,x_2,x_3)=x_1^2+2x_2^2+2x_3^2+2x_1x_2-2x_1x_3+2tx_2x_3$.

12. 设 $\boldsymbol{A}$ 是 $m\times n$ 实矩阵，$\boldsymbol{E}$ 是 n 阶单位矩阵，已知矩阵 $\boldsymbol{B}=\lambda\boldsymbol{E}+\boldsymbol{A}^{\mathrm{T}}\boldsymbol{A}$，$\lambda$ 为实数，证明：当 $\lambda>0$ 时，矩阵 $\boldsymbol{B}$ 是正定矩阵.

13. 设 $\boldsymbol{A}$ 是 m 阶正定矩阵，$\boldsymbol{B}$ 是 $m\times n$ 实矩阵，证明：$\boldsymbol{B}^{\mathrm{T}}\boldsymbol{A}\boldsymbol{B}$ 是正定矩阵的充要条件是 $\mathrm{r}(\boldsymbol{B})=n$.

14. 证明：如果 $\boldsymbol{A}$ 是正定矩阵，则 $\boldsymbol{A}^*$ 也是正定矩阵.

15. 证明：如果 $\boldsymbol{A},\boldsymbol{B}$ 都是 n 阶正定矩阵，则 $\boldsymbol{A}+\boldsymbol{B}$ 也是正定矩阵.

习题参考答案

第五章测试题

一、选择题（每小题 3 分，共 15 分）

1. 下列选项中为二次型的是(　　).

A. $ax_1^2+bx_2^2+cx_3^2$　　B. $ax_1+bx_2^2+cx_3$

C. $ax_1x_2+bx_2x_3+cx_1x_3+dx_1x_2x_3$　　D. $ax_1^2+bx_1x_2+cx_3x_1^2$

2. 已知二次型 $f(x_1,x_2,x_3)=a(x_1^2+x_2^2+x_3^2)+2x_1x_2+2x_1x_3+2x_2x_3$ 在正交变换下的规范形为 $f(y_1,y_2,y_3)=y_1^2+y_2^2$，则 $a=$(　　).

A. 2　　B. -2　　C. 4　　D. -4

3. 正定二次型 $f(x_1,x_2,x_3,x_4)$ 的矩阵为 $\boldsymbol{A}$，则下列说法一定错误的是(　　).

A. $\boldsymbol{A}$ 的所有顺序主子式为非负数　　B. $\boldsymbol{A}$ 的所有特征值为非负数

C. $\boldsymbol{A}$ 的所有顺序主子式大于 0　　D. $\boldsymbol{A}$ 的所有特征值互不相同

4. 已知 $\boldsymbol{A}$ 是一个三阶实对称正定矩阵，那么 $\boldsymbol{A}$ 的特征值可能是(　　).

A. $3,\mathrm{i},-1$　　B. $2,-1,\mathrm{i}$　　C. $2,\mathrm{i},4$　　D. $1,3,4$

5. 设 $\boldsymbol{A},\boldsymbol{B}$ 均为 n 阶方阵，若(　　)，则 $\boldsymbol{A}$ 与 $\boldsymbol{B}$ 合同.

A. 存在 n 阶可逆矩阵 $\boldsymbol{P},\boldsymbol{Q}$，且 $\boldsymbol{PAQ}=\boldsymbol{B}$

B. 存在 n 阶可逆矩阵 $\boldsymbol{P}$，且 $\boldsymbol{P}^{-1}\boldsymbol{AP}=\boldsymbol{B}$

C. 存在 n 阶正交矩阵 $\boldsymbol{Q}$，且 $\boldsymbol{Q}^{-1}\boldsymbol{AQ}=\boldsymbol{B}$

D. 存在 n 阶方阵 $\boldsymbol{C},\boldsymbol{T}$，且 $\boldsymbol{CAT}=\boldsymbol{B}$

二、填空题(每小题 3 分，共 15 分)

1. 二次型 $f(x_1,x_2,x_3)=(x_1+8x_2+3x_3)(x_1-2x_2+x_3)$ 的矩阵为________.

2. 线性变换 $\begin{cases} y_1=x_1-x_2+x_3, \\ y_2=x_2-x_3, \\ y_3=x_3 \end{cases}$ 可用矩阵表示为 $\boldsymbol{x}=\boldsymbol{Cy}$，其中 $\boldsymbol{x}=(x_1,x_2,x_3)^{\mathrm{T}}$，$\boldsymbol{y}=(y_1,y_2,y_3)^{\mathrm{T}}$，则 $\boldsymbol{C}=$________.

3. 二次型 $f(x_1,x_2,x_3)=x_1^2-2x_2^2+x_3^2+2x_1x_2-4x_1x_3+2x_2x_3$ 的秩为________.

4. 已知实对称矩阵 $\boldsymbol{A}$ 与其在正交变换下得到的标准形分别为 $\boldsymbol{A}=\begin{pmatrix}4&0&0\\0&3&a\\0&a&3\end{pmatrix}$，$\boldsymbol{J}=\begin{pmatrix}1&0&0\\0&4&0\\0&0&5\end{pmatrix}$，且 $a>0$，则 $a=$________.

5. 若实对称矩阵 $\boldsymbol{A}$ 与矩阵 $\begin{pmatrix}1&0\\0&-2\end{pmatrix}$ 合同，则以 $\boldsymbol{A}$ 为矩阵的二次型的标准形是________.

三、解答题(每小题 14 分，共 70 分)

1. 已知二次型

$$f(x_1,x_2,x_3)=x_1^2+bx_2^2+x_3^2+2ax_1x_2+2x_1x_3+2x_2x_3$$

可经正交变换 $\boldsymbol{x}=\boldsymbol{Py}$ 化为 $f(x_1,x_2,x_3)=y_2^2+4y_3^2$，求 a,b 的值和正交矩阵 $\boldsymbol{P}$.

2. 已知二次型 $f(x_1,x_2,x_3)=a(x_1^2+x_2^2+x_3^2)+2x_1x_2+2x_1x_3-2x_2x_3$.

(1) 当 a 取何值时，f 是正定二次型？

(2) 取 $a=1$，试用可逆线性变换把 f 化为规范形，并写出所用的可逆线性变换.

3. 已知二次型 $f(x_1,x_2,x_3)=\boldsymbol{x}^{\mathrm{T}}\boldsymbol{Ax}$ 在正交变换 $\boldsymbol{x}=\boldsymbol{Qy}$ 下的标准形为 $y_1^2+y_2^2$，且 $\boldsymbol{Q}$ 的第 3 列为 $\left(\frac{\sqrt{2}}{2},0,\frac{\sqrt{2}}{2}\right)^{\mathrm{T}}$.

(1) 求矩阵 $\boldsymbol{A}$；

(2) 证明：$\boldsymbol{A}+\boldsymbol{E}$ 是正定矩阵，其中 $\boldsymbol{E}$ 是三阶单位矩阵.

4. 设 $\boldsymbol{A}$ 是 n 阶正定矩阵，证明：$|\boldsymbol{A}+\boldsymbol{E}|>1$.

5. 设 $\boldsymbol{A}$ 是 n 阶正定矩阵，证明：

(1) 当 $k>0$ 时，$k\boldsymbol{A}$ 是正定矩阵；

(2) 当 $k\in\mathbf{N}$ 时，$\boldsymbol{A}^k$ 是正定矩阵；

(3) 当 $\boldsymbol{C}$ 是 n 阶可逆矩阵时，$\boldsymbol{C}^{\mathrm{T}}\boldsymbol{A}\boldsymbol{C}$ 是正定矩阵.

第六章
线性空间与线性变换简介

§6.1　线性空间的基本概念

在第三章中，我们已讨论过向量空间. 在这里我们将进行推广.

6.1.1　线性空间的定义

定义 6.1　设 V 是一非空集合，F 是一数域. 如果在 V 中定义下列两种运算：

(1) 加法：对于任意两个元素 $\boldsymbol{\alpha},\boldsymbol{\beta}\in V$，总有唯一确定的元素 $\boldsymbol{\gamma}\in V$ 与之对应，则称 $\boldsymbol{\gamma}$ 为 $\boldsymbol{\alpha}$ 与 $\boldsymbol{\beta}$ 的和，记作 $\boldsymbol{\gamma}=\boldsymbol{\alpha}+\boldsymbol{\beta}$.

(2) 数乘：对于任意 $\lambda\in F$ 与任意 $\boldsymbol{\alpha}\in V$，总有唯一确定的元素 $\boldsymbol{\delta}\in V$ 与之对应，则称 $\boldsymbol{\delta}$ 为 λ 与 $\boldsymbol{\alpha}$ 的积，记作 $\boldsymbol{\delta}=\lambda\boldsymbol{\alpha}$，

并且上述两种运算满足下列 8 条运算规律($\boldsymbol{\alpha},\boldsymbol{\beta},\boldsymbol{\gamma}\in V,\lambda,\mu\in F$)：

① $\boldsymbol{\alpha}+\boldsymbol{\beta}=\boldsymbol{\beta}+\boldsymbol{\alpha}$；

② $(\boldsymbol{\alpha}+\boldsymbol{\beta})+\boldsymbol{\gamma}=\boldsymbol{\alpha}+(\boldsymbol{\beta}+\boldsymbol{\gamma})$；

③ V 中存在一个元素 $\mathbf{0}$，$\forall\boldsymbol{\alpha}\in V$，它使得 $\boldsymbol{\alpha}+\mathbf{0}=\boldsymbol{\alpha}$，具有该性质的元素 $\mathbf{0}$ 称为 V 的**零元素**；

④ 对任意 $\boldsymbol{\alpha}\in V$，存在 $\boldsymbol{\beta}\in V$，使得 $\boldsymbol{\alpha}+\boldsymbol{\beta}=\mathbf{0}$，具有该性质的元素 $\boldsymbol{\beta}$ 称为 $\boldsymbol{\alpha}$ 的**负元素**，记作 $\boldsymbol{\beta}=-\boldsymbol{\alpha}$；

⑤ $1\cdot\boldsymbol{\alpha}=\boldsymbol{\alpha}$；

⑥ $\lambda(\mu\boldsymbol{\alpha})=(\lambda\mu)\boldsymbol{\alpha}$；

⑦ $(\lambda+\mu)\boldsymbol{\alpha}=\lambda\boldsymbol{\alpha}+\mu\boldsymbol{\alpha}$；

⑧ $\lambda(\boldsymbol{\alpha}+\boldsymbol{\beta})=\lambda\boldsymbol{\alpha}+\lambda\boldsymbol{\beta}$.

那么，V 就称为数域 F 上的**线性空间**(或**向量空间**)，V 中的元素也称为**向量**.

注　(1) 满足以上 8 条运算规律的加法和数乘称为 V 上的线性运算.

(2) 在一个非空集合上，若对于所定义的加法和数乘运算不封闭，或者运算不满足 8 条规律的某一条，则此集合就不构成线性空间.

下面给出几个线性空间的例子.

例 6.1　记 $\mathbf{R}_+$ 为全体正实数的集合，在其中定义加法和数乘运算如下：

$$a\oplus b=ab,\quad \lambda\circ a=a^{\lambda},$$

其中 $\lambda\in\mathbf{R}$，$a,b\in\mathbf{R}_+$. 试证：对上述定义的加法和数乘运算，集合 $\mathbf{R}_+$ 构成在实数域 $\mathbf{R}$ 上的一个线性空间.

证　由于对任意的 $a,b\in\mathbf{R}_+$，$\lambda\in\mathbf{R}$，有

$$a\oplus b=ab\in\mathbf{R}_+,\quad \lambda\circ a=a^{\lambda}\in\mathbf{R}_+,$$

因此 $\mathbf{R}_+$ 对其上定义的加法和数乘运算封闭. 又

① $a\oplus b=ab=ba=b\oplus a$；

② $(a\oplus b)\oplus c=ab\oplus c=abc=a(bc)=a\oplus(bc)=a\oplus(b\oplus c)$；

③ $\mathbf{R}_+$ 中存在零元素 1，$\forall a\in\mathbf{R}_+$，有 $a\oplus 1=a$；

④ 对任意 $a \in \mathbf{R}_+$，有负元素 $a^{-1} \in \mathbf{R}_+$，使 $a \oplus a^{-1} = aa^{-1} = 1$；

⑤ $1 \circ a = a^1 = a$；

⑥ $\lambda \circ (\mu \circ a) = \lambda \circ a^{\mu} = (a^{\mu})^{\lambda} = a^{\lambda\mu} = (\lambda\mu) \circ a$；

⑦ $(\lambda + \mu) \circ a = a^{\lambda+\mu} = a^{\lambda}a^{\mu} = a^{\lambda} \oplus a^{\mu} = (\lambda \circ a) \oplus (\mu \circ a)$；

⑧ $\lambda \circ (a \oplus b) = \lambda \circ (ab) = (ab)^{\lambda} = a^{\lambda}b^{\lambda} = a^{\lambda} \oplus b^{\lambda} = (\lambda \circ a) \oplus (\lambda \circ b)$，

所以 $\mathbf{R}_+$ 对上述定义的加法和数乘运算构成在实数域 $\mathbf{R}$ 上的一个线性空间.

例 6.2 向量集合 $V = \{(0, x_1, x_2, \cdots, x_n) \mid x_1, x_2, \cdots, x_n \in \mathbf{R}\}$ 对于实数域 $\mathbf{R}$ 上向量的加法和数乘运算构成一个线性空间.

事实上，因为 $\forall \boldsymbol{\alpha} = (0, x_1, x_2, \cdots, x_n) \in V, \boldsymbol{\beta} = (0, y_1, y_2, \cdots, y_n) \in V, \lambda \in \mathbf{R}$，有

$$\boldsymbol{\alpha} + \boldsymbol{\beta} = (0, x_1 + y_1, x_2 + y_2, \cdots, x_n + y_n) \in V, \quad \lambda\boldsymbol{\alpha} = (0, \lambda x_1, \lambda x_2, \cdots, \lambda x_n) \in V,$$

则 V 对加法和数乘两种运算封闭，且易证 V 满足定义 6.1 中的 8 条运算规律，所以 V 是实数域 $\mathbf{R}$ 上的一个线性空间.

例 6.3 集合 $V = \{\boldsymbol{x} = (1, x_2, x_3, \cdots, x_n) \mid x_2, x_3, \cdots, x_n \in \mathbf{R}\}$ 不构成一个线性空间. 这是因为对 $\boldsymbol{\alpha} = (1, x_2, x_3, \cdots, x_n) \in V$，有

$$2\boldsymbol{\alpha} = (2, 2x_2, 2x_3, \cdots, 2x_n) \notin V.$$

下面介绍几个常见的线性空间.

(1) 数域 F 上的所有 n 维向量组成的集合，对于两个向量的加法和数乘运算构成数域 F 上的一个线性空间，记作 F^n.

(2) 数域 F 上的所有 $m \times n$ 矩阵组成的集合，对于矩阵的加法和数乘运算构成数域 F 上的一个线性空间，记作 $F^{m \times n}$.

(3) 设 n 为正整数，F 是数域，所有次数小于 n 的多项式的集合

$$F[x]_n = \{a_{n-1}x^{n-1} + \cdots + a_1 x + a_0 \mid a_{n-1}, \cdots, a_1, a_0 \in F\},$$

对于多项式的加法和数与多项式的乘法运算构成数域 F 上的一个线性空间，记作 $F[x]_n$.

(4) 所有定义在闭区间 $[a,b]$ 上的实连续函数构成的集合，对于函数的加法和实数与函数的乘法运算构成实数域 $\mathbf{R}$ 上的一个线性空间，记作 $\mathrm{C}[a,b]$.

6.1.2 线性空间的性质

性质 6.1 零元素是唯一的.

证 用反证法. 设 $\mathbf{0}_1, \mathbf{0}_2$ 是线性空间 V 中的两个零元素，即 $\forall \boldsymbol{\alpha} \in V$，有

$$\boldsymbol{\alpha} + \mathbf{0}_1 = \boldsymbol{\alpha}, \quad \boldsymbol{\alpha} + \mathbf{0}_2 = \boldsymbol{\alpha}.$$

于是，特别地有

$$\mathbf{0}_1 = \mathbf{0}_1 + \mathbf{0}_2 = \mathbf{0}_2 + \mathbf{0}_1 = \mathbf{0}_2,$$

即 $\mathbf{0}_1 = \mathbf{0}_2$.

性质 6.2 任一元素的负元素是唯一的.

证 用反证法. 设 $\boldsymbol{\alpha}$ 有两个负元素 $\boldsymbol{\beta}, \boldsymbol{\gamma}$，即

$$\boldsymbol{\alpha} + \boldsymbol{\beta} = \mathbf{0}, \quad \boldsymbol{\alpha} + \boldsymbol{\gamma} = \mathbf{0},$$

于是

$$\boldsymbol{\beta} = \boldsymbol{\beta} + \mathbf{0} = \boldsymbol{\beta} + (\boldsymbol{\alpha} + \boldsymbol{\gamma}) = (\boldsymbol{\alpha} + \boldsymbol{\beta}) + \boldsymbol{\gamma} = \mathbf{0} + \boldsymbol{\gamma} = \boldsymbol{\gamma}.$$

性质 6.3 $0\cdot\boldsymbol{\alpha}=\mathbf{0},(-1)\boldsymbol{\alpha}=-\boldsymbol{\alpha},\lambda\cdot\mathbf{0}=\mathbf{0}$.

证 因为

$$\boldsymbol{\alpha}+0\cdot\boldsymbol{\alpha}=1\cdot\boldsymbol{\alpha}+0\cdot\boldsymbol{\alpha}=(1+0)\boldsymbol{\alpha}=1\cdot\boldsymbol{\alpha}=\boldsymbol{\alpha},$$

所以 $0\cdot\boldsymbol{\alpha}=\mathbf{0}$.

因为

$$\boldsymbol{\alpha}+(-1)\boldsymbol{\alpha}=1\cdot\boldsymbol{\alpha}+(-1)\boldsymbol{\alpha}=[1+(-1)]\boldsymbol{\alpha}=0\cdot\boldsymbol{\alpha}=\mathbf{0},$$

所以$(-1)\boldsymbol{\alpha}=-\boldsymbol{\alpha}$,且

$$\lambda\cdot\mathbf{0}=\lambda[\boldsymbol{\alpha}+(-1)\boldsymbol{\alpha}]=\lambda\boldsymbol{\alpha}+(-\lambda)\boldsymbol{\alpha}=[\lambda+(-\lambda)]\boldsymbol{\alpha}=0\cdot\boldsymbol{\alpha}=\mathbf{0}.$$

性质 6.4 若 $\lambda\boldsymbol{\alpha}=\mathbf{0}$,则 $\lambda=0$ 或 $\boldsymbol{\alpha}=\mathbf{0}$.

证 假设 $\lambda\neq 0$,则$\frac{1}{\lambda}(\lambda\boldsymbol{\alpha})=\frac{1}{\lambda}\cdot\mathbf{0}=\mathbf{0}$. 又

$$\frac{1}{\lambda}(\lambda\boldsymbol{\alpha})=\left(\frac{1}{\lambda}\cdot\lambda\right)\boldsymbol{\alpha}=\boldsymbol{\alpha},$$

于是 $\boldsymbol{\alpha}=\mathbf{0}$.

同理可证,若 $\boldsymbol{\alpha}\neq\mathbf{0}$,则有 $\lambda=0$.

6.1.3 线性空间的子空间

定义 6.2 设 L 是线性空间 V 的一个非空子集. 若 L 对于 V 中所定义的加法和数乘两种运算也构成一个线性空间,则称 L 为 V 的一个**线性子空间**(简称**子空间**).

显然,$\{\mathbf{0}\}$与 V 本身都是 V 的子空间.

由定义 6.2,不难证明下述定理.

定理 6.1 **线性空间 V 的非空子集 L 构成 V 的一个子空间的充要条件是 L 对 V 的加法与数乘运算封闭.**

证明略.

例 6.4 $\mathbf{R}^{2\times 3}$ 的下列子集是否构成子空间? 为什么?

(1) $W_1=\left\{\begin{pmatrix}a&0&b\\0&0&c\end{pmatrix}\middle|\, a+b+c=0,a,b,c\in\mathbf{R}\right\}$;

(2) $W_2=\left\{\begin{pmatrix}1&0&b\\0&c&d\end{pmatrix}\middle|\, b,c,d\in\mathbf{R}\right\}$.

解 (1) 若 $\boldsymbol{A}=\begin{pmatrix}a_1&0&b_1\\0&0&c_1\end{pmatrix}\in W_1,\boldsymbol{B}=\begin{pmatrix}a_2&0&b_2\\0&0&c_2\end{pmatrix}\in W_1$,有

$$a_1+b_1+c_1=0,\quad a_2+b_2+c_2=0.$$

于是

$$\boldsymbol{A}+\boldsymbol{B}=\begin{pmatrix}a_1+a_2&0&b_1+b_2\\0&0&c_1+c_2\end{pmatrix},$$

且

$$(a_1+a_2)+(b_1+b_2)+(c_1+c_2)=0,$$

则

$$\boldsymbol{A}+\boldsymbol{B} \in W_1.$$

又 $\forall \lambda \in \mathbf{R}$，有

$$\lambda\boldsymbol{A} = \begin{pmatrix} \lambda a_1 & 0 & \lambda b_1 \\ 0 & 0 & \lambda c_1 \end{pmatrix},$$

且

$$\lambda a_1 + \lambda b_1 + \lambda c_1 = 0,$$

则

$$\lambda\boldsymbol{A} \in W_1.$$

故 W_1 是 $\mathbf{R}^{2\times 3}$ 的子空间.

(2) 若 $\boldsymbol{A} = \begin{pmatrix} 1 & 0 & b_1 \\ 0 & c_1 & d_1 \end{pmatrix} \in W_2$，$\boldsymbol{B} = \begin{pmatrix} 1 & 0 & b_2 \\ 0 & c_2 & d_2 \end{pmatrix} \in W_2$，有

$$\boldsymbol{A}+\boldsymbol{B} = \begin{pmatrix} 2 & 0 & b_1+b_2 \\ 0 & c_1+c_2 & d_1+d_2 \end{pmatrix}.$$

显然 $\boldsymbol{A}+\boldsymbol{B} \notin W_2$，故 W_2 不是 $\mathbf{R}^{2\times 3}$ 的子空间.

在第三章中讨论的 n 维向量的相关概念、性质，包括向量组的线性相关性、线性组合及向量空间的基、维数与坐标等，由于只涉及线性运算，而与具体的元素无关，因此对一般的线性空间仍然适用，我们可类似定义出线性空间的向量组的线性相关、线性无关、线性组合、线性表示等概念. 这里我们只叙述线性空间的基、维数与坐标等概念，这些是线性空间的主要特性.

6.1.4 线性空间的基、维数与坐标

定义 6.3 在线性空间 V 中，如果存在 n 个元素 $\boldsymbol{\alpha}_1,\boldsymbol{\alpha}_2,\cdots,\boldsymbol{\alpha}_n$ 满足：

(1) $\boldsymbol{\alpha}_1,\boldsymbol{\alpha}_2,\cdots,\boldsymbol{\alpha}_n$ 线性无关；

(2) V 中任一元素 $\boldsymbol{\alpha}$ 总可由 $\boldsymbol{\alpha}_1,\boldsymbol{\alpha}_2,\cdots,\boldsymbol{\alpha}_n$ 线性表示，

那么就称 $\boldsymbol{\alpha}_1,\boldsymbol{\alpha}_2,\cdots,\boldsymbol{\alpha}_n$ 为线性空间 V 的一个**基**，n 称为线性空间 V 的**维数**，记作 $\dim(V)=n$.

维数为 n 的线性空间称为 n **维线性空间**，记作 V_n.

若 $\boldsymbol{\alpha}_1,\boldsymbol{\alpha}_2,\cdots,\boldsymbol{\alpha}_n$ 为实数域 $\mathbf{R}$ 上的线性空间 V 的一个基，则 V 可表示为

$$V = \{\boldsymbol{\alpha} = x_1\boldsymbol{\alpha}_1 + x_2\boldsymbol{\alpha}_2 + \cdots + x_n\boldsymbol{\alpha}_n \mid x_1,x_2,\cdots,x_n \in \mathbf{R}\}.$$

于是对于任意 $\boldsymbol{\alpha} \in V$，有一有序数组 $(x_1,x_2,\cdots,x_n)$，使得

$$\boldsymbol{\alpha} = x_1\boldsymbol{\alpha}_1 + x_2\boldsymbol{\alpha}_2 + \cdots + x_n\boldsymbol{\alpha}_n,$$

并且表示式唯一.

反之，任给一有序数组 $(x_1,x_2,\cdots,x_n)$，总有唯一的元素

$$x_1\boldsymbol{\alpha}_1 + x_2\boldsymbol{\alpha}_2 + \cdots + x_n\boldsymbol{\alpha}_n \in V$$

与之对应.

这样，V 中元素与有序数组 $(x_1,x_2,\cdots,x_n)$ 之间存在一一对应关系，于是有如下定义.

定义 6.4 设 $\boldsymbol{\alpha}_1,\boldsymbol{\alpha}_2,\cdots,\boldsymbol{\alpha}_n$ 是线性空间 V 的一个基. 对于任一元素 $\boldsymbol{\alpha} \in V$，有唯一表示式

$$\boldsymbol{\alpha} = x_1\boldsymbol{\alpha}_1 + x_2\boldsymbol{\alpha}_2 + \cdots + x_n\boldsymbol{\alpha}_n,$$

称有序数组 $(x_1,x_2,\cdots,x_n)$ 为元素 $\boldsymbol{\alpha}$ 在基 $\boldsymbol{\alpha}_1,\boldsymbol{\alpha}_2,\cdots,\boldsymbol{\alpha}_n$ 下的**坐标**，并记作

$$\boldsymbol{\alpha}=(x_1,x_2,\cdots,x_n).$$

在线性空间中，建立了坐标以后，就把抽象的元素与具体的数组向量$(x_1,x_2,\cdots,x_n)$联系起来，并且可把抽象元素的线性运算与数组向量的线性运算联系起来.

设$\boldsymbol{\alpha}_1,\boldsymbol{\alpha}_2,\cdots,\boldsymbol{\alpha}_n$是线性空间$V$的一个基，在此基下有

$$\boldsymbol{\alpha}=(x_1,x_2,\cdots,x_n),\quad \boldsymbol{\beta}=(y_1,y_2,\cdots,y_n),$$

则

$$\boldsymbol{\alpha}+\boldsymbol{\beta}=(x_1+y_1,x_2+y_2,\cdots,x_n+y_n),$$
$$\lambda\boldsymbol{\alpha}=(\lambda x_1,\lambda x_2,\cdots,\lambda x_n).$$

例 6.5　证明：在线性空间$F[x]_n$中，$1,x,x^2,\cdots,x^{n-1}$是它的一个基.

证　因为$\boldsymbol{p}_1=1,\boldsymbol{p}_2=x,\boldsymbol{p}_3=x^2,\cdots,\boldsymbol{p}_n=x^{n-1}$线性无关，任一次数小于$n$的多项式$f=a_{n-1}x^{n-1}+\cdots+a_2x^2+a_1x+a_0$可表示为

$$f=a_0\boldsymbol{p}_1+a_1\boldsymbol{p}_2+a_2\boldsymbol{p}_3+\cdots+a_{n-1}\boldsymbol{p}_n,$$

所以$\boldsymbol{p}_1=1,\boldsymbol{p}_2=x,\boldsymbol{p}_3=x^2,\cdots,\boldsymbol{p}_n=x^{n-1}$是$F[x]_n$的一个基，且$f=a_{n-1}x^{n-1}+\cdots+a_2x^2+a_1x+a_0$在这个基下的坐标为$(a_0,a_1,a_2,\cdots,a_{n-1})$.

例 6.6　在$\mathbf{R}^4$中求向量$\boldsymbol{\alpha}=(0,0,0,1)$在基$\boldsymbol{\varepsilon}_1=(1,1,0,1),\boldsymbol{\varepsilon}_2=(2,1,3,1),\boldsymbol{\varepsilon}_3=(1,1,0,0),\boldsymbol{\varepsilon}_4=(0,1,-1,-1)$下的坐标.

解　设向量$\boldsymbol{\alpha}$在基$\boldsymbol{\varepsilon}_1,\boldsymbol{\varepsilon}_2,\boldsymbol{\varepsilon}_3,\boldsymbol{\varepsilon}_4$下的坐标为$(x_1,x_2,x_3,x_4)$，则

$$x_1\boldsymbol{\varepsilon}_1+x_2\boldsymbol{\varepsilon}_2+x_3\boldsymbol{\varepsilon}_3+x_4\boldsymbol{\varepsilon}_4=\boldsymbol{\alpha},$$

即为

$$\begin{pmatrix}1&2&1&0\\1&1&1&1\\0&3&0&-1\\1&1&0&-1\end{pmatrix}\begin{pmatrix}x_1\\x_2\\x_3\\x_4\end{pmatrix}=\begin{pmatrix}0\\0\\0\\1\end{pmatrix},$$

解得$(x_1,x_2,x_3,x_4)=(1,0,-1,0)$.

6.1.5　基变换与坐标变换

在n维线性空间中，任意n个线性无关的元素都可作为线性空间的基，而同一个元素在不同基下的坐标一般是不同的，它们之间的关系有如下结论.

定理 6.2　**设n维线性空间V有两个不同的基**

$$(1)\ \boldsymbol{\xi}_1,\boldsymbol{\xi}_2,\cdots,\boldsymbol{\xi}_n,\quad (2)\ \boldsymbol{\eta}_1,\boldsymbol{\eta}_2,\cdots,\boldsymbol{\eta}_n,$$

且有

$$(\boldsymbol{\eta}_1,\boldsymbol{\eta}_2,\cdots,\boldsymbol{\eta}_n)=(\boldsymbol{\xi}_1,\boldsymbol{\xi}_2,\cdots,\boldsymbol{\xi}_n)\mathbf{A},\tag{6.1}$$

其中n阶方阵$\mathbf{A}$的第$j(j=1,2,\cdots,n)$列为$\boldsymbol{\eta}_j$在基$\boldsymbol{\xi}_1,\boldsymbol{\xi}_2,\cdots,\boldsymbol{\xi}_n$下的坐标. 若元素$\boldsymbol{\alpha}$在基(1)与基(2)下的坐标分别为$(x_1,x_2,\cdots,x_n)$与$(y_1,y_2,\cdots,y_n)$，则有

$$\begin{pmatrix}x_1\\x_2\\\vdots\\x_n\end{pmatrix}=\mathbf{A}\begin{pmatrix}y_1\\y_2\\\vdots\\y_n\end{pmatrix}\quad 或\quad \begin{pmatrix}y_1\\y_2\\\vdots\\y_n\end{pmatrix}=\mathbf{A}^{-1}\begin{pmatrix}x_1\\x_2\\\vdots\\x_n\end{pmatrix}.\tag{6.2}$$

在定理6.2中,(6.1)式称为线性空间V上关于基(1)与基(2)的**基变换公式**,矩阵$\boldsymbol{A}$称为从基$\boldsymbol{\xi}_1,\boldsymbol{\xi}_2,\cdots,\boldsymbol{\xi}_n$到基$\boldsymbol{\eta}_1,\boldsymbol{\eta}_2,\cdots,\boldsymbol{\eta}_n$的**过渡矩阵**,(6.2)式称为线性空间$V$在这两个基下的**坐标变换公式**.

例 6.7 设$\mathbf{R}^3$中两个基$\boldsymbol{\alpha}_1,\boldsymbol{\alpha}_2,\boldsymbol{\alpha}_3$与$\boldsymbol{\beta}_1,\boldsymbol{\beta}_2,\boldsymbol{\beta}_3$的关系为$\boldsymbol{\beta}_1=\boldsymbol{\alpha}_1+\boldsymbol{\alpha}_2,\boldsymbol{\beta}_2=\boldsymbol{\alpha}_2+\boldsymbol{\alpha}_3,\boldsymbol{\beta}_3=\boldsymbol{\alpha}_1+\boldsymbol{\alpha}_3$,求:

(1) 从基$\boldsymbol{\alpha}_1,\boldsymbol{\alpha}_2,\boldsymbol{\alpha}_3$到基$\boldsymbol{\beta}_1,\boldsymbol{\beta}_2,\boldsymbol{\beta}_3$的过渡矩阵;

(2) 从基$\boldsymbol{\beta}_1,\boldsymbol{\beta}_2,\boldsymbol{\beta}_3$到基$\boldsymbol{\alpha}_1,\boldsymbol{\alpha}_2,\boldsymbol{\alpha}_3$的过渡矩阵.

解 (1) 由$\begin{cases}\boldsymbol{\beta}_1=\boldsymbol{\alpha}_1+\boldsymbol{\alpha}_2,\\ \boldsymbol{\beta}_2=\boldsymbol{\alpha}_2+\boldsymbol{\alpha}_3,\\ \boldsymbol{\beta}_3=\boldsymbol{\alpha}_1+\boldsymbol{\alpha}_3,\end{cases}$即

$$(\boldsymbol{\beta}_1,\boldsymbol{\beta}_2,\boldsymbol{\beta}_3)=(\boldsymbol{\alpha}_1,\boldsymbol{\alpha}_2,\boldsymbol{\alpha}_3)\begin{pmatrix}1&0&1\\1&1&0\\0&1&1\end{pmatrix},$$

则从基$\boldsymbol{\alpha}_1,\boldsymbol{\alpha}_2,\boldsymbol{\alpha}_3$到基$\boldsymbol{\beta}_1,\boldsymbol{\beta}_2,\boldsymbol{\beta}_3$的过渡矩阵为$\boldsymbol{P}=\begin{pmatrix}1&0&1\\1&1&0\\0&1&1\end{pmatrix}$.

(2) 因为过渡矩阵$\boldsymbol{P}$是可逆的,则

$$(\boldsymbol{\alpha}_1,\boldsymbol{\alpha}_2,\boldsymbol{\alpha}_3)=(\boldsymbol{\beta}_1,\boldsymbol{\beta}_2,\boldsymbol{\beta}_3)\boldsymbol{P}^{-1},$$

所以从基$\boldsymbol{\beta}_1,\boldsymbol{\beta}_2,\boldsymbol{\beta}_3$到基$\boldsymbol{\alpha}_1,\boldsymbol{\alpha}_2,\boldsymbol{\alpha}_3$的过渡矩阵为

$$\boldsymbol{Q}=\boldsymbol{P}^{-1}=\begin{pmatrix}1&0&1\\1&1&0\\0&1&1\end{pmatrix}^{-1}=\frac{1}{2}\begin{pmatrix}1&1&-1\\-1&1&1\\1&-1&1\end{pmatrix}.$$

例 6.8 在$F[x]_4$中取两个基

$$\boldsymbol{\alpha}_1=x^3+2x^2-x,\quad \boldsymbol{\alpha}_2=x^3-x^2+x+1,$$
$$\boldsymbol{\alpha}_3=-x^3+2x^2+x+1,\quad \boldsymbol{\alpha}_4=-x^3-x^2+1$$

及

$$\boldsymbol{\beta}_1=2x^3+x^2+1,\quad \boldsymbol{\beta}_2=x^2+2x+2,$$
$$\boldsymbol{\beta}_3=-2x^3+x^2+x+2,\quad \boldsymbol{\beta}_4=x^3+3x^2+x+2,$$

求基变换公式与坐标变换公式.

解 将$\boldsymbol{\beta}_1,\boldsymbol{\beta}_2,\boldsymbol{\beta}_3,\boldsymbol{\beta}_4$用$\boldsymbol{\alpha}_1,\boldsymbol{\alpha}_2,\boldsymbol{\alpha}_3,\boldsymbol{\alpha}_4$表示.由

$$(\boldsymbol{\alpha}_1,\boldsymbol{\alpha}_2,\boldsymbol{\alpha}_3,\boldsymbol{\alpha}_4)=(x^3,x^2,x,1)\boldsymbol{A},$$
$$(\boldsymbol{\beta}_1,\boldsymbol{\beta}_2,\boldsymbol{\beta}_3,\boldsymbol{\beta}_4)=(x^3,x^2,x,1)\boldsymbol{B},$$

其中

$$\boldsymbol{A}=\begin{pmatrix}1&1&-1&-1\\2&-1&2&-1\\-1&1&1&0\\0&1&1&1\end{pmatrix},\quad \boldsymbol{B}=\begin{pmatrix}2&0&-2&1\\1&1&1&3\\0&2&1&1\\1&2&2&2\end{pmatrix},$$

得基变换公式为

$$(\boldsymbol{\beta}_1,\boldsymbol{\beta}_2,\boldsymbol{\beta}_3,\boldsymbol{\beta}_4)=(\boldsymbol{\alpha}_1,\boldsymbol{\alpha}_2,\boldsymbol{\alpha}_3,\boldsymbol{\alpha}_4)\boldsymbol{A}^{-1}\boldsymbol{B}.$$

设元素 $\boldsymbol{\alpha}$ 在基 $\boldsymbol{\alpha}_1,\boldsymbol{\alpha}_2,\boldsymbol{\alpha}_3,\boldsymbol{\alpha}_4$ 和基 $\boldsymbol{\beta}_1,\boldsymbol{\beta}_2,\boldsymbol{\beta}_3,\boldsymbol{\beta}_4$ 下的坐标分别为(x_1,x_2,x_3,x_4)与(y_1,y_2,y_3,y_4)，则坐标变换公式为

$$\begin{pmatrix}y_1\\y_2\\y_3\\y_4\end{pmatrix}=\boldsymbol{B}^{-1}\boldsymbol{A}\begin{pmatrix}x_1\\x_2\\x_3\\x_4\end{pmatrix}.$$

用矩阵的初等行变换求 $\boldsymbol{A}^{-1}\boldsymbol{B}$，把矩阵 $(\boldsymbol{A}\mid\boldsymbol{B})$ 中的 $\boldsymbol{A}$ 变成 $\boldsymbol{E}$，则 $\boldsymbol{B}$ 即变成 $\boldsymbol{A}^{-1}\boldsymbol{B}$. 计算过程如下：

$$(\boldsymbol{A}\mid\boldsymbol{B})=\left(\begin{array}{cccc|cccc}1&1&-1&-1&2&0&-2&1\\2&-1&2&-1&1&1&1&3\\-1&1&1&0&0&2&1&1\\0&1&1&1&1&2&2&2\end{array}\right)$$

$$\xrightarrow[r_3+r_1]{r_2-2r_1}\left(\begin{array}{cccc|cccc}1&1&-1&-1&2&0&-2&1\\0&-3&4&1&-3&1&5&1\\0&2&0&-1&2&2&-1&2\\0&1&1&1&1&2&2&2\end{array}\right)$$

$$\xrightarrow[r_3-2r_4]{\substack{r_1-r_4\\r_2+3r_4}}\left(\begin{array}{cccc|cccc}1&0&-2&-2&1&-2&-4&-1\\0&0&7&4&0&7&11&7\\0&0&-2&-3&0&-2&-5&-2\\0&1&1&1&1&2&2&2\end{array}\right)$$

$$\xrightarrow[-\frac{1}{2}r_3]{r_2\leftrightarrow r_4}\left(\begin{array}{cccc|cccc}1&0&-2&-2&1&-2&-4&-1\\0&1&1&1&1&2&2&2\\0&0&1&\frac{3}{2}&0&1&\frac{5}{2}&1\\0&0&7&4&0&7&11&7\end{array}\right)$$

$$\xrightarrow[r_4-7r_3]{\substack{r_1+2r_3\\r_2-r_3}}\left(\begin{array}{cccc|cccc}1&0&0&1&1&0&1&1\\0&1&0&-\frac{1}{2}&1&1&-\frac{1}{2}&1\\0&0&1&\frac{3}{2}&0&1&\frac{5}{2}&1\\0&0&0&-\frac{13}{2}&0&0&-\frac{13}{2}&0\end{array}\right)$$

$$\xrightarrow[\substack{r_2+\frac{1}{2}r_4\\r_3-\frac{3}{2}r_4}]{\substack{-\frac{2}{13}r_4\\r_1-r_4}}\left(\begin{array}{cccc|cccc}1&0&0&0&1&0&0&1\\0&1&0&0&1&1&0&1\\0&0&1&0&0&1&1&1\\0&0&0&1&0&0&1&0\end{array}\right),$$

得基变换公式为

$$(\boldsymbol{\beta}_1,\boldsymbol{\beta}_2,\boldsymbol{\beta}_3,\boldsymbol{\beta}_4)=(\boldsymbol{\alpha}_1,\boldsymbol{\alpha}_2,\boldsymbol{\alpha}_3,\boldsymbol{\alpha}_4)\begin{pmatrix}1&0&0&1\\1&1&0&1\\0&1&1&1\\0&0&1&0\end{pmatrix}.$$

而

$$\begin{pmatrix}1&0&0&1\\1&1&0&1\\0&1&1&1\\0&0&1&0\end{pmatrix}^{-1}=\begin{pmatrix}0&1&-1&1\\-1&1&0&0\\0&0&0&1\\1&-1&1&-1\end{pmatrix},$$

所以坐标变换公式为

$$\begin{pmatrix}y_1\\y_2\\y_3\\y_4\end{pmatrix}=\begin{pmatrix}0&1&-1&1\\-1&1&0&0\\0&0&0&1\\1&-1&1&-1\end{pmatrix}\begin{pmatrix}x_1\\x_2\\x_3\\x_4\end{pmatrix}.$$

§6.2 线性变换

设 V 是线性空间,把从 V 到 V 的映射称为 V 的**变换**.线性变换是其中最简单、最基本的一种变换,它与矩阵、线性空间有密切的联系.

6.2.1 线性变换的定义

定义 6.5 设 T 是数域 F 上的线性空间 V 的一个变换.如果对于任意的 $\boldsymbol{\alpha},\boldsymbol{\beta}\in V$ 及 $k\in F$,都有

$$\begin{cases}T(\boldsymbol{\alpha}+\boldsymbol{\beta})=T(\boldsymbol{\alpha})+T(\boldsymbol{\beta}),\\T(k\boldsymbol{\alpha})=kT(\boldsymbol{\alpha}),\end{cases}$$

则称 T 为 V 上的一个**线性变换**.

从定义 6.5 可见,线性变换是保持向量加法及数乘运算的变换.

例 6.9 设 V 是线性空间,对任意的 $\boldsymbol{\alpha}\in V$,

(1) 零变换:$T(\boldsymbol{\alpha})=\mathbf{0}$ 是线性变换;

(2) 单位变换:$T(\boldsymbol{\alpha})=\boldsymbol{\alpha}$ 是线性变换.

例 6.10 定义在闭区间$[a,b]$上的全体连续函数组成实数域 $\mathbf{R}$ 上的一个线性空间 V,在 V 上定义变换

$$T[f(x)]=\int_a^x f(t)\mathrm{d}t,$$

证明:T 是 V 上的一个线性变换.

证 设 $f(x)\in V,g(x)\in V,\lambda\in\mathbf{R}$,因为

$$T[f(x)+g(x)]=\int_a^x[f(t)+g(t)]\mathrm{d}t=\int_a^x f(t)\mathrm{d}t+\int_a^x g(t)\mathrm{d}t=T[f(x)]+T[g(x)],$$

$$T[\lambda f(x)] = \int_a^x \lambda f(t)\mathrm{d}t = \lambda \int_a^x f(t)\mathrm{d}t = \lambda T[f(x)],$$

所以 T 是 V 上的一个线性变换.

6.2.2　线性变换的性质

设 T 是线性空间 V 上的一个线性变换,则

(1) $T(\mathbf{0}) = \mathbf{0}, T(-\boldsymbol{\alpha}) = -T(\boldsymbol{\alpha})$;

(2) 若 $\boldsymbol{\beta} = \lambda_1\boldsymbol{\alpha}_1 + \lambda_2\boldsymbol{\alpha}_2 + \cdots + \lambda_m\boldsymbol{\alpha}_m$,则

$$T(\boldsymbol{\beta}) = \lambda_1 T(\boldsymbol{\alpha}_1) + \lambda_2 T(\boldsymbol{\alpha}_2) + \cdots + \lambda_m T(\boldsymbol{\alpha}_m);$$

(3) 若 $\boldsymbol{\alpha}_1, \boldsymbol{\alpha}_2, \cdots, \boldsymbol{\alpha}_n$ 线性相关,则 $T(\boldsymbol{\alpha}_1), T(\boldsymbol{\alpha}_2), \cdots, T(\boldsymbol{\alpha}_n)$ 亦线性相关.

这些性质的证明留给读者.

注　由性质(3)不能认为线性变换一定能把线性无关向量组变为线性无关向量组.一个简单的反例就是零变换.

例 6.11　设 T 是数域 F 上的线性空间 V 的一个线性变换,定义

$$T(V) = \{T(\boldsymbol{\alpha}) \mid \boldsymbol{\alpha} \in V\},$$

证明:$T(V)$ 是 V 的一个子空间.

证　设 $\boldsymbol{\beta}_1, \boldsymbol{\beta}_2 \in T(V)$,则存在 $\boldsymbol{\alpha}_1, \boldsymbol{\alpha}_2 \in V$,使得

$$\boldsymbol{\beta}_1 = T(\boldsymbol{\alpha}_1), \quad \boldsymbol{\beta}_2 = T(\boldsymbol{\alpha}_2).$$

$\forall k \in F$,则

$$\boldsymbol{\beta}_1 + \boldsymbol{\beta}_2 = T(\boldsymbol{\alpha}_1) + T(\boldsymbol{\alpha}_2) = T(\boldsymbol{\alpha}_1 + \boldsymbol{\alpha}_2) \in T(V),$$

$$k\boldsymbol{\beta}_1 = kT(\boldsymbol{\alpha}_1) = T(k\boldsymbol{\alpha}_1) \in T(V),$$

由此可见 $T(V)$ 是 V 的一个子空间.

例 6.12　设 T 是数域 F 上的线性空间 V 的一个线性变换,定义

$$T^{-1}(\mathbf{0}) = \{\boldsymbol{\alpha} \in V \mid T(\boldsymbol{\alpha}) = \mathbf{0}\},$$

证明:$T^{-1}(\mathbf{0})$ 是 V 的一个子空间.

证　设 $\boldsymbol{\alpha}_1, \boldsymbol{\alpha}_2 \in T^{-1}(\mathbf{0})$,则 $T(\boldsymbol{\alpha}_1) = \mathbf{0}, T(\boldsymbol{\alpha}_2) = \mathbf{0}$,于是

$$T(\boldsymbol{\alpha}_1 + \boldsymbol{\alpha}_2) = T(\boldsymbol{\alpha}_1) + T(\boldsymbol{\alpha}_2) = \mathbf{0},$$

即 $\boldsymbol{\alpha}_1 + \boldsymbol{\alpha}_2 \in T^{-1}(\mathbf{0})$.

又若 $\boldsymbol{\alpha} \in T^{-1}(\mathbf{0}), k \in F$,则

$$T(k\boldsymbol{\alpha}_1) = kT(\boldsymbol{\alpha}_1) = k\mathbf{0} = \mathbf{0},$$

即 $k\boldsymbol{\alpha} \in T^{-1}(\mathbf{0})$.

由此可见,$T^{-1}(\mathbf{0})$ 是 V 的一个子空间.

6.2.3　线性变换的矩阵表示

定义 6.6　设 V 是数域 F 上的 n 维线性空间,T 是 V 的一个线性变换.取 V 的一个基 $\boldsymbol{\alpha}_1, \boldsymbol{\alpha}_2, \cdots, \boldsymbol{\alpha}_n$,如果这一个基在线性变换 T 下的坐标可用基 $\boldsymbol{\alpha}_1, \boldsymbol{\alpha}_2, \cdots, \boldsymbol{\alpha}_n$ 线性表示,即

$$\begin{cases} T(\boldsymbol{\alpha}_1) = a_{11}\boldsymbol{\alpha}_1 + a_{21}\boldsymbol{\alpha}_2 + \cdots + a_{n1}\boldsymbol{\alpha}_n, \\ T(\boldsymbol{\alpha}_2) = a_{12}\boldsymbol{\alpha}_1 + a_{22}\boldsymbol{\alpha}_2 + \cdots + a_{n2}\boldsymbol{\alpha}_n, \\ \qquad \cdots\cdots \\ T(\boldsymbol{\alpha}_n) = a_{1n}\boldsymbol{\alpha}_1 + a_{2n}\boldsymbol{\alpha}_2 + \cdots + a_{nn}\boldsymbol{\alpha}_n, \end{cases} \tag{6.3}$$

写成矩阵形式为

$$(T(\boldsymbol{\alpha}_1), T(\boldsymbol{\alpha}_2), \cdots, T(\boldsymbol{\alpha}_n)) = (\boldsymbol{\alpha}_1, \boldsymbol{\alpha}_2, \cdots, \boldsymbol{\alpha}_n)\begin{pmatrix} a_{11} & a_{12} & \cdots & a_{1n} \\ a_{21} & a_{22} & \cdots & a_{2n} \\ \vdots & \vdots & & \vdots \\ a_{n1} & a_{n2} & \cdots & a_{nn} \end{pmatrix},$$

记作

$$T(\boldsymbol{\alpha}_1, \boldsymbol{\alpha}_2, \cdots, \boldsymbol{\alpha}_n) = (T(\boldsymbol{\alpha}_1), T(\boldsymbol{\alpha}_2), \cdots, T(\boldsymbol{\alpha}_n)) = (\boldsymbol{\alpha}_1, \boldsymbol{\alpha}_2, \cdots, \boldsymbol{\alpha}_n)\boldsymbol{A},$$

其中

$$\boldsymbol{A} = \begin{pmatrix} a_{11} & a_{12} & \cdots & a_{1n} \\ a_{21} & a_{22} & \cdots & a_{2n} \\ \vdots & \vdots & & \vdots \\ a_{n1} & a_{n2} & \cdots & a_{nn} \end{pmatrix},$$

那么称 $\boldsymbol{A}$ 为线性变换 T 在基 $\boldsymbol{\alpha}_1, \boldsymbol{\alpha}_2, \cdots, \boldsymbol{\alpha}_n$ 下的**矩阵**.

由此可见,在 n 维线性空间 V 中取定一个基后,V 的每一个线性变换 T 对应着一个 n 阶方阵 $\boldsymbol{A}$. 反之,给定一个 n 阶方阵 $\boldsymbol{A}$,可以证明在线性空间 V 中也有唯一一个线性变换 T,T 在给定的基下的矩阵恰为 $\boldsymbol{A}$. 这就是说,线性变换与方阵之间有一一对应关系. 因此,在线性空间中取定一个基后,线性变换即可用矩阵表示,从而对线性变换的讨论便转化为对其矩阵的研究.

注 T 在某个基下的矩阵 $\boldsymbol{A}$ 的构成与两个基之间的过渡矩阵的构成相似,但这里 $\boldsymbol{A}$ 不能看作过渡矩阵,因为 $T(\boldsymbol{\alpha}_1), T(\boldsymbol{\alpha}_2), \cdots, T(\boldsymbol{\alpha}_n)$ 不一定是线性空间的一个基.

下面来研究线性变换在不同基下的矩阵. 在这之前先介绍向量的像的坐标的概念.

定理 6.3 **设 V 是数域 F 上的 n 维线性空间,T 是 V 的一个线性变换,T 在 V 的一个基 $\boldsymbol{\alpha}_1, \boldsymbol{\alpha}_2, \cdots, \boldsymbol{\alpha}_n$ 下的矩阵为 $\boldsymbol{A}$. 若向量 $\boldsymbol{x} \in V$,$\boldsymbol{x}$ 与 $T(\boldsymbol{x})$ 在基 $\boldsymbol{\alpha}_1, \boldsymbol{\alpha}_2, \cdots, \boldsymbol{\alpha}_n$ 下的坐标分别为 $(x_1, x_2, \cdots, x_n)^{\mathrm{T}}$ 与 $(y_1, y_2, \cdots, y_n)^{\mathrm{T}}$,则两坐标有关系式**

$$\begin{pmatrix} y_1 \\ y_2 \\ \vdots \\ y_n \end{pmatrix} = \boldsymbol{A}\begin{pmatrix} x_1 \\ x_2 \\ \vdots \\ x_n \end{pmatrix}. \tag{6.4}$$

称 $(y_1, y_2, \cdots, y_n)^{\mathrm{T}}$ 为向量 $(x_1, x_2, \cdots, x_n)^{\mathrm{T}}$ 经过线性变换 T 后所得的像.

证 由于

$$\boldsymbol{x} = \sum_{i=1}^{n} x_i\boldsymbol{\alpha}_i = (\boldsymbol{\alpha}_1, \boldsymbol{\alpha}_2, \cdots, \boldsymbol{\alpha}_n)\begin{pmatrix} x_1 \\ x_2 \\ \vdots \\ x_n \end{pmatrix}, \quad T(\boldsymbol{x}) = \sum_{i=1}^{n} y_i\boldsymbol{\alpha}_i = (\boldsymbol{\alpha}_1, \boldsymbol{\alpha}_2, \cdots, \boldsymbol{\alpha}_n)\begin{pmatrix} y_1 \\ y_2 \\ \vdots \\ y_n \end{pmatrix},$$

又

$$T(\boldsymbol{x}) = T\left(\sum_{i=1}^{n} x_i\boldsymbol{\alpha}_i\right) = \sum_{i=1}^{n} x_i T(\boldsymbol{\alpha}_i)$$

$$= (T(\boldsymbol{\alpha}_1), T(\boldsymbol{\alpha}_2), \cdots, T(\boldsymbol{\alpha}_n))\begin{pmatrix} x_1 \\ x_2 \\ \vdots \\ x_n \end{pmatrix} = (\boldsymbol{\alpha}_1, \boldsymbol{\alpha}_2, \cdots, \boldsymbol{\alpha}_n)\boldsymbol{A}\begin{pmatrix} x_1 \\ x_2 \\ \vdots \\ x_n \end{pmatrix},$$

因此

$$\begin{pmatrix} y_1 \\ y_2 \\ \vdots \\ y_n \end{pmatrix} = \boldsymbol{A}\begin{pmatrix} x_1 \\ x_2 \\ \vdots \\ x_n \end{pmatrix}.$$

一般来说,线性空间的基改变时,线性变换在基下的矩阵也会改变,下面的定理给出了其变化规律.

定理 6.4 **设 $\boldsymbol{\alpha}_1, \boldsymbol{\alpha}_2, \cdots, \boldsymbol{\alpha}_n$ 与 $\boldsymbol{\beta}_1, \boldsymbol{\beta}_2, \cdots, \boldsymbol{\beta}_n$ 是 n 维线性空间 V 的两个基,从基 $\boldsymbol{\alpha}_1, \boldsymbol{\alpha}_2, \cdots, \boldsymbol{\alpha}_n$ 到基 $\boldsymbol{\beta}_1, \boldsymbol{\beta}_2, \cdots, \boldsymbol{\beta}_n$ 的过渡矩阵为 $\boldsymbol{P}$, T 是 V 的一个线性变换,它在基 $\boldsymbol{\alpha}_1, \boldsymbol{\alpha}_2, \cdots, \boldsymbol{\alpha}_n$ 和基 $\boldsymbol{\beta}_1, \boldsymbol{\beta}_2, \cdots, \boldsymbol{\beta}_n$ 下的矩阵分别为 $\boldsymbol{A}$ 和 $\boldsymbol{B}$,则**

$$\boldsymbol{B} = \boldsymbol{P}^{-1}\boldsymbol{A}\boldsymbol{P}.$$

证　由

$$(\boldsymbol{\beta}_1, \boldsymbol{\beta}_2, \cdots, \boldsymbol{\beta}_n) = (\boldsymbol{\alpha}_1, \boldsymbol{\alpha}_2, \cdots, \boldsymbol{\alpha}_n)\boldsymbol{P},$$
$$T(\boldsymbol{\alpha}_1, \boldsymbol{\alpha}_2, \cdots, \boldsymbol{\alpha}_n) = (\boldsymbol{\alpha}_1, \boldsymbol{\alpha}_2, \cdots, \boldsymbol{\alpha}_n)\boldsymbol{A},$$
$$T(\boldsymbol{\beta}_1, \boldsymbol{\beta}_2, \cdots, \boldsymbol{\beta}_n) = (\boldsymbol{\beta}_1, \boldsymbol{\beta}_2, \cdots, \boldsymbol{\beta}_n)\boldsymbol{B},$$

得

$$\begin{aligned}(\boldsymbol{\beta}_1, \boldsymbol{\beta}_2, \cdots, \boldsymbol{\beta}_n)\boldsymbol{B} &= T(\boldsymbol{\beta}_1, \boldsymbol{\beta}_2, \cdots, \boldsymbol{\beta}_n) = T[(\boldsymbol{\alpha}_1, \boldsymbol{\alpha}_2, \cdots, \boldsymbol{\alpha}_n)\boldsymbol{P}] \\ &= [T(\boldsymbol{\alpha}_1, \boldsymbol{\alpha}_2, \cdots, \boldsymbol{\alpha}_n)]\boldsymbol{P} = (\boldsymbol{\alpha}_1, \boldsymbol{\alpha}_2, \cdots, \boldsymbol{\alpha}_n)\boldsymbol{A}\boldsymbol{P} \\ &= (\boldsymbol{\beta}_1, \boldsymbol{\beta}_2, \cdots, \boldsymbol{\beta}_n)\boldsymbol{P}^{-1}\boldsymbol{A}\boldsymbol{P}.\end{aligned}$$

因为 $\boldsymbol{\beta}_1, \boldsymbol{\beta}_2, \cdots, \boldsymbol{\beta}_n$ 线性无关,所以

$$\boldsymbol{B} = \boldsymbol{P}^{-1}\boldsymbol{A}\boldsymbol{P}.$$

定理 6.4 说明,一个线性变换在不同基下的矩阵是相似的.

6.2.4　线性变换的运算

设 V 是数域 F 上的线性空间,T_1, T_2, T_3 是 V 中的线性变换,我们定义下列三种运算.

(1) 线性变换的加法.

对于每个 $\boldsymbol{\alpha} \in V$,满足 $T(\boldsymbol{\alpha}) = T_1(\boldsymbol{\alpha}) + T_2(\boldsymbol{\alpha})$ 的变换 T 称为线性变换 T_1 与 T_2 的**和**,记作

$$T = T_1 + T_2.$$

(2) 线性变换的数乘运算.

对于每个 $\boldsymbol{\alpha} \in V, \lambda \in F$,满足 $T(\boldsymbol{\alpha}) = \lambda[T_1(\boldsymbol{\alpha})]$ 的变换 T 称为数 λ 与线性变换 T_1 的**数量乘积**,记作

$$T = \lambda T_1.$$

(3) 线性变换的乘法.

对于每个 $\boldsymbol{\alpha} \in V$,满足 $T(\boldsymbol{\alpha}) = T_1[T_2(\boldsymbol{\alpha})]$ 的变换 T 称为线性变换 T_1 与 T_2 的**乘积**,记作

$$T = T_1T_2.$$

易证,$T_1 + T_2, \lambda T_1, T_1T_2$ 都是线性空间 V 中的线性变换,且有如下性质:

(1) $T_1(T_2T_3) = (T_1T_2)T_3$;

(2) $T_1 + T_2 = T_2 + T_1$;

(3) $(T_1 + T_2) + T_3 = T_1 + (T_2 + T_3)$;

(4) $\lambda(T_1 + T_2) = \lambda T_1 + \lambda T_2, (\lambda + \mu)T = \lambda T + \mu T$,

其中 $\lambda, \mu \in F$.

由于零变换及单位变换都是 V 中的线性变换,因此线性空间 V 中的所有线性变换所组成的集合,对于线性变换的加法及数乘运算,构成一个线性空间.

下面再介绍线性变换的逆变换.

定义 6.7 设 I 是线性空间 V 的单位线性变换,T 为 V 的任一线性变换,如果存在 V 的一个变换 S,使得

$$TS = ST = I,$$

则称线性变换 T 是可逆的,而 S 称为 T 的**逆变换**,记作 T^{-1}.

读者可以自行证明,当线性变换 T 可逆时,其逆变换 T^{-1} 也是线性变换.

定理 6.5 **设线性空间 V 的线性变换 T_1, T_2 在 V 的某个基下的矩阵分别为 $\boldsymbol{A}$ 和 $\boldsymbol{B}$,则在这个基下,有**

(1) $T_1 + T_2$ 的矩阵为 $\boldsymbol{A} + \boldsymbol{B}$;

(2) λT_1 的矩阵为 $\lambda\boldsymbol{A}$;

(3) T_1T_2 的矩阵为 $\boldsymbol{AB}$;

(4) 若 T_1 可逆,则 $\boldsymbol{A}$ 可逆,且逆变换 T_1^{-1} 的矩阵为 $\boldsymbol{A}^{-1}$.

6.2.5 线性变换的特征值与特征向量

定义 6.8 设 T 是数域 F 上线性空间 V 的一个线性变换,如果对于数域 F 中一数 λ_0,存在一个非零向量 $\boldsymbol{\xi} \in V$,使得

$$T(\boldsymbol{\xi}) = \lambda_0\boldsymbol{\xi}, \tag{6.5}$$

那么称 λ_0 为 T 的一个**特征值**,而非零向量 $\boldsymbol{\xi}$ 称为 T 的对应于特征值 λ_0 的一个**特征向量**.

从几何上来看,特征向量经过线性变换后,与原特征向量保持在同一条直线上,这时方向不变($\lambda_0 > 0$) 或方向相反($\lambda_0 < 0$),而当 $\lambda_0 = 0$ 时,特征向量就被线性变换变成零向量.

如果 $\boldsymbol{\xi}$ 是线性变换 T 的对应于特征值 λ_0 的特征向量,那么 $\boldsymbol{\xi}$ 的任何一个非零倍数 $k\boldsymbol{\xi}$ 也是 T 的对应于特征值 λ_0 的特征向量.从(6.5)式可以推出

$$T(k\boldsymbol{\xi}) = \lambda_0 k\boldsymbol{\xi},$$

这说明特征向量不是被特征值唯一决定的.相反,特征值却是被特征向量唯一决定的,一个特征向量只能对应于一个特征值.

定义 6.9 设 $\boldsymbol{A} = (a_{ij})_{n\times n}$ 是数域 F 上的一个 n 阶方阵,$\boldsymbol{E}$ 是 n 阶单位矩阵,λ 是一个

变量，矩阵 $\lambda\boldsymbol{E}-\boldsymbol{A}$ 的行列式

$$|\lambda\boldsymbol{E}-\boldsymbol{A}|=\begin{vmatrix}\lambda-a_{11} & -a_{12} & \cdots & -a_{1n}\\ -a_{21} & \lambda-a_{22} & \cdots & -a_{2n}\\ \vdots & \vdots & & \vdots\\ -a_{n1} & -a_{n2} & \cdots & \lambda-a_{nn}\end{vmatrix} \tag{6.6}$$

称为 $\boldsymbol{A}$ 的**特征多项式**，这是数域 F 上的一个 n 次多项式.

确定一个线性空间 V 上的线性变换 T 的特征值与特征向量的方法可以分成以下几步：

(1) 在线性空间 V 中取一个基 $\boldsymbol{\alpha}_1,\boldsymbol{\alpha}_2,\cdots,\boldsymbol{\alpha}_n$，写出 T 在这个基下的矩阵 $\boldsymbol{A}$；

(2) 求出 $\boldsymbol{A}$ 的特征多项式 $|\lambda\boldsymbol{E}-\boldsymbol{A}|$ 在数域 F 中的全部根，它们就是线性变换 T 的全部特征值；

(3) 把所有求得的特征值逐个地代入方程组 $(\lambda\boldsymbol{E}-\boldsymbol{A})\boldsymbol{x}=\boldsymbol{0}$，对于每一个特征值，解方程组 $(\lambda\boldsymbol{E}-\boldsymbol{A})\boldsymbol{x}=\boldsymbol{0}$，求出一个基础解系，它们就是对应于这个特征值的线性无关的特征向量在基 $\boldsymbol{\alpha}_1,\boldsymbol{\alpha}_2,\cdots,\boldsymbol{\alpha}_n$ 下的坐标. 这样，我们就求出了对应于每个特征值的全部线性无关的特征向量.

矩阵 $\boldsymbol{A}$ 的特征多项式的根有时也称为 $\boldsymbol{A}$ 的特征值，而相应的线性方程组 $(\lambda\boldsymbol{E}-\boldsymbol{A})\boldsymbol{x}=\boldsymbol{0}$ 的解也就称为 $\boldsymbol{A}$ 的对应于这个特征值的特征向量.

例 6.13　设数域 F 上的线性空间 V 的线性变换 T 在基 $\boldsymbol{\alpha}_1,\boldsymbol{\alpha}_2,\boldsymbol{\alpha}_3$ 下的矩阵

$$\boldsymbol{A}=\begin{pmatrix}2 & 0 & 0\\ 1 & 2 & -1\\ 1 & 0 & 1\end{pmatrix},$$

求 T 的特征值与特征向量.

解　$\boldsymbol{A}$ 的特征多项式为

$$|\lambda\boldsymbol{E}-\boldsymbol{A}|=\begin{vmatrix}\lambda-2 & 0 & 0\\ -1 & \lambda-2 & 1\\ -1 & 0 & \lambda-1\end{vmatrix}=(\lambda-1)(\lambda-2)^2,$$

所以 T 的特征值是 $\lambda_1=1,\lambda_2=\lambda_3=2$.

当 $\lambda_1=1$ 时，解线性方程组 $(\boldsymbol{E}-\boldsymbol{A})\boldsymbol{x}=\boldsymbol{0}$，得基础解系 $(0,1,1)^{\mathrm{T}}$. 因此，T 的对应于 1 的线性无关的特征向量是 $\boldsymbol{\xi}_1=\boldsymbol{\alpha}_2+\boldsymbol{\alpha}_3$，$T$ 的对应于 1 的全部特征向量为 $k_1\boldsymbol{\xi}_1$，其中 k_1 是数域 F 上的任意不为 0 的数.

当 $\lambda_2=\lambda_3=2$ 时，解线性方程组 $(2\boldsymbol{E}-\boldsymbol{A})\boldsymbol{x}=\boldsymbol{0}$，得基础解系 $(0,1,0)^{\mathrm{T}},(1,0,1)^{\mathrm{T}}$. 因此，$T$ 的对应于 2 的线性无关的特征向量是 $\boldsymbol{\xi}_2=\boldsymbol{\alpha}_2,\boldsymbol{\xi}_3=\boldsymbol{\alpha}_1+\boldsymbol{\alpha}_3$，$T$ 的对应于 2 的全部特征向量为 $k_2\boldsymbol{\xi}_2+k_3\boldsymbol{\xi}_3$，其中 k_2,k_3 是数域 F 上的任意不全为 0 的数.

容易看出，对于线性空间 V 上的线性变换 T 的任一特征值 λ_0，适合条件

$$T(\boldsymbol{\alpha})=\lambda_0\boldsymbol{\alpha}$$

的全体向量 $\boldsymbol{\alpha}$ 所组成的集合，也就是 T 的对应于 λ_0 的全部特征向量再加上零向量所组成的集合，是 V 的一个子空间，称为 T 的一个**特征子空间**，记作 V_{λ_0}. 显然，V_{λ_0} 的维数就是 T 的对应于 λ_0 的线性无关的特征向量组所含向量的最大个数. V_{λ_0} 用集合记号可写为

$$V_{\lambda_0}=\{\boldsymbol{\alpha}\mid T(\boldsymbol{\alpha})=\lambda_0\boldsymbol{\alpha},\boldsymbol{\alpha}\in V\}.$$

6.2.6 线性变换的对角化

对角矩阵可以认为是形式最简单的一种矩阵.在这一节我们将研究哪些线性变换在适当的基下的矩阵可以是对角矩阵,或者说,哪些线性变换在基下的矩阵可以与对角矩阵相似.

定义 6.10 设 T 是数域 F 上的 n 维线性空间 V 的一个线性变换,如果 T 在线性空间 V 的某个基下的矩阵是对角矩阵,则称 T **可对角化**.

定理 6.6 **设 T 是 n 维线性空间 V 的一个线性变换,则 T 可对角化的充要条件是 T 有 n 个线性无关的特征向量.**

证 设 $\boldsymbol{\alpha}_1,\boldsymbol{\alpha}_2,\cdots,\boldsymbol{\alpha}_n$ 是 V 的一个基,且 T 在基 $\boldsymbol{\alpha}_1,\boldsymbol{\alpha}_2,\cdots,\boldsymbol{\alpha}_n$ 下的矩阵是对角矩阵

$$\boldsymbol{\Lambda}=\begin{pmatrix}\lambda_1 & & & \\ & \lambda_2 & & \\ & & \ddots & \\ & & & \lambda_n\end{pmatrix},$$

则

$$(T(\boldsymbol{\alpha}_1),T(\boldsymbol{\alpha}_2),\cdots,T(\boldsymbol{\alpha}_n))=(\boldsymbol{\alpha}_1,\boldsymbol{\alpha}_2,\cdots,\boldsymbol{\alpha}_n)\begin{pmatrix}\lambda_1 & & & \\ & \lambda_2 & & \\ & & \ddots & \\ & & & \lambda_n\end{pmatrix},$$

于是

$$T(\boldsymbol{\alpha}_i)=\lambda_i\boldsymbol{\alpha}_i,\quad i=1,2,\cdots,n,$$

即 $\boldsymbol{\alpha}_1,\boldsymbol{\alpha}_2,\cdots,\boldsymbol{\alpha}_n$ 是 T 的 n 个线性无关的特征向量.

反之,如果 T 有 n 个线性无关的特征向量 $\boldsymbol{\alpha}_1,\boldsymbol{\alpha}_2,\cdots,\boldsymbol{\alpha}_n$,即

$$T(\boldsymbol{\alpha}_i)=\lambda_i\boldsymbol{\alpha}_i,\quad i=1,2,\cdots,n.$$

因为向量组 $\boldsymbol{\alpha}_1,\boldsymbol{\alpha}_2,\cdots,\boldsymbol{\alpha}_n$ 线性无关,所以其是 V 的一个基,且

$$\begin{aligned}(T(\boldsymbol{\alpha}_1),T(\boldsymbol{\alpha}_2),\cdots,T(\boldsymbol{\alpha}_n))&=(\lambda_1\boldsymbol{\alpha}_1,\lambda_2\boldsymbol{\alpha}_2,\cdots,\lambda_n\boldsymbol{\alpha}_n)\\&=(\boldsymbol{\alpha}_1,\boldsymbol{\alpha}_2,\cdots,\boldsymbol{\alpha}_n)\begin{pmatrix}\lambda_1 & & & \\ & \lambda_2 & & \\ & & \ddots & \\ & & & \lambda_n\end{pmatrix},\end{aligned}$$

即 T 在基 $\boldsymbol{\alpha}_1,\boldsymbol{\alpha}_2,\cdots,\boldsymbol{\alpha}_n$ 下的矩阵是对角矩阵.

那么,如何判断 T 的特征向量是线性无关的呢?

定理 6.7 **线性变换属于不同特征值的特征向量是线性无关的.**

证明略.

从上面这两个定理就可得到下面的推论.

推论 1 在 n 维线性空间 V 中,如果线性变换 T 的特征多项式在数域 F 中有 n 个不同的根,即 T 有 n 个不同的特征值,那么 T 在某个基下的矩阵是对角矩阵.

因为在复数域中任意一个 n 次多项式都有 n 个根,所以上面的推论可以改写为下述说法.

推论 2　在复数域上的线性空间中，如果线性变换 T 的特征多项式没有重根，那么 T 在某个基下的矩阵是对角矩阵.

在一个线性变换没有 n 个不同的特征值的情形下，要判别这个线性变换在某个基下的矩阵是否可对角化，问题就要复杂些. 为了利用定理 6.6，我们把定理 6.7 推广成以下定理.

定理 6.8　**如果 $\lambda_1,\lambda_2,\cdots,\lambda_k$ 是线性变换 T 的不同特征值，而 $\boldsymbol{\alpha}_{i1},\boldsymbol{\alpha}_{i2},\cdots,\boldsymbol{\alpha}_{ir_i}$ $(i=1,2,\cdots,k)$ 是对应于特征值 λ_i 的线性无关的特征向量，那么向量组**

$$\boldsymbol{\alpha}_{11},\boldsymbol{\alpha}_{12},\cdots,\boldsymbol{\alpha}_{1r_1},\cdots,\boldsymbol{\alpha}_{k1},\boldsymbol{\alpha}_{k2},\cdots,\boldsymbol{\alpha}_{kr_k}$$

也线性无关.

定理 6.8 的证明与定理 6.6 的证明相仿，对不同特征值的个数 k 应用数学归纳法，证明留给读者.

根据定理 6.8，对于一个线性变换，对应于每个不同特征值的线性无关的特征向量合在一起后还是线性无关的. 如果所有线性无关的特征向量的个数等于线性空间的维数，那么这个线性变换在一个合适的基下的矩阵是对角矩阵. 如果它们的个数小于线性空间的维数，那么这个线性变换在任何一个基下的矩阵都不能是对角矩阵. 也就是说，设 T 是线性空间 V 上的一个线性变换，且 T 的全部不同特征值为 $\lambda_1,\lambda_2,\cdots,\lambda_r$，于是 T 可对角化的充要条件是 T 的特征子空间 $V_{\lambda_1},V_{\lambda_2},\cdots,V_{\lambda_r}$ 的维数之和等于线性空间 V 的维数.

6.2.7　线性变换的值域与核

定义 6.11　设 T 是线性空间 V 上的一个线性变换，T 的全体像组成的集合称为 T 的**值域**，记作 $T(V)$，所有被 T 变成零向量的向量组成的集合称为 T 的**核**，记作 $T^{-1}(\mathbf{0})$.

若用集合的记号，则分别表示为

$$T(V)=\{T(\boldsymbol{\xi})\mid\boldsymbol{\xi}\in V\},$$
$$T^{-1}(\mathbf{0})=\{\boldsymbol{\xi}\mid T(\boldsymbol{\xi})=\mathbf{0},\boldsymbol{\xi}\in V\}.$$

在前面我们已经证明，线性变换 T 的值域与核都是 V 的子空间.

$T(V)$ 的维数称为 T 的**秩**，$T^{-1}(\mathbf{0})$ 的维数称为 T 的**零度**.

定理 6.9　**设 T 是 n 维线性空间 V 上的一个线性变换，$\boldsymbol{\alpha}_1,\boldsymbol{\alpha}_2,\cdots,\boldsymbol{\alpha}_n$ 是 V 的一个基，T 在这个基下的矩阵是 $\boldsymbol{A}$，则**

(1) T 的值域 $T(V)$ 是由基像组 $T(\boldsymbol{\alpha}_1),T(\boldsymbol{\alpha}_2),\cdots,T(\boldsymbol{\alpha}_n)$ 生成的线性空间；

(2) T 的秩等于 $\boldsymbol{A}$ 的秩.

证明略.

定理 6.10　**设 T 是数域 F 上的 n 维线性空间 V 的一个线性变换，则**

$$T\text{ 的秩}+T\text{ 的零度}=n.$$

证　设 T 的零度等于 r. 在 $T^{-1}(\mathbf{0})$ 中取一个基 $\boldsymbol{\varepsilon}_1,\boldsymbol{\varepsilon}_2,\cdots,\boldsymbol{\varepsilon}_r$，并把它扩充成 V 的一个基 $\boldsymbol{\varepsilon}_1,\boldsymbol{\varepsilon}_2,\cdots,\boldsymbol{\varepsilon}_r,\boldsymbol{\varepsilon}_{r+1},\cdots,\boldsymbol{\varepsilon}_n$. 根据定理 6.9，$T(V)$ 是由基像组

$$T(\boldsymbol{\varepsilon}_1),\quad T(\boldsymbol{\varepsilon}_2),\quad\cdots,\quad T(\boldsymbol{\varepsilon}_r),\quad T(\boldsymbol{\varepsilon}_{r+1}),\quad\cdots,\quad T(\boldsymbol{\varepsilon}_n)$$

生成的线性空间. 由于 $T(\boldsymbol{\varepsilon}_i)=0,i=1,2,\cdots,r$，因此我们猜测 $T(\boldsymbol{\varepsilon}_{r+1}),T(\boldsymbol{\varepsilon}_{r+2}),\cdots,T(\boldsymbol{\varepsilon}_n)$ 是 $T(V)$ 的一个基. 为此，只需证明它们线性无关.

设 $k_i \in F, i = r+1, r+2, \cdots, n$，使得

$$\sum_{i=r+1}^{n} k_i T(\boldsymbol{\varepsilon}_i) = \mathbf{0}$$

成立，则

$$T\left(\sum_{i=r+1}^{n} k_i \boldsymbol{\varepsilon}_i\right) = \mathbf{0}.$$

这说明向量 $\sum\limits_{i=r+1}^{n} k_i \boldsymbol{\varepsilon}_i$ 属于 $T^{-1}(\mathbf{0})$，因此可被 $T^{-1}(\mathbf{0})$ 的基线性表示，即存在 $k_i \in F, i = 1, 2, \cdots, r$，使得

$$\sum_{i=r+1}^{n} k_i \boldsymbol{\varepsilon}_i = \sum_{i=1}^{r} k_i \boldsymbol{\varepsilon}_i.$$

又向量组 $\boldsymbol{\varepsilon}_1, \boldsymbol{\varepsilon}_2, \cdots, \boldsymbol{\varepsilon}_r, \boldsymbol{\varepsilon}_{r+1}, \cdots, \boldsymbol{\varepsilon}_n$ 线性无关，则 $k_i = 0, i = 1, 2, \cdots, n$. 因此

$$T(\boldsymbol{\varepsilon}_{r+1}), \quad T(\boldsymbol{\varepsilon}_{r+2}), \quad \cdots, \quad T(\boldsymbol{\varepsilon}_n)$$

线性无关，则它为 $T(V)$ 的一个基，T 的秩等于 $n-r$，于是 T 的秩 $+$ T 的零度 $= n$.

拓展阅读

习 题 六

1. 验证以下集合对于所给的线性运算是否构成实数域上的线性空间：

(1) 所有 n 阶对称矩阵，对于矩阵的加法和数乘运算；

(2) 平面上全体向量，对于向量的加法和如下定义的数乘运算：

$$\lambda \cdot \boldsymbol{\alpha} = \boldsymbol{\alpha}, \quad \lambda \in \mathbf{R};$$

(3) n 阶可逆矩阵的全体，对于矩阵的加法和数乘运算；

(4) 次数等于 $n(n \geqslant 1)$ 的实系数多项式的全体，对于多项式的加法和数乘运算.

2. 证明：集合 $V = \left\{ f(x) \,\middle|\, \int_0^1 f(x)\mathrm{d}x = 0 \right\}$ 在实数域上按函数的加法和数乘运算构成线性空间.

3. 已知实数集 $\mathbf{R}$ 关于数的加法和数乘运算构成 $\mathbf{R}$ 上的线性空间 V，又正实数集 $\mathbf{R}_+$ 关于运算

$$a \oplus b = ab, \quad k \circ a = a^k$$

构成 $\mathbf{R}$ 上的线性空间，问 $\mathbf{R}_+$ 是不是 $\mathbf{R}$ 上线性空间 V 的子空间？

4. $M_2(\mathbf{R})$ 表示实数域上全体 2×2 矩阵按矩阵的加法和数乘运算构成的线性空间，问下列子集是否构成 $M_2(\mathbf{R})$ 的子空间？为什么？

(1) $W_1 = \{\boldsymbol{A} \mid |\boldsymbol{A}| = 0, \boldsymbol{A} \in M_2(\mathbf{R})\}$；

(2) $W_2 = \{\boldsymbol{A} \mid \boldsymbol{A}^2 = \boldsymbol{A}, \boldsymbol{A} \in M_2(\mathbf{R})\}$.

5. 证明：$\boldsymbol{\alpha}_1 = \begin{pmatrix} 1 & 1 \\ 1 & 1 \end{pmatrix}$，$\boldsymbol{\alpha}_2 = \begin{pmatrix} 0 & -1 \\ 1 & 0 \end{pmatrix}$，$\boldsymbol{\alpha}_3 = \begin{pmatrix} 1 & -1 \\ 0 & 0 \end{pmatrix}$，$\boldsymbol{\alpha}_4 = \begin{pmatrix} 1 & 0 \\ 0 & 0 \end{pmatrix}$ 是线性空间 $M_2(\mathbf{R})$ 的

一个基,并求 $\boldsymbol{A}=\begin{pmatrix}2&3\\4&5\end{pmatrix}$ 在此基下的坐标.

6. 在 $\mathbf{R}^4$ 中求向量 $\boldsymbol{\alpha}=(0,0,0,1)$ 在基

$$\boldsymbol{\varepsilon}_1=(1,1,0,1),\quad \boldsymbol{\varepsilon}_2=(2,1,3,1),$$
$$\boldsymbol{\varepsilon}_3=(1,1,0,0),\quad \boldsymbol{\varepsilon}_4=(0,1,-1,-1)$$

下的坐标.

7. 已知线性空间

$$V=\{(x_1,x_2,x_3,x_4)\mid x_1=0,x_2+x_3+x_4=0,x_1,x_2,x_3,x_4\in\mathbf{R}\},$$

求 V 的一个基与维数.

8. 在 $\mathbf{R}^3$ 中,取两个基

$$\boldsymbol{\alpha}_1=(1,1,1),\quad \boldsymbol{\alpha}_2=(2,1,1),\quad \boldsymbol{\alpha}_3=(3,2,1)$$

及

$$\boldsymbol{\beta}_1=(3,1,4),\quad \boldsymbol{\beta}_2=(5,2,1),\quad \boldsymbol{\beta}_3=(1,1,-4),$$

试求从基 $\boldsymbol{\alpha}_1,\boldsymbol{\alpha}_2,\boldsymbol{\alpha}_3$ 到基 $\boldsymbol{\beta}_1,\boldsymbol{\beta}_2,\boldsymbol{\beta}_3$ 的过渡矩阵与坐标变换公式.

9. 说明 xOy 平面上变换 $T\begin{pmatrix}x\\y\end{pmatrix}=\boldsymbol{A}\begin{pmatrix}x\\y\end{pmatrix}$ 的几何意义,其中:

(1) $\boldsymbol{A}=\begin{pmatrix}-1&0\\0&1\end{pmatrix}$;　　(2) $\boldsymbol{A}=\begin{pmatrix}0&0\\0&1\end{pmatrix}$;

(3) $\boldsymbol{A}=\begin{pmatrix}0&1\\1&0\end{pmatrix}$;　　(4) $\boldsymbol{A}=\begin{pmatrix}0&1\\-1&0\end{pmatrix}$.

10. 设 V 是实数域上 n 阶对称矩阵的全体对于矩阵的加法和数乘运算构成的线性空间$\left(\text{维数为}\dfrac{n(n+1)}{2}\right)$,给定 n 阶方阵 $\boldsymbol{P}$,变换

$$T(\boldsymbol{A})=\boldsymbol{P}^{\mathrm{T}}\boldsymbol{A}\boldsymbol{P},\quad \forall\,\boldsymbol{A}\in V$$

称为合同变换,试证合同变换 T 是 V 中的一个线性变换.

11. 二阶对称矩阵的全体 $V_3=\left\{\boldsymbol{A}=\begin{pmatrix}a_1&a_2\\a_2&a_3\end{pmatrix}\,\middle|\,a_1,a_2,a_3\in\mathbf{R}\right\}$ 对于矩阵的加法和数乘运算构成三维线性空间,在 V_3 中取一个基

$$\boldsymbol{A}_1=\begin{pmatrix}1&0\\0&0\end{pmatrix},\quad \boldsymbol{A}_2=\begin{pmatrix}0&1\\1&0\end{pmatrix},\quad \boldsymbol{A}_3=\begin{pmatrix}0&0\\0&1\end{pmatrix}.$$

(1) 在 V_3 中定义合同变换

$$T(\boldsymbol{A})=\begin{pmatrix}1&1\\0&1\end{pmatrix}\boldsymbol{A}\begin{pmatrix}1&0\\1&1\end{pmatrix},\quad \forall\,\boldsymbol{A}\in V_3,$$

求 T 在基 $\boldsymbol{A}_1,\boldsymbol{A}_2,\boldsymbol{A}_3$ 下的矩阵及 T 的秩与零度.

(2) 在 V_3 中定义线性变换

$$T(\boldsymbol{A})=\begin{pmatrix}1&1\\1&1\end{pmatrix}\boldsymbol{A}\begin{pmatrix}1&1\\1&1\end{pmatrix},\quad \forall\,\boldsymbol{A}\in V_3,$$

求 T 在基 $\boldsymbol{A}_1,\boldsymbol{A}_2,\boldsymbol{A}_3$ 下的矩阵及 T 的值域与核.

习题参考答案

2012—2021 年硕士研究生入学考试《高等数学》（数一、数二、数三）试题线性代数部分

（附参考答案与提示）

为了更系统地进行总复习以及知识提升，我们选编了 2012—2021 年硕士研究生入学考试数学试卷中线性代数部分的试题，分别按年份以选择、填空、计算与证明等题型分类列出，并注明出处.

一、选择题

1. 设向量 $\boldsymbol{\alpha}_1=\begin{pmatrix}0\\0\\c_1\end{pmatrix},\boldsymbol{\alpha}_2=\begin{pmatrix}0\\1\\c_2\end{pmatrix},\boldsymbol{\alpha}_3=\begin{pmatrix}1\\-1\\c_3\end{pmatrix},\boldsymbol{\alpha}_4=\begin{pmatrix}-1\\1\\c_4\end{pmatrix}$，其中 c_1,c_2,c_3,c_4 为任意常数，则下列向量组线性相关的为（　　）.

A. $\boldsymbol{\alpha}_1,\boldsymbol{\alpha}_2,\boldsymbol{\alpha}_3$　　B. $\boldsymbol{\alpha}_1,\boldsymbol{\alpha}_2,\boldsymbol{\alpha}_4$　　C. $\boldsymbol{\alpha}_1,\boldsymbol{\alpha}_3,\boldsymbol{\alpha}_4$　　D. $\boldsymbol{\alpha}_2,\boldsymbol{\alpha}_3,\boldsymbol{\alpha}_4$

（2012 年数一、数二、数三）

2. 设 $\boldsymbol{A}$ 为三阶方阵，$\boldsymbol{P}$ 为三阶可逆矩阵，且 $\boldsymbol{P}^{-1}\boldsymbol{AP}=\begin{pmatrix}1&0&0\\0&1&0\\0&0&2\end{pmatrix}$. 若 $\boldsymbol{P}=(\boldsymbol{\alpha}_1,\boldsymbol{\alpha}_2,\boldsymbol{\alpha}_3)$，$\boldsymbol{Q}=(\boldsymbol{\alpha}_1+\boldsymbol{\alpha}_2,\boldsymbol{\alpha}_2,\boldsymbol{\alpha}_3)$，则 $\boldsymbol{Q}^{-1}\boldsymbol{AQ}=$（　　）.

A. $\begin{pmatrix}1&0&0\\0&2&0\\0&0&1\end{pmatrix}$　　B. $\begin{pmatrix}1&0&0\\0&1&0\\0&0&2\end{pmatrix}$

C. $\begin{pmatrix}2&0&0\\0&1&0\\0&0&2\end{pmatrix}$　　D. $\begin{pmatrix}2&0&0\\0&2&0\\0&0&1\end{pmatrix}$

（2012 年数一、数二、数三）

3. 设 $\boldsymbol{A},\boldsymbol{B},\boldsymbol{C}$ 均为 n 阶方阵. 若 $\boldsymbol{AB}=\boldsymbol{C}$，且 $\boldsymbol{B}$ 可逆，则（　　）.

A. 矩阵 $\boldsymbol{C}$ 的行向量组与矩阵 $\boldsymbol{A}$ 的行向量组等价

B. 矩阵 $\boldsymbol{C}$ 的列向量组与矩阵 $\boldsymbol{A}$ 的列向量组等价

C. 矩阵 $\boldsymbol{C}$ 的行向量组与矩阵 $\boldsymbol{B}$ 的行向量组等价

D. 矩阵 $\boldsymbol{C}$ 的列向量组与矩阵 $\boldsymbol{B}$ 的列向量组等价

（2013 年数一、数二、数三）

4. 矩阵 $\begin{pmatrix}1 & a & 1\\ a & b & a\\ 1 & a & 1\end{pmatrix}$ 与 $\begin{pmatrix}2 & 0 & 0\\ 0 & b & 0\\ 0 & 0 & 0\end{pmatrix}$ 相似的充要条件为(　　).

A. $a=0,b=2$　　　　B. $a=0$,b 为任意常数

C. $a=2,b=0$　　　　D. $a=2$,b 为任意常数

(2013 年数一、数二、数三)

5. 行列式 $\begin{vmatrix}0 & a & b & 0\\ a & 0 & 0 & b\\ 0 & c & d & 0\\ c & 0 & 0 & d\end{vmatrix}=$(　　).

A. $(ad-bc)^2$　　　　B. $-(ad-bc)^2$

C. $a^2d^2-b^2c^2$　　　　D. $b^2c^2-a^2d^2$

(2014 年数一、数二、数三)

6. 设 $\boldsymbol{\alpha}_1,\boldsymbol{\alpha}_2,\boldsymbol{\alpha}_3$ 均为三维向量,则对任意常数 k,l,向量组 $\boldsymbol{\alpha}_1+k\boldsymbol{\alpha}_3,\boldsymbol{\alpha}_2+l\boldsymbol{\alpha}_3$ 线性无关是向量组 $\boldsymbol{\alpha}_1,\boldsymbol{\alpha}_2,\boldsymbol{\alpha}_3$ 线性无关的(　　).

A. 必要非充分条件　　　　B. 充分非必要条件

C. 充要条件　　　　D. 既非充分也非必要条件

(2014 年数一、数二、数三)

7. 设矩阵 $\boldsymbol{A}=\begin{pmatrix}1 & 1 & 1\\ 1 & 2 & a\\ 1 & 4 & a^2\end{pmatrix}$,$\boldsymbol{b}=\begin{pmatrix}1\\ d\\ d^2\end{pmatrix}$. 若集合 $\Omega=\{1,2\}$,则线性方程组 $\boldsymbol{Ax}=\boldsymbol{b}$ 有无穷多组解的充要条件为(　　).

A. $a\notin\Omega,d\notin\Omega$　　　　B. $a\notin\Omega,d\in\Omega$

C. $a\in\Omega,d\notin\Omega$　　　　D. $a\in\Omega,d\in\Omega$

(2015 年数一、数二、数三)

8. 设二次型 $f(x_1,x_2,x_3)$ 在正交变换 $\boldsymbol{x}=\boldsymbol{Py}$ 下的标准形为 $2y_1^2+y_2^2-y_3^2$,其中 $\boldsymbol{P}=(\boldsymbol{e}_1,\boldsymbol{e}_2,\boldsymbol{e}_3)$. 若 $\boldsymbol{Q}=(\boldsymbol{e}_1,-\boldsymbol{e}_3,\boldsymbol{e}_2)$,则 $f(x_1,x_2,x_3)$ 在正交变换 $\boldsymbol{x}=\boldsymbol{Qy}$ 下的标准形为(　　).

A. $2y_1^2-y_2^2+y_3^2$　　　　B. $2y_1^2+y_2^2-y_3^2$

C. $2y_1^2-y_2^2-y_3^2$　　　　D. $2y_1^2+y_2^2+y_3^2$

(2015 年数一、数二、数三)

9. 设 $\boldsymbol{A},\boldsymbol{B}$ 是可逆矩阵,且 $\boldsymbol{A}$ 与 $\boldsymbol{B}$ 相似,则下列结论错误的是(　　).

A. $\boldsymbol{A}^{\mathrm{T}}$ 与 $\boldsymbol{B}^{\mathrm{T}}$ 相似　　　　B. $\boldsymbol{A}^{-1}$ 与 $\boldsymbol{B}^{-1}$ 相似

C. $\boldsymbol{A}+\boldsymbol{A}^{\mathrm{T}}$ 与 $\boldsymbol{B}+\boldsymbol{B}^{\mathrm{T}}$ 相似　　　　D. $\boldsymbol{A}+\boldsymbol{A}^{-1}$ 与 $\boldsymbol{B}+\boldsymbol{B}^{-1}$ 相似

(2016 年数一、数二、数三)

10. 设二次型 $f(x_1,x_2,x_3)=x_1^2+x_2^2+x_3^2+4x_1x_2+4x_1x_3+4x_2x_3$,则 $f(x_1,x_2,x_3)=2$ 在空间直角坐标系下表示的二次曲面为(　　).

A. 单叶双曲面　　　　B. 双叶双曲面

C. 椭球面　　　　D. 柱面

(2016 年数一)

11. 设二次型 $f(x_1,x_2,x_3)=a(x_1^2+x_2^2+x_3^2)+2x_1x_2+2x_1x_3+2x_2x_3$ 的正、负惯性指数分别为 1,2,则(　　).

A. $a>1$　　B. $a<-2$

C. $-2<a<1$　　D. $a=1$ 或 $a=-2$

(2016 年数二、数三)

12. 设 $\boldsymbol{\alpha}$ 为 n 维单位列向量,$\boldsymbol{E}$ 为 n 阶单位矩阵,则(　　).

A. $\boldsymbol{E}-\boldsymbol{\alpha}\boldsymbol{\alpha}^{\mathrm{T}}$ 不可逆　　B. $\boldsymbol{E}+\boldsymbol{\alpha}\boldsymbol{\alpha}^{\mathrm{T}}$ 不可逆

C. $\boldsymbol{E}+2\boldsymbol{\alpha}\boldsymbol{\alpha}^{\mathrm{T}}$ 不可逆　　D. $\boldsymbol{E}-2\boldsymbol{\alpha}\boldsymbol{\alpha}^{\mathrm{T}}$ 不可逆

(2017 年数一、数三)

13. 已知矩阵 $\boldsymbol{A}=\begin{pmatrix}2&0&0\\0&2&1\\0&0&1\end{pmatrix}$,$\boldsymbol{B}=\begin{pmatrix}2&1&0\\0&2&0\\0&0&1\end{pmatrix}$,$\boldsymbol{C}=\begin{pmatrix}1&0&0\\0&2&0\\0&0&2\end{pmatrix}$,则(　　).

A. $\boldsymbol{A}$ 与 $\boldsymbol{C}$ 相似,$\boldsymbol{B}$ 与 $\boldsymbol{C}$ 相似　　B. $\boldsymbol{A}$ 与 $\boldsymbol{C}$ 相似,$\boldsymbol{B}$ 与 $\boldsymbol{C}$ 不相似

C. $\boldsymbol{A}$ 与 $\boldsymbol{C}$ 不相似,$\boldsymbol{B}$ 与 $\boldsymbol{C}$ 相似　　D. $\boldsymbol{A}$ 与 $\boldsymbol{C}$ 不相似,$\boldsymbol{B}$ 与 $\boldsymbol{C}$ 不相似

(2017 年数一、数二、数三)

14. 设 $\boldsymbol{A}$ 为三阶方阵,$\boldsymbol{P}=(\boldsymbol{\alpha}_1,\boldsymbol{\alpha}_2,\boldsymbol{\alpha}_3)$ 为可逆矩阵,且 $\boldsymbol{P}^{-1}\boldsymbol{A}\boldsymbol{P}=\begin{pmatrix}0&0&0\\0&1&0\\0&0&2\end{pmatrix}$,则 $\boldsymbol{A}(\boldsymbol{\alpha}_1,\boldsymbol{\alpha}_2,\boldsymbol{\alpha}_3)=$ (　　).

A. $\boldsymbol{\alpha}_1+\boldsymbol{\alpha}_2$　　B. $\boldsymbol{\alpha}_2+2\boldsymbol{\alpha}_3$

C. $\boldsymbol{\alpha}_2+\boldsymbol{\alpha}_3$　　D. $\boldsymbol{\alpha}_1+2\boldsymbol{\alpha}_2$

(2017 年数二)

15. 下列矩阵中,与矩阵 $\begin{pmatrix}1&1&0\\0&1&1\\0&0&1\end{pmatrix}$ 相似的是(　　).

A. $\begin{pmatrix}1&1&-1\\0&1&1\\0&0&1\end{pmatrix}$　　B. $\begin{pmatrix}1&0&-1\\0&1&1\\0&0&1\end{pmatrix}$

C. $\begin{pmatrix}1&1&-1\\0&1&0\\0&0&1\end{pmatrix}$　　D. $\begin{pmatrix}1&0&-1\\0&1&0\\0&0&1\end{pmatrix}$.

(2018 年数一、数二、数三)

16. 设 $\boldsymbol{A},\boldsymbol{B}$ 为 n 阶方阵,记 $\mathrm{r}(\boldsymbol{X})$ 为矩阵 $\boldsymbol{X}$ 的秩,$(\boldsymbol{X},\boldsymbol{Y})$ 表示分块矩阵,则(　　).

A. $\mathrm{r}(\boldsymbol{A},\boldsymbol{AB})=\mathrm{r}(\boldsymbol{A})$　　B. $\mathrm{r}(\boldsymbol{A},\boldsymbol{BA})=\mathrm{r}(\boldsymbol{A})$

C. $\mathrm{r}(\boldsymbol{A},\boldsymbol{B})=\max\{\mathrm{r}(\boldsymbol{A}),\mathrm{r}(\boldsymbol{B})\}$　　D. $\mathrm{r}(\boldsymbol{A},\boldsymbol{B})=\mathrm{r}(\boldsymbol{A}^{\mathrm{T}},\boldsymbol{B}^{\mathrm{T}})$

(2018 年数一、数二、数三)

17. 设 $\boldsymbol{A}$ 是三阶实对称矩阵,$\boldsymbol{E}$ 是三阶单位矩阵. 若 $\boldsymbol{A}^2+\boldsymbol{A}=2\boldsymbol{E}$,且 $|\boldsymbol{A}|=4$,则二次型 $\boldsymbol{x}^{\mathrm{T}}\boldsymbol{A}\boldsymbol{x}$ 的规范形为(　　).

A. $y_1^2+y_2^2+y_3^2$　　B. $y_1^2+y_2^2-y_3^2$

C. $y_1^2-y_2^2-y_3^2$　　D. $-y_1^2-y_2^2-y_3^2$

(2019 年数一、数二、数三)

18. 如图 7－1 所示，有 3 个平面两两相交，交线相互平行，它们的方程

$$a_{i1}x+a_{i2}y+a_{i3}z=d_i \quad (i=1,2,3)$$

组成的线性方程组的系数矩阵和增广矩阵分别记为 $\boldsymbol{A},\overline{\boldsymbol{A}}$，则(　　).

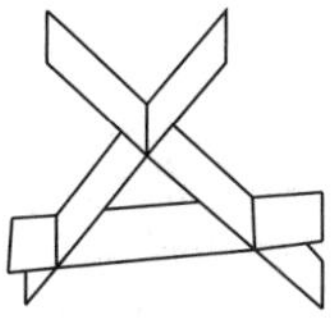

图 7－1

A. $\mathrm{r}(\boldsymbol{A})=2,\mathrm{r}(\overline{\boldsymbol{A}})=3$　　B. $\mathrm{r}(\boldsymbol{A})=2,\mathrm{r}(\overline{\boldsymbol{A}})=2$

C. $\mathrm{r}(\boldsymbol{A})=1,\mathrm{r}(\overline{\boldsymbol{A}})=2$　　D. $\mathrm{r}(\boldsymbol{A})=1,\mathrm{r}(\overline{\boldsymbol{A}})=1$

(2019 年数一)

19. 设 $\boldsymbol{A}$ 是四阶方阵，$\boldsymbol{A}^*$ 为其伴随矩阵. 若线性方程组 $\boldsymbol{Ax}=\boldsymbol{0}$ 的基础解系中只有两个向量，则 $\mathrm{r}(\boldsymbol{A}^*)=$(　　).

A. 0　　B. 1　　C. 2　　D. 3

(2019 年数二、数三)

20. 若矩阵 $\boldsymbol{A}$ 经初等列变换化为矩阵 $\boldsymbol{B}$，则(　　).

A. 存在矩阵 $\boldsymbol{P}$，使得 $\boldsymbol{PA}=\boldsymbol{B}$　　B. 存在矩阵 $\boldsymbol{P}$，使得 $\boldsymbol{BP}=\boldsymbol{A}$

C. 存在矩阵 $\boldsymbol{P}$，使得 $\boldsymbol{PB}=\boldsymbol{A}$　　D. 方程组 $\boldsymbol{Ax}=\boldsymbol{0}$ 与 $\boldsymbol{Bx}=\boldsymbol{0}$ 同解

(2020 年数一)

21. 已知直线 $L_1:\dfrac{x-a_2}{a_1}=\dfrac{y-b_2}{b_1}=\dfrac{z-c_2}{c_1}$ 与 $L_2:\dfrac{x-a_3}{a_2}=\dfrac{y-b_3}{b_2}=\dfrac{z-c_3}{c_2}$ 相交于一点，法向量 $\boldsymbol{\alpha}_i=\begin{pmatrix}a_i\\b_i\\c_i\end{pmatrix}(i=1,2,3)$，则(　　).

A. $\boldsymbol{\alpha}_1$ 可由向量组 $\boldsymbol{\alpha}_2,\boldsymbol{\alpha}_3$ 线性表示　　B. $\boldsymbol{\alpha}_2$ 可由向量组 $\boldsymbol{\alpha}_1,\boldsymbol{\alpha}_3$ 线性表示

C. $\boldsymbol{\alpha}_3$ 可由向量组 $\boldsymbol{\alpha}_1,\boldsymbol{\alpha}_2$ 线性表示　　D. 向量组 $\boldsymbol{\alpha}_1,\boldsymbol{\alpha}_2,\boldsymbol{\alpha}_3$ 线性无关

(2020 年数一)

22. 设四阶方阵 $\boldsymbol{A}=(a_{ij})_{4\times4}$ 不可逆，a_{12} 的代数余子式 $A_{12}\neq0$，$\boldsymbol{\alpha}_1,\boldsymbol{\alpha}_2,\boldsymbol{\alpha}_3,\boldsymbol{\alpha}_4$ 为矩阵 $\boldsymbol{A}$ 的列向量组，$\boldsymbol{A}^*$ 为 $\boldsymbol{A}$ 的伴随矩阵，则方程组 $\boldsymbol{A}^*\boldsymbol{x}=\boldsymbol{0}$ 的通解为(　　).

A. $\boldsymbol{x}=k_1\boldsymbol{\alpha}_1+k_2\boldsymbol{\alpha}_2+k_3\boldsymbol{\alpha}_3$，其中 k_1,k_2,k_3 为任意常数

B. $\boldsymbol{x}=k_1\boldsymbol{\alpha}_1+k_2\boldsymbol{\alpha}_2+k_3\boldsymbol{\alpha}_4$，其中 k_1,k_2,k_3 为任意常数

C. $\boldsymbol{x}=k_1\boldsymbol{\alpha}_1+k_2\boldsymbol{\alpha}_3+k_3\boldsymbol{\alpha}_4$，其中 k_1,k_2,k_3 为任意常数

D. $\boldsymbol{x}=k_1\boldsymbol{\alpha}_2+k_2\boldsymbol{\alpha}_3+k_3\boldsymbol{\alpha}_4$，其中 k_1,k_2,k_3 为任意常数

(2020 年数二、数三)

23. 设 $\boldsymbol{A}$ 为三阶方阵，$\boldsymbol{\alpha}_1,\boldsymbol{\alpha}_2$ 为 $\boldsymbol{A}$ 的对应于特征值 1 的线性无关的特征向量，$\boldsymbol{\alpha}_3$ 为 $\boldsymbol{A}$ 的对应于特征值 -1 的特征向量，则满足 $\boldsymbol{P}^{-1}\boldsymbol{AP}=\begin{pmatrix}1&0&0\\0&-1&0\\0&0&1\end{pmatrix}$ 的可逆矩阵 $\boldsymbol{P}$ 为(　　).

A. $(\boldsymbol{\alpha}_1+\boldsymbol{\alpha}_3,\boldsymbol{\alpha}_2,-\boldsymbol{\alpha}_3)$　　B. $(\boldsymbol{\alpha}_1+\boldsymbol{\alpha}_2,\boldsymbol{\alpha}_2,-\boldsymbol{\alpha}_3)$

C. $(\boldsymbol{\alpha}_1+\boldsymbol{\alpha}_3,-\boldsymbol{\alpha}_3,\boldsymbol{\alpha}_2)$　　D. $(\boldsymbol{\alpha}_1+\boldsymbol{\alpha}_2,-\boldsymbol{\alpha}_3,\boldsymbol{\alpha}_2)$

(2020 年数二、数三)

24. 二次型 $f(x_1,x_2,x_3)=(x_1+x_2)^2+(x_2+x_3)^2-(x_3-x_1)^2$ 的正惯性指数与负惯性

指数依次为(　　).

A. 2,0　　B. 1,1　　C. 2,1　　D. 1,2

(2021 年数一、数二、数三)

25. 已知向量 $\boldsymbol{\alpha}_1=\begin{pmatrix}1\\0\\1\end{pmatrix},\boldsymbol{\alpha}_2=\begin{pmatrix}1\\2\\1\end{pmatrix},\boldsymbol{\alpha}_3=\begin{pmatrix}3\\1\\2\end{pmatrix}$,记

$$\boldsymbol{\beta}_1=\boldsymbol{\alpha}_1,\quad \boldsymbol{\beta}_2=\boldsymbol{\alpha}_2-k\boldsymbol{\beta}_1,\quad \boldsymbol{\beta}_3=\boldsymbol{\alpha}_3-l_1\boldsymbol{\beta}_1-l_2\boldsymbol{\beta}_2,$$

若 $\boldsymbol{\beta}_1,\boldsymbol{\beta}_2,\boldsymbol{\beta}_3$ 两两正交,则 l_1,l_2 依次为(　　).

A. $\frac{5}{2},\frac{1}{2}$　　B. $-\frac{5}{2},\frac{1}{2}$　　C. $\frac{5}{2},-\frac{1}{2}$　　D. $-\frac{5}{2},-\frac{1}{2}$

(2021 年数一)

26. 设 $\boldsymbol{A},\boldsymbol{B}$ 为 n 阶实矩阵,下列选项不成立的是(　　).

A. $\mathrm{r}\begin{pmatrix}\boldsymbol{A} & \boldsymbol{O}\\ \boldsymbol{O} & \boldsymbol{A}^{\mathrm{T}}\boldsymbol{A}\end{pmatrix}=2\mathrm{r}(\boldsymbol{A})$　　B. $\mathrm{r}\begin{pmatrix}\boldsymbol{A} & \boldsymbol{AB}\\ \boldsymbol{O} & \boldsymbol{A}^{\mathrm{T}}\end{pmatrix}=2\mathrm{r}(\boldsymbol{A})$

C. $\mathrm{r}\begin{pmatrix}\boldsymbol{A} & \boldsymbol{BA}\\ \boldsymbol{O} & \boldsymbol{A}^{\mathrm{T}}\boldsymbol{A}\end{pmatrix}=2\mathrm{r}(\boldsymbol{A})$　　D. $\mathrm{r}\begin{pmatrix}\boldsymbol{A} & \boldsymbol{O}\\ \boldsymbol{BA} & \boldsymbol{A}^{\mathrm{T}}\end{pmatrix}=2\mathrm{r}(\boldsymbol{A})$

(2021 年数一)

27. 设三阶方阵 $\boldsymbol{A}=(\boldsymbol{\alpha}_1,\boldsymbol{\alpha}_2,\boldsymbol{\alpha}_3),\boldsymbol{B}=(\boldsymbol{\beta}_1,\boldsymbol{\beta}_2,\boldsymbol{\beta}_3)$. 若向量组 $\boldsymbol{\alpha}_1,\boldsymbol{\alpha}_2,\boldsymbol{\alpha}_3$ 可以由向量组 $\boldsymbol{\beta}_1,\boldsymbol{\beta}_2,\boldsymbol{\beta}_3$ 线性表示,则(　　).

A. $\boldsymbol{Ax}=\boldsymbol{0}$ 的解均为 $\boldsymbol{Bx}=\boldsymbol{0}$ 的解　　B. $\boldsymbol{A}^{\mathrm{T}}\boldsymbol{x}=\boldsymbol{0}$ 的解均为 $\boldsymbol{B}^{\mathrm{T}}\boldsymbol{x}=\boldsymbol{0}$ 的解

C. $\boldsymbol{Bx}=\boldsymbol{0}$ 的解均为 $\boldsymbol{Ax}=\boldsymbol{0}$ 的解　　D. $\boldsymbol{B}^{\mathrm{T}}\boldsymbol{x}=\boldsymbol{0}$ 的解均为 $\boldsymbol{A}^{\mathrm{T}}\boldsymbol{x}=\boldsymbol{0}$ 的解

(2021 年数二)

28. 已知矩阵 $\boldsymbol{A}=\begin{pmatrix}1 & 0 & -1\\ 2 & -1 & 1\\ -1 & 2 & -5\end{pmatrix}$,若存在下三角可逆矩阵 $\boldsymbol{P}$ 和上三角可逆矩阵 $\boldsymbol{Q}$,使得 $\boldsymbol{PAQ}$ 为对角矩阵,则 $\boldsymbol{P},\boldsymbol{Q}$ 可以分别取(　　).

A. $\begin{pmatrix}1&0&0\\0&1&0\\0&0&1\end{pmatrix},\begin{pmatrix}1&0&1\\0&1&3\\0&0&1\end{pmatrix}$　　B. $\begin{pmatrix}1&0&0\\2&-1&0\\-3&2&1\end{pmatrix},\begin{pmatrix}1&0&0\\0&1&0\\0&0&1\end{pmatrix}$

C. $\begin{pmatrix}1&0&0\\2&-1&0\\-3&2&1\end{pmatrix},\begin{pmatrix}1&0&1\\0&1&3\\0&0&1\end{pmatrix}$　　D. $\begin{pmatrix}1&0&0\\0&1&0\\1&3&1\end{pmatrix},\begin{pmatrix}1&2&-3\\0&-1&2\\0&0&1\end{pmatrix}$

(2021 年数二、数三)

29. 设 $\boldsymbol{A}=(\boldsymbol{\alpha}_1,\boldsymbol{\alpha}_2,\boldsymbol{\alpha}_3,\boldsymbol{\alpha}_4)$ 为四阶正交矩阵,若矩阵 $\boldsymbol{B}=\begin{pmatrix}\boldsymbol{\alpha}_1^{\mathrm{T}}\\ \boldsymbol{\alpha}_2^{\mathrm{T}}\\ \boldsymbol{\alpha}_3^{\mathrm{T}}\end{pmatrix},\boldsymbol{\beta}=\begin{pmatrix}1\\1\\1\end{pmatrix}$,$k$ 表示任意常数,则线性方程组 $\boldsymbol{Bx}=\boldsymbol{\beta}$ 的通解为 $\boldsymbol{x}=$(　　).

A. $\boldsymbol{\alpha}_2+\boldsymbol{\alpha}_3+\boldsymbol{\alpha}_4+k\boldsymbol{\alpha}_1$　　B. $\boldsymbol{\alpha}_1+\boldsymbol{\alpha}_3+\boldsymbol{\alpha}_4+k\boldsymbol{\alpha}_2$

C. $\boldsymbol{\alpha}_1+\boldsymbol{\alpha}_2+\boldsymbol{\alpha}_4+k\boldsymbol{\alpha}_3$　　D. $\boldsymbol{\alpha}_1+\boldsymbol{\alpha}_2+\boldsymbol{\alpha}_3+k\boldsymbol{\alpha}_4$

(2021 年数三)

二、填空题

1. 设 $\boldsymbol{\alpha}$ 为三维单位列向量,$\boldsymbol{E}$ 为三阶单位矩阵,则矩阵 $\boldsymbol{E}-\boldsymbol{\alpha}\boldsymbol{\alpha}^{\mathrm{T}}$ 的秩为________.

(2012 年数一)

2. 设 $\boldsymbol{A}$ 为三阶方阵,$|\boldsymbol{A}|=3$,$\boldsymbol{A}^*$ 为 $\boldsymbol{A}$ 的伴随矩阵.若交换 $\boldsymbol{A}$ 的第 1 行与第 2 行得到矩阵 $\boldsymbol{B}$,则 $|\boldsymbol{B}\boldsymbol{A}^*|=$ ________.

(2012 年数二、数三)

3. 设 $\boldsymbol{A}=(a_{ij})_{3\times 3}$ 是三阶非零矩阵,$|\boldsymbol{A}|$ 为 $\boldsymbol{A}$ 的行列式,A_{ij} 为 a_{ij} 的代数余子式.若 $a_{ij}+A_{ij}=0(i,j=1,2,3)$,则 $|\boldsymbol{A}|=$ ________.

(2013 年数一、数二、数三)

4. 设二次型 $f(x_1,x_2,x_3)=x_1^2-x_2^2+2ax_1x_3+4x_2x_3$ 的负惯性指数为 1,则 a 的取值范围是________.

(2014 年数一、数二、数三)

5. n 阶行列式 $\begin{vmatrix} 2 & 0 & \cdots & 0 & 2 \\ -1 & 2 & \cdots & 0 & 2 \\ \vdots & \vdots & & \vdots & \vdots \\ 0 & 0 & \cdots & 2 & 2 \\ 0 & 0 & \cdots & -1 & 2 \end{vmatrix}=$ ________.

(2015 年数一)

6. 设三阶方阵 $\boldsymbol{A}$ 的特征值为 $2,-2,1$,$\boldsymbol{B}=\boldsymbol{A}^2-\boldsymbol{A}+\boldsymbol{E}$,其中 $\boldsymbol{E}$ 为三阶单位矩阵,则行列式 $|\boldsymbol{B}|=$ ________.

(2015 年数二、数三)

7. 行列式 $\begin{vmatrix} \lambda & -1 & 0 & 0 \\ 0 & \lambda & -1 & 0 \\ 0 & 0 & \lambda & -1 \\ 4 & 3 & 2 & \lambda+1 \end{vmatrix}=$ ________.

(2016 年数一、数三)

8. 设矩阵 $\begin{pmatrix} a & -1 & -1 \\ -1 & a & -1 \\ -1 & -1 & a \end{pmatrix}$ 与 $\begin{pmatrix} 1 & 1 & 0 \\ 0 & -1 & 1 \\ 1 & 0 & 1 \end{pmatrix}$ 等价,则 $a=$ ________.

(2016 年数二)

9. 设矩阵 $\boldsymbol{A}=\begin{pmatrix} 1 & 0 & 1 \\ 1 & 1 & 2 \\ 0 & 1 & 1 \end{pmatrix}$,$\boldsymbol{\alpha}_1,\boldsymbol{\alpha}_2,\boldsymbol{\alpha}_3$ 为线性无关的三维向量,则向量组 $\boldsymbol{A}\boldsymbol{\alpha}_1,\boldsymbol{A}\boldsymbol{\alpha}_2,\boldsymbol{A}\boldsymbol{\alpha}_3$ 的秩为________.

(2017 年数一、数三)

10. 设矩阵 $\boldsymbol{A}=\begin{pmatrix} 4 & 1 & -2 \\ 1 & 2 & a \\ 3 & 1 & -1 \end{pmatrix}$ 的一个特征向量为 $\begin{pmatrix} 1 \\ 1 \\ 2 \end{pmatrix}$,则 $a=$ ________.

(2017 年数二)

11. 设二阶方阵 $\boldsymbol{A}$ 有两个不同的特征值，$\boldsymbol{\alpha}_1,\boldsymbol{\alpha}_2$ 是 $\boldsymbol{A}$ 的线性无关的特征向量，且 $\boldsymbol{A}^2(\boldsymbol{\alpha}_1+\boldsymbol{\alpha}_2)=\boldsymbol{\alpha}_1+\boldsymbol{\alpha}_2$，则 $|\boldsymbol{A}|=$ ________.

(2018 年数一)

12. 设 $\boldsymbol{A}$ 为三阶方阵，$\boldsymbol{\alpha}_1,\boldsymbol{\alpha}_2,\boldsymbol{\alpha}_3$ 为线性无关的向量组. 若 $\boldsymbol{A\alpha}_1=2\boldsymbol{\alpha}_1+\boldsymbol{\alpha}_2+\boldsymbol{\alpha}_3$，$\boldsymbol{A\alpha}_2=\boldsymbol{\alpha}_2+2\boldsymbol{\alpha}_3$，$\boldsymbol{A\alpha}_3=-\boldsymbol{\alpha}_2+\boldsymbol{\alpha}_3$，则 $\boldsymbol{A}$ 的实特征值为________.

(2018 年数二)

13. 设 $\boldsymbol{A}=(\boldsymbol{\alpha}_1,\boldsymbol{\alpha}_2,\boldsymbol{\alpha}_3)$ 为三阶方阵. 若向量组 $\boldsymbol{\alpha}_1,\boldsymbol{\alpha}_2$ 线性无关，且 $\boldsymbol{\alpha}_3=-\boldsymbol{\alpha}_1+2\boldsymbol{\alpha}_2$，则线性方程组 $\boldsymbol{Ax}=\boldsymbol{0}$ 的通解为________.

(2019 年数一)

14. 已知矩阵 $\boldsymbol{A}=\begin{pmatrix}1&-1&0&0\\-2&1&-1&1\\3&-2&2&-1\\0&0&3&4\end{pmatrix}$，$A_{ij}$ 表示 $|\boldsymbol{A}|$ 中 (i,j) 元的代数余子式，则 $A_{11}-A_{12}=$ ________.

(2019 年数二)

15. 已知矩阵 $\boldsymbol{A}=\begin{pmatrix}1&0&-1\\1&1&-1\\0&1&a^2-1\end{pmatrix}$，$\boldsymbol{b}=\begin{pmatrix}0\\1\\a\end{pmatrix}$. 若线性方程组 $\boldsymbol{Ax}=\boldsymbol{b}$ 有无穷多组解，则 $a=$ ________.

(2019 年数三)

16. 行列式 $\begin{vmatrix}a&0&-1&1\\0&a&1&-1\\-1&1&a&0\\1&-1&0&a\end{vmatrix}=$ ________.

(2020 年数一、数二、数三)

17. 设 $\boldsymbol{A}=(a_{ij})_{3\times3}$ 为三阶方阵，A_{ij} 为 a_{ij} 的代数余子式. 若 $\boldsymbol{A}$ 的每行元素之和均为 2，且 $|\boldsymbol{A}|=3$，则 $A_{11}+A_{21}+A_{31}=$ ________.

(2021 年数一)

18. 多项式 $f(x)=\begin{vmatrix}x&x&1&2x\\1&x&2&-1\\2&1&x&1\\2&-1&1&x\end{vmatrix}$ 中 x^3 的系数为________.

(2021 年数二、数三)

三、计算与证明题

1. 设矩阵 $\boldsymbol{A}=\begin{pmatrix}1&a&0&0\\0&1&a&0\\0&0&1&a\\a&0&0&1\end{pmatrix}$，$\boldsymbol{b}=\begin{pmatrix}1\\-1\\0\\0\end{pmatrix}$.

(1) 计算行列式 $|\boldsymbol{A}|$;

(2) 已知线性方程组 $\boldsymbol{Ax}=\boldsymbol{b}$ 有无穷多组解,求 a 的值及 $\boldsymbol{Ax}=\boldsymbol{b}$ 的通解.

(2012 年数一、数二、数三)

2. 已知矩阵 $\boldsymbol{A}=\begin{pmatrix}1&0&1\\0&1&1\\-1&0&a\end{pmatrix}$,二次型 $f(x_1,x_2,x_3)=\boldsymbol{x}^{\mathrm{T}}(\boldsymbol{A}^{\mathrm{T}}\boldsymbol{A})\boldsymbol{x}$ 的秩为 2,求:

(1) 实数 a 的值;

(2) 正交变换 $\boldsymbol{x}=\boldsymbol{Qy}$,将 f 化为标准形.

(2012 年数一、数二、数三)

3. 设矩阵 $\boldsymbol{A}=\begin{pmatrix}1&a\\1&0\end{pmatrix}$,$\boldsymbol{B}=\begin{pmatrix}0&1\\1&b\end{pmatrix}$,问当 a,b 为何值时,存在矩阵 $\boldsymbol{C}$,使得 $\boldsymbol{AC}-\boldsymbol{CA}=\boldsymbol{B}$? 并求所有的矩阵 $\boldsymbol{C}$.

(2013 年数一、数二、数三)

4. 设二次型 $f(x_1,x_2,x_3)=2(a_1x_1+a_2x_2+a_3x_3)^2+(b_1x_1+b_2x_2+b_3x_3)^2$,记

$$\boldsymbol{\alpha}=\begin{pmatrix}a_1\\a_2\\a_3\end{pmatrix},\quad \boldsymbol{\beta}=\begin{pmatrix}b_1\\b_2\\b_3\end{pmatrix}.$$

(1) 证明:二次型 f 的矩阵为 $2\boldsymbol{\alpha}\boldsymbol{\alpha}^{\mathrm{T}}+\boldsymbol{\beta}\boldsymbol{\beta}^{\mathrm{T}}$;

(2) 若 $\boldsymbol{\alpha},\boldsymbol{\beta}$ 正交且均为单位向量,证明:二次型 f 在正交变换下的标准形为 $2y_1^2+y_2^2$.

(2013 年数一、数二、数三)

5. 设矩阵 $\boldsymbol{A}=\begin{pmatrix}1&-2&3&-4\\0&1&-1&1\\1&2&0&-3\end{pmatrix}$,$\boldsymbol{E}$ 为三阶单位矩阵,求:

(1) 方程组 $\boldsymbol{Ax}=\boldsymbol{0}$ 的一个基础解系;

(2) 满足 $\boldsymbol{AB}=\boldsymbol{E}$ 的所有矩阵 $\boldsymbol{B}$.

(2014 年数一、数二、数三)

6. 证明:n 阶方阵 $\begin{pmatrix}1&1&\cdots&1\\1&1&\cdots&1\\\vdots&\vdots&&\vdots\\1&1&\cdots&1\end{pmatrix}$ 与 $\begin{pmatrix}0&\cdots&0&1\\0&\cdots&0&2\\\vdots&&\vdots&\vdots\\0&\cdots&0&n\end{pmatrix}$ 相似.

(2014 年数一、数二、数三)

7. 设向量组 $\boldsymbol{\alpha}_1,\boldsymbol{\alpha}_2,\boldsymbol{\alpha}_3$ 为 $\mathbf{R}^3$ 的一个基,$\boldsymbol{\beta}_1=2\boldsymbol{\alpha}_1+2k\boldsymbol{\alpha}_3$,$\boldsymbol{\beta}_2=2\boldsymbol{\alpha}_2$,$\boldsymbol{\beta}_3=\boldsymbol{\alpha}_1+(k+1)\boldsymbol{\alpha}_3$.

(1) 证明:向量组 $\boldsymbol{\beta}_1,\boldsymbol{\beta}_2,\boldsymbol{\beta}_3$ 为 $\mathbf{R}^3$ 的一个基;

(2) 问当 k 为何值时,存在非零向量 $\boldsymbol{\xi}$ 在基 $\boldsymbol{\alpha}_1,\boldsymbol{\alpha}_2,\boldsymbol{\alpha}_3$ 与基 $\boldsymbol{\beta}_1,\boldsymbol{\beta}_2,\boldsymbol{\beta}_3$ 下的坐标相同? 并求出所有的 $\boldsymbol{\xi}$.

(2015 年数一)

8. 设矩阵 $\boldsymbol{A}=\begin{pmatrix}0&2&-3\\-1&3&-3\\1&-2&a\end{pmatrix}$ 相似于矩阵 $\boldsymbol{B}=\begin{pmatrix}1&-2&0\\0&b&0\\0&3&1\end{pmatrix}$,求:

（1）a,b 的值；

（2）可逆矩阵 $\boldsymbol{P}$，使得 $\boldsymbol{P}^{-1}\boldsymbol{AP}$ 为对角矩阵.

（2015 年数一、数二、数三）

9. 设矩阵 $\boldsymbol{A}=\begin{pmatrix} a & 1 & 0 \\ 1 & a & -1 \\ 0 & 1 & a \end{pmatrix}$，且 $\boldsymbol{A}^3=\boldsymbol{O}$.

（1）求 a 的值；

（2）若矩阵 $\boldsymbol{X}$ 满足 $\boldsymbol{X}-\boldsymbol{XA}^2-\boldsymbol{AX}+\boldsymbol{AXA}^2=\boldsymbol{E}$，其中 $\boldsymbol{E}$ 为三阶单位矩阵，求 $\boldsymbol{X}$.

（2015 年数二、数三）

10. 设矩阵 $\boldsymbol{A}=\begin{pmatrix} 1 & -1 & -1 \\ 2 & a & 1 \\ -1 & 1 & a \end{pmatrix}$，$\boldsymbol{B}=\begin{pmatrix} 2 & 2 \\ 1 & a \\ -a-1 & -2 \end{pmatrix}$，问当 a 为何值时，方程 $\boldsymbol{AX}=\boldsymbol{B}$ 无解、有唯一解、有无穷多组解？并在有解时，求其解.

（2016 年数一）

11. 已知矩阵 $\boldsymbol{A}=\begin{pmatrix} 0 & -1 & 1 \\ 2 & -3 & 0 \\ 0 & 0 & 0 \end{pmatrix}$.

（1）求 $\boldsymbol{A}^{99}$；

（2）设三阶方阵 $\boldsymbol{B}=(\boldsymbol{\alpha}_1,\boldsymbol{\alpha}_2,\boldsymbol{\alpha}_3)$ 满足 $\boldsymbol{B}^2=\boldsymbol{BA}$，记 $\boldsymbol{B}^{100}=(\boldsymbol{\beta}_1,\boldsymbol{\beta}_2,\boldsymbol{\beta}_3)$，将 $\boldsymbol{\beta}_1,\boldsymbol{\beta}_2,\boldsymbol{\beta}_3$ 分别表示为 $\boldsymbol{\alpha}_1,\boldsymbol{\alpha}_2,\boldsymbol{\alpha}_3$ 的线性组合.

（2016 年数一、数二、数三）

12. 设矩阵 $\boldsymbol{A}=\begin{pmatrix} 1 & 1 & 1-a \\ 1 & 0 & a \\ a+1 & 1 & a+1 \end{pmatrix}$，$\boldsymbol{\beta}=\begin{pmatrix} 0 \\ 1 \\ 2a-2 \end{pmatrix}$，且方程组 $\boldsymbol{Ax}=\boldsymbol{\beta}$ 无解，求：

（1）a 的值；

（2）方程组 $\boldsymbol{A}^{\mathrm{T}}\boldsymbol{Ax}=\boldsymbol{A}^{\mathrm{T}}\boldsymbol{\beta}$ 的通解.

（2016 年数二、数三）

13. 设三阶方阵 $\boldsymbol{A}=(\boldsymbol{\alpha}_1,\boldsymbol{\alpha}_2,\boldsymbol{\alpha}_3)$ 有 3 个不同的特征值，且 $\boldsymbol{\alpha}_3=\boldsymbol{\alpha}_1+2\boldsymbol{\alpha}_2$.

（1）证明：$\mathrm{r}(\boldsymbol{A})=2$；

（2）如果 $\boldsymbol{\beta}=\boldsymbol{\alpha}_1+\boldsymbol{\alpha}_2+\boldsymbol{\alpha}_3$，求方程组 $\boldsymbol{Ax}=\boldsymbol{\beta}$ 的通解.

（2017 年数一、数二、数三）

14. 设二次型 $f(x_1,x_2,x_3)=2x_1^2-x_2^2+ax_3^2+2x_1x_2-8x_1x_3+2x_2x_3$ 在正交变换 $\boldsymbol{x}=\boldsymbol{Qy}$ 下的标准形为 $\lambda_1y_1^2+\lambda_2y_2^2$，求 a 的值及一个正交矩阵 $\boldsymbol{Q}$.

（2017 年数一、数二、数三）

15. 设二次型 $f(x_1,x_2,x_3)=(x_1-x_2+x_3)^2+(x_2+x_3)^2+(x_1+ax_3)^2$，其中 a 是参数，求：

（1）$f(x_1,x_2,x_3)=0$ 的解；

（2）$f(x_1,x_2,x_3)$ 的规范形.

（2018 年数一、数二、数三）

16. 已知 a 是常数，且矩阵 $\boldsymbol{A}=\begin{pmatrix}1&2&a\\1&3&0\\2&7&-a\end{pmatrix}$ 可经过初等列变换化为矩阵 $\boldsymbol{B}=\begin{pmatrix}1&a&2\\0&1&1\\-1&1&1\end{pmatrix}$，求：

(1) a 的值；

(2) 满足 $\boldsymbol{AP}=\boldsymbol{B}$ 的可逆矩阵 $\boldsymbol{P}$.

(2018 年数一、数二、数三)

17. 设向量组 $\boldsymbol{\alpha}_1=(1,2,1)^{\mathrm{T}}$，$\boldsymbol{\alpha}_2=(1,3,2)^{\mathrm{T}}$，$\boldsymbol{\alpha}_3=(1,a,3)^{\mathrm{T}}$ 为 $\mathbf{R}^3$ 的一个基，$\boldsymbol{\beta}=(1,1,1)^{\mathrm{T}}$ 在这个基下的坐标为 $(b,c,1)^{\mathrm{T}}$.

(1) 求 a,b,c 的值；

(2) 证明：$\boldsymbol{\alpha}_2,\boldsymbol{\alpha}_3,\boldsymbol{\beta}$ 为 $\mathbf{R}^3$ 的一个基，并求从基 $\boldsymbol{\alpha}_2,\boldsymbol{\alpha}_3,\boldsymbol{\beta}$ 到基 $\boldsymbol{\alpha}_1,\boldsymbol{\alpha}_2,\boldsymbol{\alpha}_3$ 的过渡矩阵.

(2019 年数一)

18. 已知矩阵 $\boldsymbol{A}=\begin{pmatrix}-2&-2&1\\2&x&-2\\0&0&-2\end{pmatrix}$ 与 $\boldsymbol{B}=\begin{pmatrix}2&1&0\\0&-1&0\\0&0&y\end{pmatrix}$ 相似，求：

(1) x,y 的值；

(2) 可逆矩阵 $\boldsymbol{P}$，使得 $\boldsymbol{P}^{-1}\boldsymbol{AP}=\boldsymbol{B}$.

(2019 年数一、数二、数三)

19. 已知向量组

$$(\mathrm{I}):\boldsymbol{\alpha}_1=\begin{pmatrix}1\\1\\4\end{pmatrix},\quad \boldsymbol{\alpha}_2=\begin{pmatrix}1\\0\\4\end{pmatrix},\quad \boldsymbol{\alpha}_3=\begin{pmatrix}1\\2\\a^2+3\end{pmatrix},$$

$$(\mathrm{II}):\boldsymbol{\beta}_1=\begin{pmatrix}1\\1\\a+3\end{pmatrix},\quad \boldsymbol{\beta}_2=\begin{pmatrix}0\\2\\1-a\end{pmatrix},\quad \boldsymbol{\beta}_3=\begin{pmatrix}1\\3\\a^2+3\end{pmatrix}.$$

若向量组(Ⅰ)和向量组(Ⅱ)等价，求常数 a 的值，并将 $\boldsymbol{\beta}_3$ 用 $\boldsymbol{\alpha}_1,\boldsymbol{\alpha}_2,\boldsymbol{\alpha}_3$ 线性表示.

(2019 年数二、数三)

20. 设二次型 $f(x_1,x_2)=x_1^2-4x_1x_2+4x_2^2$ 经正交变换 $\begin{pmatrix}x_1\\x_2\end{pmatrix}=\boldsymbol{Q}\begin{pmatrix}y_1\\y_2\end{pmatrix}$ 化为二次型 $g(y_1,y_2)=ay_1^2+4y_1y_2+by_2^2$，其中 $a\geqslant b$，求：

(1) a,b 的值；

(2) 正交变换矩阵 $\boldsymbol{Q}$.

(2020 年数一、数三)

21. 设 $\boldsymbol{A}$ 为二阶方阵，$\boldsymbol{P}=(\boldsymbol{\alpha},\boldsymbol{A\alpha})$，其中 $\boldsymbol{\alpha}$ 是非零向量且不是 $\boldsymbol{A}$ 的特征向量.

(1) 证明：$\boldsymbol{P}$ 为可逆矩阵；

(2) 若 $\boldsymbol{A}^2\boldsymbol{\alpha}+\boldsymbol{A\alpha}-6\boldsymbol{\alpha}=\boldsymbol{0}$，求 $\boldsymbol{P}^{-1}\boldsymbol{AP}$，并判断 $\boldsymbol{A}$ 是否相似于对角矩阵.

(2020 年数一、数二、数三)

22. 设二次型 $f(x_1,x_2,x_3)=x_1^2+x_2^2+x_3^2+2ax_1x_2+2ax_1x_3+2ax_2x_3$ 经可逆线性变换 $\begin{pmatrix}x_1\\x_2\\x_3\end{pmatrix}=\boldsymbol{P}\begin{pmatrix}y_1\\y_2\\y_3\end{pmatrix}$ 化为二次型 $g(y_1,y_2,y_3)=y_1^2+y_2^2+4y_3^2+2y_1y_2$，求：

(1) a 的值；

(2) 可逆矩阵 $\boldsymbol{P}$.

(2020 年数二)

23. 已知方阵 $\boldsymbol{A}=\begin{pmatrix}a&1&-1\\1&a&-1\\-1&-1&a\end{pmatrix}$，求：

(1) 正交矩阵 $\boldsymbol{P}$，使得 $\boldsymbol{P}^{\mathrm{T}}\boldsymbol{AP}$ 为对角矩阵；

(2) 正定矩阵 $\boldsymbol{C}$，使得 $\boldsymbol{C}^2=(a+3)\boldsymbol{E}-\boldsymbol{A}$.

(2021 年数一)

24. 设矩阵 $\boldsymbol{A}=\begin{pmatrix}2&1&0\\1&2&0\\1&a&b\end{pmatrix}$ 仅有两个不同的特征值，若 $\boldsymbol{A}$ 相似于对角矩阵，求 a,b 的值，并求可逆矩阵 $\boldsymbol{P}$，使得 $\boldsymbol{P}^{-1}\boldsymbol{AP}$ 为对角矩阵.

(2021 年数二、数三)

2012—2021 年硕士研究生入学考试《高等数学》（数一、数二、数三）试题线性代数部分参考答案与提示

一、选择题

1. C.	2. B.	3. B.	4. B.	5. B.	6. A.	7. D.	8. A.
9. C.	10. B.	11. C.	12. A.	13. B.	14. B.	15. A.	16. A.
17. C.	18. A.	19. A.	20. B.	21. C.	22. C.	23. D.	24. B.
25. A.	26. C.	27. D.	28. C.	29. D.			

二、填空题

1. 2.	2. -27.	3. -1.	4. $-2 \leqslant a \leqslant 2$.
5. $2^{n+1}-2$.	6. 21.	7. $\lambda^4+\lambda^3+2\lambda^2+3\lambda+4$.	
8. 2.	9. 2.	10. -1.	11. -1.
12. 2.	13. $k(1,-2,1)^{\mathrm{T}}$，k 为任意常数.		14. -4.
15. 1.	16. a^4-4a^2.	17. $\frac{3}{2}$.	18. -5.

三、计算与证明题

1.（1）$|\boldsymbol{A}| = \begin{vmatrix} 1 & a & 0 & 0 \\ 0 & 1 & a & 0 \\ 0 & 0 & 1 & a \\ a & 0 & 0 & 1 \end{vmatrix} = \begin{vmatrix} 1 & a & 0 \\ 0 & 1 & a \\ 0 & 0 & 1 \end{vmatrix} - a\begin{vmatrix} 0 & a & 0 \\ 0 & 1 & a \\ a & 0 & 1 \end{vmatrix} = 1-a^4.$

（2）$a=-1$ 时，方程组 $\boldsymbol{Ax}=\boldsymbol{b}$ 有无穷多组解，其通解为

$$\boldsymbol{x} = \begin{pmatrix} 0 \\ -1 \\ 0 \\ 0 \end{pmatrix} + k\begin{pmatrix} 1 \\ 1 \\ 1 \\ 1 \end{pmatrix},\quad k \text{ 为任意常数}.$$

2.（1）因为 $\mathrm{r}(\boldsymbol{A}^{\mathrm{T}}\boldsymbol{A}) = \mathrm{r}(\boldsymbol{A}) = 2$，所以对 $\boldsymbol{A}$ 施行初等行变换有

$$\boldsymbol{A} = \begin{pmatrix} 1 & 0 & 1 \\ 0 & 1 & 1 \\ -1 & 0 & a \end{pmatrix} \xrightarrow{\text{初等行变换}} \begin{pmatrix} 1 & 0 & 1 \\ 0 & 1 & 1 \\ 0 & 0 & a+1 \end{pmatrix},$$

得 $a=-1$.

(2) $\boldsymbol{Q}=\begin{pmatrix} \frac{\sqrt{2}}{2} & \frac{\sqrt{6}}{6} & \frac{\sqrt{3}}{3} \\ -\frac{\sqrt{2}}{2} & \frac{\sqrt{6}}{6} & \frac{\sqrt{3}}{3} \\ 0 & \frac{\sqrt{6}}{3} & -\frac{\sqrt{3}}{3} \end{pmatrix}$.

3. 当 $a=-1,b=0$ 时，存在满足条件的矩阵 $\boldsymbol{C}$，且 $\boldsymbol{C}=\begin{pmatrix} 1+k_1+k_2 & -k_1 \\ k_1 & k_2 \end{pmatrix}$，其中 k_1,k_2 为任意常数.

4. (1) 记列向量 $\boldsymbol{x}=\begin{pmatrix} x_1 \\ x_2 \\ x_3 \end{pmatrix}$，则

$$a_1x_1+a_2x_2+a_3x_3=(x_1,x_2,x_3)\begin{pmatrix} a_1 \\ a_2 \\ a_3 \end{pmatrix}=(a_1,a_2,a_3)\begin{pmatrix} x_1 \\ x_2 \\ x_3 \end{pmatrix}.$$

类似地，$b_1x_1+b_2x_2+b_3x_3$ 也有对应的表达式，因此

$$\begin{aligned} f(x_1,x_2,x_3) &= 2(a_1x_1+a_2x_2+a_3x_3)^2+(b_1x_1+b_2x_2+b_3x_3)^2 \\ &= 2(x_1,x_2,x_3)\begin{pmatrix} a_1 \\ a_2 \\ a_3 \end{pmatrix}(a_1,a_2,a_3)\begin{pmatrix} x_1 \\ x_2 \\ x_3 \end{pmatrix}+(x_1,x_2,x_3)\begin{pmatrix} b_1 \\ b_2 \\ b_3 \end{pmatrix}(b_1,b_2,b_3)\begin{pmatrix} x_1 \\ x_2 \\ x_3 \end{pmatrix} \\ &= 2\boldsymbol{x}^{\mathrm{T}}\boldsymbol{\alpha}\boldsymbol{\alpha}^{\mathrm{T}}\boldsymbol{x}+\boldsymbol{x}^{\mathrm{T}}\boldsymbol{\beta}\boldsymbol{\beta}^{\mathrm{T}}\boldsymbol{x}=\boldsymbol{x}^{\mathrm{T}}(2\boldsymbol{\alpha}\boldsymbol{\alpha}^{\mathrm{T}}+\boldsymbol{\beta}\boldsymbol{\beta}^{\mathrm{T}})\boldsymbol{x}. \end{aligned}$$

又 $(2\boldsymbol{\alpha}\boldsymbol{\alpha}^{\mathrm{T}}+\boldsymbol{\beta}\boldsymbol{\beta}^{\mathrm{T}})^{\mathrm{T}}=2\boldsymbol{\alpha}\boldsymbol{\alpha}^{\mathrm{T}}+\boldsymbol{\beta}\boldsymbol{\beta}^{\mathrm{T}}$，即 $2\boldsymbol{\alpha}\boldsymbol{\alpha}^{\mathrm{T}}+\boldsymbol{\beta}\boldsymbol{\beta}^{\mathrm{T}}$ 是对称矩阵，所以二次型 f 的矩阵为 $2\boldsymbol{\alpha}\boldsymbol{\alpha}^{\mathrm{T}}+\boldsymbol{\beta}\boldsymbol{\beta}^{\mathrm{T}}$.

(2) 记矩阵 $\boldsymbol{A}=2\boldsymbol{\alpha}\boldsymbol{\alpha}^{\mathrm{T}}+\boldsymbol{\beta}\boldsymbol{\beta}^{\mathrm{T}}$. 由于 $\boldsymbol{\alpha},\boldsymbol{\beta}$ 是相互正交的单位向量，即

$$\boldsymbol{\alpha}^{\mathrm{T}}\boldsymbol{\alpha}=\boldsymbol{\beta}^{\mathrm{T}}\boldsymbol{\beta}=1,\quad \boldsymbol{\alpha}^{\mathrm{T}}\boldsymbol{\beta}=0,$$

因此

$$\boldsymbol{A}\boldsymbol{\alpha}=(2\boldsymbol{\alpha}\boldsymbol{\alpha}^{\mathrm{T}}+\boldsymbol{\beta}\boldsymbol{\beta}^{\mathrm{T}})\boldsymbol{\alpha}=2\boldsymbol{\alpha},\quad \boldsymbol{A}\boldsymbol{\beta}=(2\boldsymbol{\alpha}\boldsymbol{\alpha}^{\mathrm{T}}+\boldsymbol{\beta}\boldsymbol{\beta}^{\mathrm{T}})\boldsymbol{\beta}=\boldsymbol{\beta},$$

则 $\lambda_1=2,\lambda_2=1$ 是矩阵 $\boldsymbol{A}$ 的特征值.

又 $\boldsymbol{A}$ 的秩 $\mathrm{r}(\boldsymbol{A})=\mathrm{r}(2\boldsymbol{\alpha}\boldsymbol{\alpha}^{\mathrm{T}}+\boldsymbol{\beta}\boldsymbol{\beta}^{\mathrm{T}})\leqslant \mathrm{r}(2\boldsymbol{\alpha}\boldsymbol{\alpha}^{\mathrm{T}})+\mathrm{r}(\boldsymbol{\beta}\boldsymbol{\beta}^{\mathrm{T}})\leqslant 2$，即 $\boldsymbol{A}$ 不是满秩矩阵，所以 $\lambda_3=0$ 也是矩阵 $\boldsymbol{A}$ 的特征值，故二次型 f 在正交变换下的标准形为

$$f=2y_1^2+y_2^2.$$

5. (1) 方程组 $\boldsymbol{A}\boldsymbol{x}=\boldsymbol{0}$ 的一个基础解系为 $\boldsymbol{\alpha}=\begin{pmatrix} -1 \\ 2 \\ 3 \\ 1 \end{pmatrix}$.

(2) $\boldsymbol{B}=\begin{pmatrix} 2 & 6 & -1 \\ -1 & -3 & 1 \\ -1 & -4 & 1 \\ 0 & 0 & 0 \end{pmatrix}+\boldsymbol{\alpha}(k_1,k_2,k_3)$，其中 k_1,k_2,k_3 为任意常数.

6. 设矩阵 $\boldsymbol{A}=\begin{pmatrix}1&1&\cdots&1\\1&1&\cdots&1\\\vdots&\vdots&&\vdots\\1&1&\cdots&1\end{pmatrix}$, $\boldsymbol{B}=\begin{pmatrix}0&\cdots&0&1\\0&\cdots&0&2\\\vdots&&\vdots&\vdots\\0&\cdots&0&n\end{pmatrix}$. 因为

$$|\lambda\boldsymbol{E}-\boldsymbol{A}|=\begin{vmatrix}\lambda-1&-1&\cdots&-1\\-1&\lambda-1&\cdots&-1\\\vdots&\vdots&&\vdots\\-1&-1&\cdots&\lambda-1\end{vmatrix}=(\lambda-n)\lambda^{n-1},$$

$$|\lambda\boldsymbol{E}-\boldsymbol{B}|=\begin{vmatrix}\lambda&0&\cdots&-1\\0&\lambda&\cdots&-2\\\vdots&\vdots&&\vdots\\0&0&\cdots&\lambda-n\end{vmatrix}=(\lambda-n)\lambda^{n-1},$$

所以 $\boldsymbol{A}$ 与 $\boldsymbol{B}$ 有相同的特征值 $\lambda_1=n,\lambda_2=0(n-1$ 重).

由于 $\boldsymbol{A}$ 为实对称矩阵,因此 $\boldsymbol{A}$ 相似于对角矩阵 $\boldsymbol{\Lambda}=\begin{pmatrix}n&&&\\&0&&\\&&\ddots&\\&&&0\end{pmatrix}$.

因为 $\mathrm{r}(\lambda_2\boldsymbol{E}-\boldsymbol{B})=\mathrm{r}(\boldsymbol{B})=1$,所以 $\boldsymbol{B}$ 对应于特征值 $\lambda_2=0$ 有 $n-1$ 个线性无关的特征向量,于是 $\boldsymbol{B}$ 也相似于 $\boldsymbol{\Lambda}$,故 $\boldsymbol{A}$ 与 $\boldsymbol{B}$ 相似.

7. (1) 由于

$$(\boldsymbol{\beta}_1,\boldsymbol{\beta}_2,\boldsymbol{\beta}_3)=(2\boldsymbol{\alpha}_1+2k\boldsymbol{\alpha}_3,2\boldsymbol{\alpha}_2,\boldsymbol{\alpha}_1+(k+1)\boldsymbol{\alpha}_3)=(\boldsymbol{\alpha}_1,\boldsymbol{\alpha}_2,\boldsymbol{\alpha}_3)\boldsymbol{P},$$

其中 $\boldsymbol{P}=\begin{pmatrix}2&0&1\\0&2&0\\2k&0&k+1\end{pmatrix}$,且 $|\boldsymbol{P}|=4\neq0$,因此 $\boldsymbol{\beta}_1,\boldsymbol{\beta}_2,\boldsymbol{\beta}_3$ 是 $\mathbf{R}^3$ 的一个基.

(2) 设 $\boldsymbol{\xi}$ 在基 $\boldsymbol{\alpha}_1,\boldsymbol{\alpha}_2,\boldsymbol{\alpha}_3$ 与基 $\boldsymbol{\beta}_1,\boldsymbol{\beta}_2,\boldsymbol{\beta}_3$ 下的坐标均为 $\boldsymbol{x}$,则

$$\boldsymbol{\xi}=(\boldsymbol{\alpha}_1,\boldsymbol{\alpha}_2,\boldsymbol{\alpha}_3)\boldsymbol{x}=(\boldsymbol{\beta}_1,\boldsymbol{\beta}_2,\boldsymbol{\beta}_3)\boldsymbol{x}=(\boldsymbol{\alpha}_1,\boldsymbol{\alpha}_2,\boldsymbol{\alpha}_3)\boldsymbol{P}\boldsymbol{x},$$

即 $(\boldsymbol{P}-\boldsymbol{E})\boldsymbol{x}=\boldsymbol{0}$.

对 $\boldsymbol{P}-\boldsymbol{E}$ 施行初等行变换有

$$\boldsymbol{P}-\boldsymbol{E}=\begin{pmatrix}1&0&1\\0&1&0\\2k&0&k\end{pmatrix}\xrightarrow{\text{初等行变换}}\begin{pmatrix}1&0&1\\0&1&0\\0&0&-k\end{pmatrix}.$$

当 $k=0$ 时,方程组 $(\boldsymbol{P}-\boldsymbol{E})\boldsymbol{x}=\boldsymbol{0}$ 有非零解,且所有非零解为

$$\boldsymbol{x}=c\begin{pmatrix}1\\0\\-1\end{pmatrix},\quad c\text{ 为任意非零常数}.$$

故在两个基下坐标相同的所有非零向量为

$$\boldsymbol{\xi}=(\boldsymbol{\alpha}_1,\boldsymbol{\alpha}_2,\boldsymbol{\alpha}_3)\begin{pmatrix}c\\0\\-c\end{pmatrix}=c(\boldsymbol{\alpha}_1-\boldsymbol{\alpha}_3).$$

8.(1) 由于矩阵 $\boldsymbol{A}$ 与 $\boldsymbol{B}$ 相似，因此 $\mathrm{tr}(\boldsymbol{A}) = \mathrm{tr}(\boldsymbol{B})$，$|\boldsymbol{A}| = |\boldsymbol{B}|$. 于是，有 $3 + a = 2 + b$，$2a - 3 = b$，解得 $a = 4$，$b = 5$.

(2) 可逆矩阵为 $\boldsymbol{P} = \begin{pmatrix} 2 & -3 & -1 \\ 1 & 0 & -1 \\ 0 & 1 & 1 \end{pmatrix}$，且 $\boldsymbol{P}^{-1}\boldsymbol{AP} = \begin{pmatrix} 1 & 0 & 0 \\ 0 & 1 & 0 \\ 0 & 0 & 5 \end{pmatrix}$.

9.(1) 由 $\boldsymbol{A}^3 = \boldsymbol{O}$，得 $|\boldsymbol{A}| = \begin{vmatrix} a & 1 & 0 \\ 1 & a & -1 \\ 0 & 1 & a \end{vmatrix} = a^3 = 0$，于是 $a = 0$.

(2) 由于 $\boldsymbol{X} - \boldsymbol{XA}^2 - \boldsymbol{AX} + \boldsymbol{AXA}^2 = \boldsymbol{E}$，因此

$$(\boldsymbol{E} - \boldsymbol{A})\boldsymbol{X}(\boldsymbol{E} - \boldsymbol{A}^2) = \boldsymbol{E}.$$

由(1) 知

$$\boldsymbol{E} - \boldsymbol{A} = \begin{pmatrix} 1 & -1 & 0 \\ -1 & 1 & 1 \\ 0 & -1 & 1 \end{pmatrix}, \quad \boldsymbol{E} - \boldsymbol{A}^2 = \begin{pmatrix} 0 & 0 & 1 \\ 0 & 1 & 0 \\ -1 & 0 & 2 \end{pmatrix},$$

则 $\boldsymbol{E} - \boldsymbol{A}$ 与 $\boldsymbol{E} - \boldsymbol{A}^2$ 均可逆，且

$$\boldsymbol{X} = (\boldsymbol{E} - \boldsymbol{A})^{-1}(\boldsymbol{E} - \boldsymbol{A}^2)^{-1} = \begin{pmatrix} 3 & 1 & -2 \\ 1 & 1 & -1 \\ 2 & 1 & -1 \end{pmatrix}.$$

10. $a = -2$ 时，无解.

$a = 1$ 时，有无穷多组解 $\boldsymbol{X} = \begin{pmatrix} 1 & 1 \\ -k_1 - 1 & -k_2 - 1 \\ k_1 & k_2 \end{pmatrix}$.

$a \neq -2$ 且 $a \neq 1$ 时，有唯一解 $\boldsymbol{X} = \begin{pmatrix} 1 & \dfrac{3a}{a+2} \\ 0 & \dfrac{a-4}{a+2} \\ -1 & 0 \end{pmatrix}$.

11.(1) $\boldsymbol{A}^{99} = \begin{pmatrix} -2 + 2^{99} & 1 - 2^{99} & 2 - 2^{98} \\ -2 + 2^{100} & 1 - 2^{100} & 2 - 2^{99} \\ 0 & 0 & 0 \end{pmatrix}$.

(2) $\boldsymbol{\beta}_1 = (-2 + 2^{99})\boldsymbol{\alpha}_1 + (-2 + 2^{100})\boldsymbol{\alpha}_2$，

$\boldsymbol{\beta}_2 = (1 - 2^{99})\boldsymbol{\alpha}_1 + (1 - 2^{100})\boldsymbol{\alpha}_2$，

$\boldsymbol{\beta}_3 = (2 - 2^{98})\boldsymbol{\alpha}_1 + (2 - 2^{99})\boldsymbol{\alpha}_2$.

12.(1) $a = 0$.

(2) 通解为 $\boldsymbol{x} = k(0, -1, 1)^{\mathrm{T}} + (1, -2, 0)^{\mathrm{T}}$，其中 k 为任意常数.

13.(1) 因为方阵有 3 个不同的特征值，所以 $\boldsymbol{A}$ 是非零矩阵，即 $\mathrm{r}(\boldsymbol{A}) \geqslant 1$. 假设 $\mathrm{r}(\boldsymbol{A}) = 1$，则 $r = 0$ 是矩阵的二重特征值，与条件不符合，因此 $\mathrm{r}(\boldsymbol{A}) \geqslant 2$. 又因为 $\boldsymbol{\alpha}_3 - \boldsymbol{\alpha}_1 - 2\boldsymbol{\alpha}_2 = \boldsymbol{0}$，即 $\boldsymbol{\alpha}_1, \boldsymbol{\alpha}_2, \boldsymbol{\alpha}_3$ 线性相关，$\mathrm{r}(\boldsymbol{A}) < 3$，因此 $\mathrm{r}(\boldsymbol{A}) = 2$.

(2) 因为 $\mathrm{r}(\boldsymbol{A}) = 2$，所以 $\boldsymbol{Ax} = \boldsymbol{0}$ 的基础解系中只有一个线性无关的解向量. 由于 $\boldsymbol{\alpha}_3 - \boldsymbol{\alpha}_1 -$

$2\boldsymbol{\alpha}_2 = \mathbf{0}$,因此基础解系为 $\boldsymbol{x} = \begin{pmatrix} 1 \\ 2 \\ -1 \end{pmatrix}$. 又由 $\boldsymbol{\beta} = \boldsymbol{\alpha}_1 + \boldsymbol{\alpha}_2 + \boldsymbol{\alpha}_3$,得方程组 $\boldsymbol{Ax} = \boldsymbol{\beta}$ 的特解可取为 $\begin{pmatrix} 1 \\ 1 \\ 1 \end{pmatrix}$,故方程组 $\boldsymbol{Ax} = \boldsymbol{\beta}$ 的通解为 $\boldsymbol{x} = k\begin{pmatrix} 1 \\ 2 \\ -1 \end{pmatrix} + \begin{pmatrix} 1 \\ 1 \\ 1 \end{pmatrix}$,其中 k 为任意常数.

14. 二次型 f 的矩阵为 $\boldsymbol{A} = \begin{pmatrix} 2 & 1 & -4 \\ 1 & -1 & 1 \\ -4 & 1 & a \end{pmatrix}$.

因为二次型在正交变换下的标准形为 $\lambda_1 y_1^2 + \lambda_2 y_2^2$,也就说明矩阵 $\boldsymbol{A}$ 有零特征值,所以 $|\boldsymbol{A}| = 0$,故 $a = 2$. 矩阵 $\boldsymbol{A}$ 的特征多项式为

$$|\lambda\boldsymbol{E} - \boldsymbol{A}| = \begin{vmatrix} \lambda-2 & -1 & 4 \\ -1 & \lambda+1 & -1 \\ 4 & -1 & \lambda-2 \end{vmatrix} = \lambda(\lambda+3)(\lambda-6),$$

令 $|\lambda\boldsymbol{E} - \boldsymbol{A}| = 0$,得 $\boldsymbol{A}$ 的特征值为 $\lambda_1 = -3, \lambda_2 = 6, \lambda_3 = 0$.

通过分别解方程组 $(\lambda_i\boldsymbol{E} - \boldsymbol{A})\boldsymbol{x} = \mathbf{0}(i = 1,2,3)$ 得 $\boldsymbol{A}$ 的对应于特征值 $\lambda_1 = -3$ 的特征向量 $\boldsymbol{\xi}_1 = \frac{1}{\sqrt{3}}\begin{pmatrix} 1 \\ -1 \\ 1 \end{pmatrix}$,对应于特征值 $\lambda_2 = 6$ 的特征向量 $\boldsymbol{\xi}_2 = \frac{1}{\sqrt{2}}\begin{pmatrix} -1 \\ 0 \\ 1 \end{pmatrix}$,对应于特征值 $\lambda_3 = 0$ 的特征向量 $\boldsymbol{\xi}_3 = \frac{1}{\sqrt{6}}\begin{pmatrix} 1 \\ 2 \\ 1 \end{pmatrix}$,所以

$$\boldsymbol{Q} = (\boldsymbol{\xi}_1, \boldsymbol{\xi}_2, \boldsymbol{\xi}_3) = \begin{pmatrix} \frac{\sqrt{3}}{3} & -\frac{\sqrt{2}}{2} & \frac{\sqrt{6}}{6} \\ -\frac{\sqrt{3}}{3} & 0 & \frac{\sqrt{6}}{3} \\ \frac{\sqrt{3}}{3} & \frac{\sqrt{2}}{2} & \frac{\sqrt{6}}{6} \end{pmatrix}$$

为所求的正交矩阵.

15. (1) 由 $f(x_1, x_2, x_3) = 0$ 得

$$\begin{cases} x_1 - x_2 + x_3 = 0, \\ x_2 + x_3 = 0, \\ x_1 + ax_3 = 0, \end{cases}$$

系数矩阵

$$\boldsymbol{A} = \begin{pmatrix} 1 & -1 & 1 \\ 0 & 1 & 1 \\ 1 & 0 & a \end{pmatrix} \xrightarrow{\text{初等行变换}} \begin{pmatrix} 1 & 0 & 2 \\ 0 & 1 & 1 \\ 0 & 0 & a-2 \end{pmatrix}.$$

于是,当 $a \neq 2$ 时,$\mathrm{r}(\boldsymbol{A}) = 3$,方程组有唯一解 $x_1 = x_2 = x_3 = 0$;当 $a = 2$ 时,$\mathrm{r}(\boldsymbol{A}) = 2$,

方程组有无穷多组解 $\boldsymbol{x}=k\begin{pmatrix}-2\\-1\\1\end{pmatrix}$，其中 k 为任意常数.

(2) 当 $a\neq 2$ 时，令 $\begin{cases}y_1=x_1-x_2+x_3,\\ y_2=x_2+x_3,\\ y_3=x_1+ax_3,\end{cases}$ 这是一个可逆线性变换，因此其规范形为 $y_1^2+y_2^2+y_3^2$；

当 $a=2$ 时，因为

$$\begin{aligned}f(x_1,x_2,x_3)&=(x_1-x_2+x_3)^2+(x_2+x_3)^2+(x_1+2x_3)^2\\&=2x_1^2+2x_2^2+6x_3^2-2x_1x_2+6x_1x_3\\&=2\left(x_1-\frac{x_2+3x_3}{2}\right)^2+\frac{3\,(x_2-x_3)^2}{2},\end{aligned}$$

所以其规范形为 $z_1^2+z_2^2$.

16. (1) 因 $\boldsymbol{A}$ 与 $\boldsymbol{B}$ 等价，故 $\mathrm{r}(\boldsymbol{A})=\mathrm{r}(\boldsymbol{B})$. 又

$$|\boldsymbol{A}|=\begin{vmatrix}1&2&a\\1&3&0\\2&7&-a\end{vmatrix}\xlongequal{r_3+r_1}\begin{vmatrix}1&2&a\\1&3&0\\3&9&0\end{vmatrix}=0,$$

$$|\boldsymbol{B}|=\begin{vmatrix}1&a&2\\0&1&1\\-1&1&1\end{vmatrix}\xlongequal{r_3+r_1}\begin{vmatrix}1&a&2\\0&1&1\\0&a+1&3\end{vmatrix}=2-a=0,$$

得 $a=2$.

(2) 原问题等价于解矩阵方程 $\boldsymbol{A}\boldsymbol{x}=\boldsymbol{B}$，由

$$(\boldsymbol{A}\vdots\boldsymbol{B})=\left(\begin{array}{ccc:ccc}1&2&2&1&2&2\\1&3&0&0&1&1\\2&7&-2&-1&1&1\end{array}\right)\xrightarrow{\text{初等行变换}}\left(\begin{array}{ccc:ccc}1&0&6&3&4&4\\0&1&-2&-1&-1&-1\\0&0&0&0&0&0\end{array}\right),$$

得

$$\boldsymbol{P}=\begin{pmatrix}-6k_1+3&-6k_2+4&-6k_3+4\\2k_1-1&2k_2-1&2k_3-1\\k_1&k_2&k_3\end{pmatrix},\text{其中 } k_1,k_2,k_3 \text{ 为任意常数},$$

又矩阵 $\boldsymbol{P}$ 可逆，所以 $|\boldsymbol{P}|\neq 0$，即 $k_2\neq k_3$.

17. (1) 设 $b\boldsymbol{\alpha}_1+c\boldsymbol{\alpha}_2+\boldsymbol{\alpha}_3=\boldsymbol{\beta}$，即

$$b\begin{pmatrix}1\\2\\1\end{pmatrix}+c\begin{pmatrix}1\\3\\2\end{pmatrix}+\begin{pmatrix}1\\a\\3\end{pmatrix}=\begin{pmatrix}1\\1\\1\end{pmatrix},$$

解得 $a=3,b=2,c=-2$.

(2) 对矩阵 $(\boldsymbol{\alpha}_2,\boldsymbol{\alpha}_3,\boldsymbol{\beta})$ 施行初等行变换有

$$(\boldsymbol{\alpha}_2,\boldsymbol{\alpha}_3,\boldsymbol{\beta})=\begin{pmatrix}1&1&1\\3&3&1\\2&3&1\end{pmatrix}\xrightarrow{\text{初等行变换}}\begin{pmatrix}1&1&1\\0&1&-1\\0&0&1\end{pmatrix},$$

所以 $\mathrm{r}(\boldsymbol{\alpha}_2,\boldsymbol{\alpha}_3,\boldsymbol{\beta})=3$，则 $\boldsymbol{\alpha}_2,\boldsymbol{\alpha}_3,\boldsymbol{\beta}$ 为 $\mathbf{R}^3$ 的一个基.

由$(\boldsymbol{\alpha}_1,\boldsymbol{\alpha}_2,\boldsymbol{\alpha}_3)=(\boldsymbol{\alpha}_2,\boldsymbol{\alpha}_3,\boldsymbol{\beta})\boldsymbol{P}$,则过渡矩阵

$$\boldsymbol{P}=(\boldsymbol{\alpha}_2,\boldsymbol{\alpha}_3,\boldsymbol{\beta})^{-1}(\boldsymbol{\alpha}_1,\boldsymbol{\alpha}_2,\boldsymbol{\alpha}_3)=\begin{pmatrix}1&1&0\\-\frac{1}{2}&0&1\\\frac{1}{2}&0&0\end{pmatrix}.$$

18.(1) 因为矩阵 $\boldsymbol{A}$ 与 $\boldsymbol{B}$ 相似,所以 $\operatorname{tr}(\boldsymbol{A})=\operatorname{tr}(\boldsymbol{B})$,且$|\boldsymbol{A}|=|\boldsymbol{B}|$. 于是有

$$\begin{cases}x-4=y+1,\\4x-8=-2y,\end{cases}$$

解得$\begin{cases}x=3,\\y=-2.\end{cases}$

(2) $\boldsymbol{A}$ 的特征值与对应的特征向量分别为

$$\lambda_1=2,\quad \boldsymbol{\alpha}_1=\begin{pmatrix}-1\\2\\0\end{pmatrix};\quad \lambda_2=-1,\quad \boldsymbol{\alpha}_2=\begin{pmatrix}-2\\1\\0\end{pmatrix};\quad \lambda_3=-2,\quad \boldsymbol{\alpha}_3=\begin{pmatrix}-1\\2\\4\end{pmatrix},$$

所以存在可逆矩阵 $\boldsymbol{P}_1=(\boldsymbol{\alpha}_1,\boldsymbol{\alpha}_2,\boldsymbol{\alpha}_3)$,使得 $\boldsymbol{P}_1^{-1}\boldsymbol{A}\boldsymbol{P}_1=\boldsymbol{\Lambda}=\begin{pmatrix}2&&\\&-1&\\&&-2\end{pmatrix}$.

同理可得,$\boldsymbol{B}$ 的特征值与对应的特征向量分别为

$$\lambda_1=2,\quad \boldsymbol{\xi}_1=\begin{pmatrix}1\\0\\0\end{pmatrix};\quad \lambda_2=-1,\quad \boldsymbol{\xi}_2=\begin{pmatrix}-1\\3\\0\end{pmatrix};\quad \lambda_3=-2,\quad \boldsymbol{\xi}_3=\begin{pmatrix}0\\0\\1\end{pmatrix},$$

所以存在可逆矩阵 $\boldsymbol{P}_2=(\boldsymbol{\xi}_1,\boldsymbol{\xi}_2,\boldsymbol{\xi}_3)$,使得 $\boldsymbol{P}_2^{-1}\boldsymbol{B}\boldsymbol{P}_2=\boldsymbol{\Lambda}=\begin{pmatrix}2&&\\&-1&\\&&-2\end{pmatrix}$.

由 $\boldsymbol{P}_2^{-1}\boldsymbol{B}\boldsymbol{P}_2=\boldsymbol{\Lambda}=\boldsymbol{P}_1^{-1}\boldsymbol{A}\boldsymbol{P}_1$,则

$$\boldsymbol{B}=\boldsymbol{P}_2\boldsymbol{P}_1^{-1}\boldsymbol{A}\boldsymbol{P}_1\boldsymbol{P}_2^{-1}=\boldsymbol{P}^{-1}\boldsymbol{A}\boldsymbol{P},$$

其中 $\boldsymbol{P}=\boldsymbol{P}_1\boldsymbol{P}_2^{-1}=\begin{pmatrix}-1&-1&-1\\2&1&2\\0&0&4\end{pmatrix}$.

19. 向量组(Ⅰ)和向量组(Ⅱ)等价的充要条件是

$$r(\boldsymbol{\alpha}_1,\boldsymbol{\alpha}_2,\boldsymbol{\alpha}_3)=r(\boldsymbol{\beta}_1,\boldsymbol{\beta}_2,\boldsymbol{\beta}_3)=r(\boldsymbol{\alpha}_1,\boldsymbol{\alpha}_2,\boldsymbol{\alpha}_3,\boldsymbol{\beta}_1,\boldsymbol{\beta}_2,\boldsymbol{\beta}_3),$$

对$(\boldsymbol{\alpha}_1,\boldsymbol{\alpha}_2,\boldsymbol{\alpha}_3,\boldsymbol{\beta}_1,\boldsymbol{\beta}_2,\boldsymbol{\beta}_3)$施行初等行变换有

$$(\boldsymbol{\alpha}_1,\boldsymbol{\alpha}_2,\boldsymbol{\alpha}_3,\boldsymbol{\beta}_1,\boldsymbol{\beta}_2,\boldsymbol{\beta}_3)=\begin{pmatrix}1&1&1&1&0&1\\1&0&2&1&2&3\\4&4&a^2+3&a+3&1-a&a^2+3\end{pmatrix}$$

$$\xrightarrow{\text{初等行变换}}\begin{pmatrix}1&1&1&1&0&1\\0&-1&1&0&2&2\\0&0&a^2-1&a-1&1-a&a^2-1\end{pmatrix}.$$

当 $a=1$ 时，显然 $\mathrm{r}(\boldsymbol{\alpha}_1,\boldsymbol{\alpha}_2,\boldsymbol{\alpha}_3)=\mathrm{r}(\boldsymbol{\beta}_1,\boldsymbol{\beta}_2,\boldsymbol{\beta}_3)=\mathrm{r}(\boldsymbol{\alpha}_1,\boldsymbol{\alpha}_2,\boldsymbol{\alpha}_3,\boldsymbol{\beta}_1,\boldsymbol{\beta}_2,\boldsymbol{\beta}_3)=2$，此时两个向量组等价. 对矩阵 $(\boldsymbol{\alpha}_1,\boldsymbol{\alpha}_2,\boldsymbol{\alpha}_3,\boldsymbol{\beta}_3)$ 施行初等行变换有

$$(\boldsymbol{\alpha}_1,\boldsymbol{\alpha}_2,\boldsymbol{\alpha}_3,\boldsymbol{\beta}_3)\xrightarrow{\text{初等行变换}}\begin{pmatrix}1&1&1&1\\0&-1&1&2\\0&0&0&0\end{pmatrix}\xrightarrow{\text{初等行变换}}\begin{pmatrix}1&0&2&3\\0&1&-1&-2\\0&0&0&0\end{pmatrix},$$

故方程组 $x_1\boldsymbol{\alpha}_1+x_2\boldsymbol{\alpha}_2+x_3\boldsymbol{\alpha}_3=\boldsymbol{\beta}$ 的通解为 $\boldsymbol{\beta}_3=(-2k+3)\boldsymbol{\alpha}_1+(k-2)\boldsymbol{\alpha}_2+k\boldsymbol{\alpha}_3$，其中 k 为任意常数.

当 $a\neq 1$ 时，继续对 $(\boldsymbol{\alpha}_1,\boldsymbol{\alpha}_2,\boldsymbol{\alpha}_3,\boldsymbol{\beta}_1,\boldsymbol{\beta}_2,\boldsymbol{\beta}_3)$ 施行初等行变换有

$$(\boldsymbol{\alpha}_1,\boldsymbol{\alpha}_2,\boldsymbol{\alpha}_3,\boldsymbol{\beta}_1,\boldsymbol{\beta}_2,\boldsymbol{\beta}_3)\xrightarrow{\text{初等行变换}}\begin{pmatrix}1&1&1&1&0&1\\0&-1&1&0&2&2\\0&0&a+1&1&-1&a+1\end{pmatrix}.$$

由此可得，当 $a\neq-1$ 且 $a\neq 1$ 时，$\mathrm{r}(\boldsymbol{\alpha}_1,\boldsymbol{\alpha}_2,\boldsymbol{\alpha}_3)=\mathrm{r}(\boldsymbol{\alpha}_1,\boldsymbol{\alpha}_2,\boldsymbol{\alpha}_3,\boldsymbol{\beta}_1,\boldsymbol{\beta}_2,\boldsymbol{\beta}_3)=3$. 再对 $(\boldsymbol{\beta}_1,\boldsymbol{\beta}_2,\boldsymbol{\beta}_3)$ 施行初等行变换有

$$(\boldsymbol{\beta}_1,\boldsymbol{\beta}_2,\boldsymbol{\beta}_3)\xrightarrow{\text{初等行变换}}\begin{pmatrix}1&0&1\\0&1&1\\0&0&a+1\end{pmatrix},$$

于是 $\mathrm{r}(\boldsymbol{\beta}_1,\boldsymbol{\beta}_2,\boldsymbol{\beta}_3)=3$，故

$$\mathrm{r}(\boldsymbol{\alpha}_1,\boldsymbol{\alpha}_2,\boldsymbol{\alpha}_3)=\mathrm{r}(\boldsymbol{\beta}_1,\boldsymbol{\beta}_2,\boldsymbol{\beta}_3)=\mathrm{r}(\boldsymbol{\alpha}_1,\boldsymbol{\alpha}_2,\boldsymbol{\alpha}_3,\boldsymbol{\beta}_1,\boldsymbol{\beta}_2,\boldsymbol{\beta}_3)=3,$$

此时向量组(Ⅰ)和向量组(Ⅱ)等价. $\boldsymbol{\beta}_3$ 可由 $\boldsymbol{\alpha}_1,\boldsymbol{\alpha}_2,\boldsymbol{\alpha}_3$ 线性表示，且表示法唯一，为

$$\boldsymbol{\beta}_3=\boldsymbol{\alpha}_1-\boldsymbol{\alpha}_2+\boldsymbol{\alpha}_3.$$

当 $a=-1$ 时，$\mathrm{r}(\boldsymbol{\alpha}_1,\boldsymbol{\alpha}_2,\boldsymbol{\alpha}_3)=\mathrm{r}(\boldsymbol{\beta}_1,\boldsymbol{\beta}_2,\boldsymbol{\beta}_3)=2$，但 $\mathrm{r}(\boldsymbol{\alpha}_1,\boldsymbol{\alpha}_2,\boldsymbol{\alpha}_3,\boldsymbol{\beta}_1,\boldsymbol{\beta}_2,\boldsymbol{\beta}_3)=3$，此时两向量组不等价.

20. (1) 设二次型 f 的矩阵为 $\boldsymbol{A}$，g 的矩阵为 $\boldsymbol{B}$，则 $\boldsymbol{A}=\begin{pmatrix}1&-2\\-2&4\end{pmatrix}$，$\boldsymbol{B}=\begin{pmatrix}a&2\\2&b\end{pmatrix}$. 由矩阵 $\boldsymbol{A}$ 与 $\boldsymbol{B}$ 相似，得 $\mathrm{tr}(\boldsymbol{A})=\mathrm{tr}(\boldsymbol{B})$，$|\boldsymbol{A}|=|\boldsymbol{B}|$，故有 $a+b=5$，$ab-4=0$，联立解得 $a=4$，$b=1$.

(2) 由 $|\lambda\boldsymbol{E}-\boldsymbol{A}|=\begin{vmatrix}\lambda-1&2\\2&\lambda-4\end{vmatrix}=\lambda(\lambda-5)$，得 $\boldsymbol{A}$ 的特征值为 0 与 5.

当特征值为 0 时，其对应的特征向量为 $\boldsymbol{\alpha}_1=(2,1)^{\mathrm{T}}$.

当特征值为 5 时，其对应的特征向量为 $\boldsymbol{\alpha}_2=(1,-2)^{\mathrm{T}}$.

令 $\boldsymbol{P}_1=\begin{pmatrix}\frac{2\sqrt5}{5}&\frac{\sqrt5}{5}\\\frac{\sqrt5}{5}&-\frac{2\sqrt5}{5}\end{pmatrix}$，则 $\boldsymbol{P}_1^{\mathrm{T}}\boldsymbol{A}\boldsymbol{P}_1=\begin{pmatrix}0&0\\0&5\end{pmatrix}$.

由 $|\lambda\boldsymbol{E}-\boldsymbol{B}|=\begin{vmatrix}\lambda-4&-2\\-2&\lambda-1\end{vmatrix}=\lambda(\lambda-5)$，得 $\boldsymbol{B}$ 的特征值为 0 与 5.

当特征值为 0 时，其对应的特征向量为 $\boldsymbol{\beta}_1=(1,-2)^{\mathrm{T}}$.

当特征值为 5 时，其对应的特征向量为 $\boldsymbol{\beta}_2=(2,1)^{\mathrm{T}}$.

令 $\boldsymbol{P}_2=\begin{pmatrix}\frac{\sqrt{5}}{5} & \frac{2\sqrt{5}}{5}\\ -\frac{2\sqrt{5}}{5} & \frac{\sqrt{5}}{5}\end{pmatrix}$,则 $\boldsymbol{P}_2^{\mathrm{T}}\boldsymbol{B}\boldsymbol{P}_2=\begin{pmatrix}0 & 0\\ 0 & 5\end{pmatrix}$.

由 $\boldsymbol{P}_1^{\mathrm{T}}\boldsymbol{A}\boldsymbol{P}_1=\boldsymbol{P}_2^{\mathrm{T}}\boldsymbol{B}\boldsymbol{P}_2$,则 $\boldsymbol{P}_2\boldsymbol{P}_1^{\mathrm{T}}\boldsymbol{A}\boldsymbol{P}_1\boldsymbol{P}_2^{\mathrm{T}}=\boldsymbol{B}$,所以

$$\boldsymbol{Q}=\boldsymbol{P}_1\boldsymbol{P}_2^{\mathrm{T}}=\begin{pmatrix}\frac{2\sqrt{5}}{5} & \frac{\sqrt{5}}{5}\\ \frac{\sqrt{5}}{5} & -\frac{2\sqrt{5}}{5}\end{pmatrix}\begin{pmatrix}\frac{\sqrt{5}}{5} & -\frac{2\sqrt{5}}{5}\\ \frac{2\sqrt{5}}{5} & \frac{\sqrt{5}}{5}\end{pmatrix}=\begin{pmatrix}\frac{4}{5} & -\frac{3}{5}\\ -\frac{3}{5} & -\frac{4}{5}\end{pmatrix}.$$

21.(1) 由于 $\boldsymbol{\alpha}$ 是非零向量且不是 $\boldsymbol{A}$ 的特征向量,可知 $\boldsymbol{\alpha},\boldsymbol{A\alpha}$ 不成比例,即向量组 $\boldsymbol{\alpha},\boldsymbol{A\alpha}$ 线性无关,则 $\mathrm{r}(\boldsymbol{P})=2$,得 $\boldsymbol{P}=(\boldsymbol{\alpha},\boldsymbol{A\alpha})$ 可逆.

(2) 设 $\boldsymbol{P}^{-1}\boldsymbol{A}\boldsymbol{P}=\boldsymbol{B}$,则 $\boldsymbol{AP}=\boldsymbol{PB}$. 由于 $\boldsymbol{A}^2\boldsymbol{\alpha}=6\boldsymbol{\alpha}-\boldsymbol{A\alpha}$,因此

$$\boldsymbol{AP}=(\boldsymbol{A\alpha},\boldsymbol{A}^2\boldsymbol{\alpha})=(\boldsymbol{A\alpha},6\boldsymbol{\alpha}-\boldsymbol{A\alpha})=(\boldsymbol{\alpha},\boldsymbol{A\alpha})\begin{pmatrix}0 & 6\\ 1 & -1\end{pmatrix}=\boldsymbol{P}\begin{pmatrix}0 & 6\\ 1 & -1\end{pmatrix},$$

则

$$\boldsymbol{P}^{-1}\boldsymbol{A}\boldsymbol{P}=\boldsymbol{B}=\begin{pmatrix}0 & 6\\ 1 & -1\end{pmatrix},$$

可知 $\boldsymbol{A}$ 相似于 $\boldsymbol{B}$.

矩阵 $\boldsymbol{B}$ 的特征多项式为

$$|\lambda\boldsymbol{E}-\boldsymbol{B}|=\begin{vmatrix}\lambda & -6\\ -1 & \lambda+1\end{vmatrix}=\lambda^2+\lambda-6=(\lambda+3)(\lambda-2),$$

则 $\boldsymbol{B}$ 有两个不同的特征值 $2,-3$,也即 $\boldsymbol{A}$ 有两个不同的特征值 $2,-3$,故 $\boldsymbol{A}$ 可相似对角化.

22.(1) $f(x_1,x_2,x_3)$ 的矩阵为 $\boldsymbol{A}=\begin{pmatrix}1 & a & a\\ a & 1 & a\\ a & a & 1\end{pmatrix}$,$g(y_1,y_2,y_3)$ 的矩阵为 $\boldsymbol{B}=\begin{pmatrix}1 & 1 & 0\\ 1 & 1 & 0\\ 0 & 0 & 4\end{pmatrix}$. 由于 $\boldsymbol{A}$ 相似于 $\boldsymbol{B}$,因此 $\mathrm{r}(\boldsymbol{A})=\mathrm{r}(\boldsymbol{B})=2$. 又 $|\boldsymbol{A}|=\begin{vmatrix}1 & a & a\\ a & 1 & a\\ a & a & 1\end{vmatrix}=(1+2a)(1-a)^2=0$,解得 $a=1$ 或 $a=-\frac{1}{2}$. 当 $a=1$ 时,$\mathrm{r}(\boldsymbol{A})=1$(舍去),故 $a=-\frac{1}{2}$.

(2) 分别用配方法将 $f(x_1,x_2,x_3)$ 与 $g(y_1,y_2,y_3)$ 化为标准形得

$$f(x_1,x_2,x_3)=\left(x_1-\frac{x_2}{2}-\frac{x_3}{2}\right)^2+\frac{3}{4}(x_2-x_3)^2,\quad g(y_1,y_2,y_3)=(y_1+y_2)^2+4y_3^2.$$

在 $f(x_1,x_2,x_3)$ 中,令

$$z_1=x_1-\frac{x_2}{2}-\frac{x_3}{2},\quad z_2=\frac{\sqrt{3}}{2}(x_2-x_3),\quad z_3=x_3,$$

得

$$f=z_1^2+z_2^2.$$

在 $g(y_1,y_2,y_3)$ 中,令

$$z_1 = y_1 + y_2, \quad z_2 = 2y_3, \quad z_3 = y_2,$$

得 $g = z_1^2 + z_2^2$. 于是有 $f \xlongequal{z = P_1 x} z_1^2 + z_2^2 \xlongequal{z = P_2 y} g$，其中

$$P_1 = \begin{pmatrix} 1 & -\frac{1}{2} & -\frac{1}{2} \\ 0 & \frac{\sqrt{3}}{2} & -\frac{\sqrt{3}}{2} \\ 0 & 0 & 1 \end{pmatrix}, \quad P_2 = \begin{pmatrix} 1 & 1 & 0 \\ 0 & 0 & 2 \\ 0 & 1 & 0 \end{pmatrix}.$$

令

$$P = P_1^{-1} P_2 = \begin{pmatrix} 1 & -\frac{1}{2} & -\frac{1}{2} \\ 0 & \frac{\sqrt{3}}{2} & -\frac{\sqrt{3}}{2} \\ 0 & 0 & 1 \end{pmatrix}^{-1} \begin{pmatrix} 1 & 1 & 0 \\ 0 & 0 & 2 \\ 0 & 1 & 0 \end{pmatrix} = \begin{pmatrix} 1 & 2 & \frac{2\sqrt{3}}{3} \\ 0 & 1 & \frac{4\sqrt{3}}{3} \\ 0 & 1 & 0 \end{pmatrix},$$

则可逆线性变换 $x = Py$ 可以把 $f(x_1, x_2, x_3)$ 化为 $g(y_1, y_2, y_3)$.

23.(1) 由

$$|\lambda E - A| = \begin{vmatrix} \lambda - a & -1 & 1 \\ -1 & \lambda - a & 1 \\ 1 & 1 & \lambda - a \end{vmatrix} = (\lambda - a + 1)^2 (\lambda - a - 2) = 0,$$

得 $\lambda_1 = a + 2, \lambda_2 = \lambda_3 = a - 1$.

当 $\lambda_1 = a + 2$ 时，计算得对应的特征向量为 $\alpha_1 = \begin{pmatrix} 1 \\ 1 \\ -1 \end{pmatrix}$.

当 $\lambda_2 = \lambda_3 = a - 1$ 时，计算得对应的特征向量为 $\alpha_2 = \begin{pmatrix} -1 \\ 1 \\ 0 \end{pmatrix}, \alpha_3 = \begin{pmatrix} 1 \\ 1 \\ 2 \end{pmatrix}$.

由于 $\alpha_1 = \begin{pmatrix} 1 \\ 1 \\ -1 \end{pmatrix}, \alpha_2 = \begin{pmatrix} -1 \\ 1 \\ 0 \end{pmatrix}, \alpha_3 = \begin{pmatrix} 1 \\ 1 \\ 2 \end{pmatrix}$ 已经两两正交，因此只需将其单位化，令

$$P = \left(\frac{\alpha_1}{\| \alpha_1 \|}, \frac{\alpha_2}{\| \alpha_2 \|}, \frac{\alpha_3}{\| \alpha_3 \|} \right) = \begin{pmatrix} \frac{\sqrt{3}}{3} & -\frac{\sqrt{2}}{2} & \frac{\sqrt{6}}{6} \\ \frac{\sqrt{3}}{3} & \frac{\sqrt{2}}{2} & \frac{\sqrt{6}}{6} \\ -\frac{\sqrt{3}}{3} & 0 & \frac{\sqrt{6}}{3} \end{pmatrix},$$

则 $P^{T} A P = \Lambda = \begin{pmatrix} a + 2 & 0 & 0 \\ 0 & a - 1 & 0 \\ 0 & 0 & a - 1 \end{pmatrix}$.

(2) 由(1) 知

$$\boldsymbol{P}^{\mathrm{T}}\boldsymbol{C}^2\boldsymbol{P}=\boldsymbol{P}^{\mathrm{T}}[(a+3)\boldsymbol{E}-\boldsymbol{A}]\boldsymbol{P}=(a+3)\boldsymbol{E}-\boldsymbol{\Lambda}=\begin{pmatrix}1&0&0\\0&4&0\\0&0&4\end{pmatrix},$$

即 $\boldsymbol{P}^{\mathrm{T}}\boldsymbol{C}\boldsymbol{P}\boldsymbol{P}^{\mathrm{T}}\boldsymbol{C}\boldsymbol{P}=\begin{pmatrix}1&0&0\\0&4&0\\0&0&4\end{pmatrix}$,则 $\boldsymbol{P}^{\mathrm{T}}\boldsymbol{C}\boldsymbol{P}=\begin{pmatrix}1&0&0\\0&2&0\\0&0&2\end{pmatrix}$,故

$$\boldsymbol{C}=\boldsymbol{P}\begin{pmatrix}1&&\\&2&\\&&2\end{pmatrix}\boldsymbol{P}^{\mathrm{T}}=\begin{pmatrix}\frac{5}{3}&-\frac{1}{3}&\frac{1}{3}\\-\frac{1}{3}&\frac{5}{3}&\frac{1}{3}\\\frac{1}{3}&\frac{1}{3}&\frac{5}{3}\end{pmatrix}.$$

24. 由

$$|\lambda\boldsymbol{E}-\boldsymbol{A}|=\begin{vmatrix}\lambda-2&-1&0\\-1&\lambda-2&0\\-1&-a&\lambda-b\end{vmatrix}=(\lambda-b)(\lambda-3)(\lambda-1),$$

因为 $\boldsymbol{A}$ 仅有两个不同的特征值,所以 $b=3$ 或 $b=1$.

当 $b=3$ 时,由于 $\boldsymbol{A}$ 相似于对角矩阵,二重特征根 $\lambda_1=\lambda_2=3$ 有两个线性无关的特征向量,因此 $\mathrm{r}(3\boldsymbol{E}-\boldsymbol{A})=r\begin{pmatrix}1&-1&0\\-1&1&0\\-1&-a&0\end{pmatrix}=1$,故 $a=-1$. 此时,对应于特征值 $\lambda_1=\lambda_2=3$ 的两个线性无关的特征向量为 $\boldsymbol{\alpha}_1=(1,1,0)^{\mathrm{T}}$,$\boldsymbol{\alpha}_2=(0,0,1)^{\mathrm{T}}$,对应于特征值 $\lambda_3=1$ 的一个线性无关的特征向量为 $\boldsymbol{\alpha}_3=(-1,1,1)^{\mathrm{T}}$.

令 $\boldsymbol{P}=(\boldsymbol{\alpha}_1,\boldsymbol{\alpha}_2,\boldsymbol{\alpha}_3)$,则 $\boldsymbol{P}^{-1}\boldsymbol{A}\boldsymbol{P}=\begin{pmatrix}3&0&0\\0&3&0\\0&0&1\end{pmatrix}$ 为对角矩阵.

当 $b=1$ 时,类似地讨论可知 $a=1$. 此时,对应于特征值 $\lambda_1=\lambda_2=1$ 的两个线性无关的特征向量为 $\boldsymbol{\beta}_1=(-1,1,0)^{\mathrm{T}}$,$\boldsymbol{\beta}_2=(0,0,1)^{\mathrm{T}}$,对应于特征值 $\lambda_3=3$ 的一个线性无关的特征向量为 $\boldsymbol{\beta}_3=(1,1,1)^{\mathrm{T}}$.

令 $\boldsymbol{P}=(\boldsymbol{\beta}_1,\boldsymbol{\beta}_2,\boldsymbol{\beta}_3)$,则 $\boldsymbol{P}^{-1}\boldsymbol{A}\boldsymbol{P}=\begin{pmatrix}1&0&0\\0&1&0\\0&0&3\end{pmatrix}$ 为对角矩阵.

线性代数模拟试题

一、选择题（每小题 3 分，共 15 分）

1. 设行列式 $\begin{vmatrix} a_{11} & a_{12} \\ a_{21} & a_{22} \end{vmatrix} = m$，$\begin{vmatrix} a_{13} & a_{11} \\ a_{23} & a_{21} \end{vmatrix} = n$，则行列式 $\begin{vmatrix} a_{12}+a_{13} & a_{11} \\ a_{22}+a_{23} & a_{21} \end{vmatrix} = (\quad)$.

A. $m+n$　　B. $-(m+n)$　　C. $n-m$　　D. $m-n$

2. 设 $\boldsymbol{A}$ 是三阶方阵，且 $|\boldsymbol{A}|=-2$，则 $|2\boldsymbol{A}^{-1}|=(\quad)$.

A. -1　　B. $\dfrac{1}{4}$　　C. $-\dfrac{1}{4}$　　D. -4

3. 设 $n(n\geqslant 2)$ 阶方阵 $\boldsymbol{A}$ 可逆，$\boldsymbol{A}^*$ 是 $\boldsymbol{A}$ 的伴随矩阵，则（　　）.

A. $(\boldsymbol{A}^*)^* = |\boldsymbol{A}|^{n-1}\boldsymbol{A}$　　B. $(\boldsymbol{A}^*)^* = |\boldsymbol{A}|^{n+1}\boldsymbol{A}$

C. $(\boldsymbol{A}^*)^* = |\boldsymbol{A}|^{n-2}\boldsymbol{A}$　　D. $(\boldsymbol{A}^*)^* = |\boldsymbol{A}|^{n+2}\boldsymbol{A}$

4. 线性方程组 $\begin{cases} x_1+x_2-x_3+x_4-2x_5=0, \\ 2x_1+2x_2-2x_3+2x_4+x_5=0 \end{cases}$ 的基础解系中所含向量的个数为（　　）.

A. 1　　B. 2　　C. 3　　D. 4

5. 已知二次型 $f(x_1,x_2,x_3)=\boldsymbol{x}^{\mathrm{T}}\boldsymbol{A}\boldsymbol{x}=ax_1^2+ax_2^2+ax_3^2+2x_1x_2+2x_1x_3-2x_2x_3$ 经可逆线性变换 $\boldsymbol{x}=\boldsymbol{B}\boldsymbol{y}$ 化为规范形 $y_1^2+y_2^2$，则 $a=(\quad)$.

A. 2　　B. -2　　C. 1　　D. -1

二、填空题（每小题 3 分，共 15 分）

1. 若行列式 $\begin{vmatrix} 2 & 1 & 0 \\ 1 & 3 & 1 \\ k & 2 & 1 \end{vmatrix} = 0$，则 $k=$ ________.

2. 已知三阶行列式 $D=\begin{vmatrix} 1 & x & 3 \\ x & 2 & 0 \\ 5 & -1 & 4 \end{vmatrix}$ 中元素 a_{13} 的代数余子式 $A_{13}=-8$，则 $A_{21}=$ ________.

3. 设矩阵 $\boldsymbol{A}=\begin{pmatrix} 1 & 2 & 0 \\ 2 & 1 & 0 \\ 0 & 0 & 1 \end{pmatrix}$，$\boldsymbol{B}=\begin{pmatrix} 1 & 0 & 0 \\ 0 & 2 & 1 \\ 0 & 1 & 3 \end{pmatrix}$，则 $\boldsymbol{A}^2+\boldsymbol{B}=$ ________.

4. 已知 n 阶方阵 $\boldsymbol{A}$ 有一个特征值 -2，$\boldsymbol{E}$ 为 n 阶单位矩阵，则 $\boldsymbol{B}=\boldsymbol{A}^2-\boldsymbol{A}-2\boldsymbol{E}$ 必有一个特征值________.

5. 设矩阵 $\boldsymbol{A}=\begin{pmatrix}1&2&2\\2&t&3\\3&4&5\end{pmatrix}$，若齐次线性方程组 $\boldsymbol{Ax}=\boldsymbol{0}$ 有非零解，则 $t=$ ________.

三、解答题（每小题 10 分，共 70 分）

1. 计算行列式 $D_n=\begin{vmatrix}x&-1&0&\cdots&0&0\\0&x&-1&\cdots&0&0\\0&0&x&\cdots&0&0\\\vdots&\vdots&\vdots&&\vdots&\vdots\\0&0&0&\cdots&x&-1\\a_n&a_{n-1}&a_{n-2}&\cdots&a_2&x+a_1\end{vmatrix}$.

2. 确定常数 a，使得向量组 $\boldsymbol{\alpha}_1=(1,1,a)^{\mathrm{T}}$，$\boldsymbol{\alpha}_2=(1,a,1)^{\mathrm{T}}$，$\boldsymbol{\alpha}_3=(a,1,1)^{\mathrm{T}}$ 可由向量组 $\boldsymbol{\beta}_1=(1,1,a)^{\mathrm{T}}$，$\boldsymbol{\beta}_2=(-2,a,4)^{\mathrm{T}}$，$\boldsymbol{\beta}_3=(-2,a,a)^{\mathrm{T}}$ 线性表示，但向量组 $\boldsymbol{\beta}_1,\boldsymbol{\beta}_2,\boldsymbol{\beta}_3$ 不能由向量组 $\boldsymbol{\alpha}_1,\boldsymbol{\alpha}_2,\boldsymbol{\alpha}_3$ 线性表示.

3. 已知矩阵 $\boldsymbol{A}=\begin{pmatrix}2&0&1\\0&3&0\\2&0&2\end{pmatrix}$，$\boldsymbol{B}=\begin{pmatrix}1&0&0\\0&1&0\\0&0&-1\end{pmatrix}$，若矩阵 $\boldsymbol{X}$ 满足 $\boldsymbol{AX}+2\boldsymbol{B}=\boldsymbol{BA}+2\boldsymbol{X}$，求 $\boldsymbol{X}^4$.

4. 当 k 取何值时，线性方程组 $\begin{cases}x_1+x_2+kx_3=4,\\-x_1+kx_2+x_3=k^2,\\x_1-x_2+2x_3=-4\end{cases}$ 有唯一解、无解、有无穷多组解？在有无穷多组解时，求出其通解.

5. 求矩阵 $\boldsymbol{A}=\begin{pmatrix}1&1&-1\\1&-2&2\\-3&1&3\end{pmatrix}$ 的特征值及其对应的特征向量.

6. 已知二次型 $f(x_1,x_2,x_3)=(1-a)x_1^2+(1-a)x_2^2+2x_3^2+2(1+a)x_1x_2$ 的秩为 2，求 a 的值，并求正交变换 $\boldsymbol{x}=\boldsymbol{Qy}$ 将 $f(x_1,x_2,x_3)$ 化为标准形.

7. 设 $\boldsymbol{\gamma}_0$ 是非齐次线性方程组 $\boldsymbol{Ax}=\boldsymbol{b}$ 的一个解，$\boldsymbol{\eta}_1,\boldsymbol{\eta}_2,\cdots,\boldsymbol{\eta}_t$ 是其导出方程组的一个基础解系，令 $\boldsymbol{\gamma}_1=\boldsymbol{\gamma}_0+\boldsymbol{\eta}_1,\boldsymbol{\gamma}_2=\boldsymbol{\gamma}_0+\boldsymbol{\eta}_2,\cdots,\boldsymbol{\gamma}_t=\boldsymbol{\gamma}_0+\boldsymbol{\eta}_t$，证明：向量组 $\boldsymbol{\gamma}_0,\boldsymbol{\gamma}_1,\boldsymbol{\gamma}_2,\cdots,\boldsymbol{\gamma}_t$ 线性无关.

线性代数模拟试题答案

一、选择题

1. C. 2. D. 3. C. 4. C. 5. A.

二、填空题

1. -1. 2. 5. 3. $\begin{pmatrix} 6 & 4 & 0 \\ 4 & 7 & 1 \\ 0 & 1 & 4 \end{pmatrix}$. 4. 4. 5. 2.

三、解答题

1. $D_n = x^n + a_1 x^{n-1} + \cdots + a_{n-1}x + a_n$.

2. $a = 1$.

3. $\boldsymbol{X}^4 = \begin{pmatrix} 1 & 0 & 0 \\ 0 & 1 & 0 \\ 0 & 0 & 1 \end{pmatrix}$.

4. (1) 当 $k \neq -1$ 且 $k \neq 4$ 时，$\mathrm{r}(\overline{\boldsymbol{A}}) = \mathrm{r}(\boldsymbol{A}) = 3$，此时线性方程组有唯一解.

(2) 当 $k = -1$ 时，$\mathrm{r}(\boldsymbol{A}) = 2$，$\mathrm{r}(\overline{\boldsymbol{A}}) = 3$，此时线性方程组无解.

(3) 当 $k = 4$ 时，$\mathrm{r}(\overline{\boldsymbol{A}}) = \mathrm{r}(\boldsymbol{A}) = 2$，此时线性方程组有无穷多组解，方程组的通解为$\begin{cases} x_1 = -3x_3, \\ x_2 = 4 - x_3, \\ x_3 = x_3. \end{cases}$

5. 矩阵 $\boldsymbol{A}$ 的特征值为 $1, -4, 3$.

对应于 1 的特征向量为 $k_1\,(1,1,1)^{\mathrm{T}}, k_1 \in \mathbf{R}$;

对应于 -4 的特征向量为 $k_2\,(-4,5,17)^{\mathrm{T}}, k_2 \in \mathbf{R}$;

对应于 3 的特征向量为 $k_3\,(1,-3,1)^{\mathrm{T}}, k_3 \in \mathbf{R}$.

6. $a = 0$，正交变换为 $\boldsymbol{x} = \boldsymbol{Q}\boldsymbol{y}$，其中矩阵 $\boldsymbol{Q} = \begin{pmatrix} \frac{\sqrt{2}}{2} & 0 & \frac{\sqrt{2}}{2} \\ -\frac{\sqrt{2}}{2} & 0 & \frac{\sqrt{2}}{2} \\ 0 & 1 & 0 \end{pmatrix}$.

7. 假设存在一组数 $k_0, k_1, k_2, \cdots, k_t$，使得

$$k_0\boldsymbol{\gamma}_0 + k_1\boldsymbol{\gamma}_1 + k_2\boldsymbol{\gamma}_2 + \cdots + k_t\boldsymbol{\gamma}_t = \mathbf{0}, \qquad (*)$$

则

$$(k_0+k_1+k_2+\cdots+k_t)\boldsymbol{\gamma}_0+k_1\boldsymbol{\eta}_1+k_2\boldsymbol{\eta}_2+\cdots+k_t\boldsymbol{\eta}_t=\mathbf{0}.$$

用 $\boldsymbol{A}$ 左乘上述等式两边,得$(k_0+k_1+k_2+\cdots+k_t)\boldsymbol{b}=\mathbf{0}$,而 $\boldsymbol{b}\neq\mathbf{0}$,所以 $k_0+k_1+k_2+\cdots+k_t=0$. 代入(*)式,且注意到向量组 $\boldsymbol{\eta}_1,\boldsymbol{\eta}_2,\cdots,\boldsymbol{\eta}_t$ 线性无关,得 $k_1=k_2=\cdots=k_t=0$,从而 $k_0=0$. 故 $\boldsymbol{\gamma}_0,\boldsymbol{\gamma}_1,\boldsymbol{\gamma}_2,\cdots,\boldsymbol{\gamma}_t$ 线性无关.

测试题参考答案

第一章测试题参考答案

一、选择题

1. D.　　2. C.　　3. D.　　4. D.　　5. B.

二、填空题

1. 2,1.　　2. $a_{12}a_{23}a_{31}a_{44}$.　　3. -15.　　4. 2.　　5. 2 000.

三、计算题

1. $D=-30$.

2. $A_{41}+A_{42}+A_{43}+A_{44}=0$.

3. $D_n=a^n+(-1)^{n+1}b^n$.

4. $D_n=-2(n-2)!$.

5. $D_n=[a+(n-1)b](a-b)^{n-1}$.

6. $D=5\,760$.

7. $k=0$ 或 $k=2$.

第二章测试题参考答案

一、选择题

1. C.　　2. D.　　3. C.　　4. C.　　5. D.

二、填空题

1. $\begin{pmatrix} -2 & -2 & -2 \\ 2 & -2 & -2 \end{pmatrix}$.　　2. $\boldsymbol{O}$.　　3. $-\frac{16}{27}$.

4. $\begin{pmatrix} 4^7 & 4^7 & 4^7 \\ 2\times 4^7 & 2\times 4^7 & 2\times 4^7 \\ 4^7 & 4^7 & 4^7 \end{pmatrix}$.　　5. $\frac{1}{1-n}$.

三、解答题

1. (1) $\begin{pmatrix}1&1&-1&2\\0&2&-4&6\\0&0&1&-6\\0&0&0&0\end{pmatrix}$; $\begin{pmatrix}1&0&0&5\\0&1&0&-9\\0&0&1&-6\\0&0&0&0\end{pmatrix}$; $\begin{pmatrix}1&0&0&0\\0&1&0&0\\0&0&1&0\\0&0&0&0\end{pmatrix}$.

(2) $\begin{pmatrix}1&2&-1&-3\\0&1&2&-2\\0&0&0&0\end{pmatrix}$; $\begin{pmatrix}1&0&-5&1\\0&1&2&-2\\0&0&0&0\end{pmatrix}$; $\begin{pmatrix}1&0&0&0\\0&1&0&0\\0&0&0&0\end{pmatrix}$.

2. $\boldsymbol{X}=\begin{pmatrix}-2&1\\10&-4\\-10&4\end{pmatrix}$.

3. $\boldsymbol{A}+\boldsymbol{B}=\begin{pmatrix}10&0&-1\\4&7&2\\-6&2&7\end{pmatrix}$.

四、应用题

1. $\boldsymbol{A}=\begin{pmatrix}500&300&250&100&50\\300&600&250&200&100\\500&600&0&250&50\end{pmatrix}$; $\boldsymbol{B}=\begin{pmatrix}0.95\\1.2\\2.35\\3\\5.2\end{pmatrix}$,

故一、二、三季度总产值分别为 1 982.5 万元，2 712.5 万元，2 205 万元.

2. send money.

第三章测试题参考答案

一、选择题

1. A. 2. C. 3. D. 4. D. 5. C.

二、填空题

1. $\frac{5}{2}$. 2. $a_1+a_2+a_3=0$. 3. n_2-n_3. 4. $a_1+a_2+a_3=0$. 5. $|\boldsymbol{A}|\neq 0$.

三、解答题

1. $a=1$ 或 2.

2. 向量组 $\boldsymbol{\alpha}_1,\boldsymbol{\alpha}_2,\boldsymbol{\alpha}_4$ 为原向量组的一个极大无关组，且 $\boldsymbol{\alpha}_3=-\boldsymbol{\alpha}_1+\boldsymbol{\alpha}_2+0\boldsymbol{\alpha}_4$.

3.(1) 当 $\lambda \neq 1$ 且 $\lambda \neq 2$ 时,方程组有唯一解;

(2) 当 $\lambda = 1$ 时,方程组无解;

(3) 当 $\lambda = 2$ 时,方程组有无穷多组解,其通解为 $\boldsymbol{x} = \begin{pmatrix} -2 \\ 1 \\ 2 \\ 0 \end{pmatrix} + k \begin{pmatrix} -1 \\ 0 \\ 0 \\ 0 \end{pmatrix}$,$k$ 为任意常数.

4. 原方程组的通解为 $\boldsymbol{x} = k_1 \begin{pmatrix} 1 \\ 1 \\ 0 \\ 0 \end{pmatrix} + k_2 \begin{pmatrix} 1 \\ 0 \\ 2 \\ 1 \end{pmatrix}$,$k_1, k_2$ 为任意常数.

5. 原方程组的通解为 $\boldsymbol{x} = \frac{1}{2} \begin{pmatrix} 0 \\ -1 \\ 1 \end{pmatrix} + k_1 \begin{pmatrix} 1 \\ 1 \\ -2 \end{pmatrix} + k_2 \begin{pmatrix} 1 \\ 3 \\ 2 \end{pmatrix}$,$k_1, k_2$ 为任意常数.

6.(1) 证明略;

(2) 当 $a \neq 0$ 时,方程组有唯一解,$x_1 = \dfrac{n}{(n+1)a}$;

(3) 当 $a = 0$ 时,方程组有无穷多组解,其通解为 $(0,1,0,\cdots,0)^{\mathrm{T}} + k(1,0,0,\cdots,0)^{\mathrm{T}}$,$k$ 为任意常数.

7. 略.

第四章测试题参考答案

一、选择题

1. B.　2. C.　3. C.　4. A.　5. A.

二、填空题

1. 2.　2. 35.　3. $a = 2, b = 3$.　4. $x = 3, y = 1$.　5. $k = -2$ 或 1.

三、解答题

1.(1) $a = -1$;　(2) $\boldsymbol{P} = \begin{pmatrix} 1 & 1 & 1 \\ 0 & 1 & -1 \\ 1 & 1 & -1 \end{pmatrix}$.

2. $\boldsymbol{A} = \begin{pmatrix} 1 & -1 & 1 \\ 1 & 3 & -1 \\ 1 & 1 & 1 \end{pmatrix}$.

3. $|\boldsymbol{A}| = -1$.

4. 4, −2, −6.

5. $x+y=0$.

6. (1) 因为 $\boldsymbol{\alpha}$ 是非零向量且不是 $\boldsymbol{A}$ 的特征向量，所以 $\boldsymbol{A\alpha}\neq k\boldsymbol{\alpha}$，即向量组 $\boldsymbol{\alpha},\boldsymbol{A\alpha}$ 线性无关，因此 $\boldsymbol{P}$ 可逆.

(2) 设 $\boldsymbol{P}^{-1}\boldsymbol{AP}=\boldsymbol{B}$，则 $\boldsymbol{AP}=\boldsymbol{PB}$，即

$$\boldsymbol{AP}=\boldsymbol{A}(\boldsymbol{\alpha},\boldsymbol{A\alpha})=(\boldsymbol{A\alpha},\boldsymbol{A}^2\boldsymbol{\alpha})=(\boldsymbol{A\alpha},6\boldsymbol{\alpha}-\boldsymbol{A\alpha})=\boldsymbol{PB}.$$

因为

$$\boldsymbol{A\alpha}=(\boldsymbol{\alpha},\boldsymbol{A\alpha})\begin{pmatrix}0\\1\end{pmatrix},\quad 6\boldsymbol{\alpha}-\boldsymbol{A\alpha}=(\boldsymbol{\alpha},\boldsymbol{A\alpha})\begin{pmatrix}6\\-1\end{pmatrix},$$

所以

$$\boldsymbol{AP}=\boldsymbol{P}\begin{pmatrix}0&6\\1&-1\end{pmatrix},$$

从而 $\boldsymbol{P}^{-1}\boldsymbol{AP}=\begin{pmatrix}0&6\\1&-1\end{pmatrix}$.

因为 $|\lambda\boldsymbol{E}-\boldsymbol{B}|=\begin{vmatrix}\lambda&-6\\-1&\lambda+1\end{vmatrix}=(\lambda-2)(\lambda+3)=0$，所以 $\boldsymbol{A}$ 有两个互不相同的特征值 2 和 -3，故方阵 $\boldsymbol{A}$ 相似于对角矩阵.

7. (1) $\lambda_1=-1$，对应的特征向量为 $k_1(1,0,-1)^{\mathrm{T}}$，$k_1\neq 0$；

$\lambda_2=1$，对应的特征向量为 $k_2(1,0,1)^{\mathrm{T}}$，$k_2\neq 0$；

$\lambda_3=0$，对应的特征向量为 $k_3(0,1,0)^{\mathrm{T}}$，$k_3\neq 0$.

(2) $\boldsymbol{A}=\begin{pmatrix}0&0&1\\0&0&0\\1&0&0\end{pmatrix}$.

第五章测试题参考答案

一、选择题

1. A.　2. B.　3. D.　4. D.　5. C.

二、填空题

1. $\begin{pmatrix}1&3&2\\3&-16&1\\2&1&3\end{pmatrix}$.　2. $\begin{pmatrix}1&1&0\\0&1&1\\0&0&1\end{pmatrix}$.　3. 2.　4. 2.　5. $y_1^2-2y_2^2$.

三、解答题

1. $a=1, b=3$，正交矩阵 $\boldsymbol{P}=\begin{pmatrix} \frac{\sqrt{2}}{2} & \frac{\sqrt{3}}{3} & \frac{\sqrt{6}}{6} \\ 0 & -\frac{\sqrt{3}}{3} & \frac{\sqrt{6}}{3} \\ -\frac{\sqrt{2}}{2} & \frac{\sqrt{3}}{3} & \frac{\sqrt{6}}{6} \end{pmatrix}$.

2. (1) $a>2$；

(2) $a=1$ 时，f 的规范形为 $f=y_1^2+y_2^2-y_3^2$，所用可逆线性变换为 $\boldsymbol{x}=\boldsymbol{P}\boldsymbol{y}$，其中

$$\boldsymbol{P}=\begin{pmatrix} \frac{\sqrt{2}}{2} & \frac{\sqrt{6}}{6} & -\frac{\sqrt{3}}{3} \\ \frac{\sqrt{2}}{2} & -\frac{\sqrt{6}}{6} & \frac{\sqrt{3}}{3} \\ 0 & \frac{\sqrt{6}}{3} & \frac{\sqrt{3}}{3} \end{pmatrix}.$$

3. (1) $\boldsymbol{A}=\begin{pmatrix} \frac{1}{2} & 0 & -\frac{1}{2} \\ 0 & 1 & 0 \\ -\frac{1}{2} & 0 & \frac{1}{2} \end{pmatrix}$； (2) 略.

4. 略.

5. 略.